AF344066

LE BONHEUR DES CHAMPS

CAUSERIES AGRICOLES

IMP. DE A. LEROY, RUE LOUIS-PHILIPPE, 1.

TROUPEAU BRETON.

LE BONHEUR DES CHAMPS

CAUSERIES AGRICOLES

PAR

A. PITON DU GAULT

Moi je rêve une France agricole et chrétienne,
Une France, Seigneur! qui de cœur t'appartienne,
Qui place au premier rang, sans lutte, sans débats,
Le plus noble labeur que l'homme ait ici-bas.

C. DE LAPRYETTE

DEUXIÈME ÉDITION

RENNES,
HAUVESPRE, LIBRAIRE-ÉDITEUR,
RUE IMPÉRIALE, 4.

1862

INTRODUCTION

Une modeste aisance,
Vivre et mourir en paix
Au lieu de ma naissance,
Voilà tous mes souhaits.

Tels devraient être les souhaits de tous les habitants de la campagne. Personne plus que le Breton n'est attaché au sol qui l'a vu naître. Occupe-t-il des fonctions publiques, il renonce en général à tout avancement pour rester dans son pays. Est-il forcé de s'en éloigner, il ne le fait qu'avec l'esprit de retour; et il n'a aucun repos, aucun bonheur jusqu'à ce que ce retour soit effectué. Le Breton manque d'activité parce qu'il manque d'ambition. Notre paysan se contente d'une habitation plus que simple et de vêtements grossiers ; il aime ce qu'il possède sans désirer ce qu'il n'a pas. A ses yeux, suivant le refrain d'un chant si naïf, si vrai, et si populaire :

Son pays est le plus beau de la terer,
Son clocher le plus beau d'alentour ;
Il aime sa bruyère
Et son clocher à jour.

Nous avons fait de constants efforts pour lui conserver ces sentiments que nous comprenons si bien, nous qui n'avons jamais quitté notre département. Nous avons passé presque toute notre existence près du Gault, au milieu des champs, dévouant nos jours aux intérêts des cultivateurs. Juge de paix dans une grande ville où nous a particulièrement appelé l'amour paternel, nous leur consacrons encore le peu de loisirs que nous laissent les affaires.

Nous voudrions leur faire comprendre la nécessité de marcher dans la voie du progrès, de faire produire à notre sol tout ce qu'il est susceptible de rendre ; nous voudrions le voir s'enrichir et faire la fortune de ceux qui l'aiment avec tant d'amour, et qui cependant le laissent dans un si cruel abandon. Tout en pensant à notre chère Bretagne, nous avons aussi en vue les intérêts de la grande patrie ; et nous avons encore été guidés par le désir que notre belle province, qui a été la dernière à s'unir à la France, ne tarde pas davantage à lui apporter un riche contingent des ressources si abondantes et si variées qu'à l'aide de quelques progrès elle peut obtenir du sol, et qu'elle le lui offre avec le tribut de tous les dévoûments qu'elle est heureuse et fière de mettre chaque jour à son service.

Le reflet de l'amour du sol natal, empreint sur toutes nos pages, pourra peut-être raviver ce sentiment chez les habitants des autres contrées où il semble vouloir s'éteindre, et le conserver chez ceux qui, nés à la campagne, seraient tentés de l'abandonner et de suivre l'entraînement général qui les pousse vers les villes. Nous serions heureux d'avoir contribué à détruire ces tendances fâcheuses qui commencent à se manifester peu à peu dans notre propre pays.

En vous livrant le résultat de nos études et de nos observations de près de trente années touchant les intérêts agricoles, nous avons pensé que nous devions aussi vous faire part de nos réflexions sur vos intérêts moraux. Ces autres intérêts des populations rurales au milieu desquelles nous avons vécu ont été de notre part l'objet de la plus vive sollicitude, à raison des diverses fonctions que nous avons remplies. Ces diverses fonctions dues, les unes à un mandat de nos concitoyens, les autres à la confiance de l'administration ou de l'Etat, nous ont imposé le devoir d'étudier d'une manière toute spéciale les mœurs, les besoins de nos populations agricoles.

Nous nous sommes livré à cette étude avec un dévoûment affectueux, et nous sommes heureux de pouvoir, par cette publication, donner à nos concitoyens une nouvelle preuve de notre attachement à leurs intérêts.

Nous devions ces explications pour faire comprendre les motifs et le but de cette deuxième édition. Elle puise son origine dans un premier travail, publié il y a quelques mois.

L'approbation donnée à ce livre par M. le Recteur de l'Académie, par M. le Préfet d'Ille-et-Vilaine, M. Bodin, directeur de la ferme-modèle des Trois-Croix; par les deux journaux du département, par un des organes de la presse parisienne, et les encouragements que nous avons reçus des divers points du département, nous ont fait accorder bien volontiers à M. Hauvespre l'autorisation de le réimprimer pour satisfaire aux demandes qui lui ont été faites.

Nous avons tenu, dans cette seconde édition, à ne pas séparer l'enseignement agricole de celui des principes de morale. Nous avons saisi avec le même empressement l'occasion de conseiller à la jeunesse de cultiver avec le plus grand soin son intelligence, et d'apprendre à considérer chaque merveille de la nature se rapportant à la science agricole comme un feuillet du grand livre que Dieu tient constamment ouvert sous nos yeux.

Il n'est aucun progrès sérieux sans le progrès moral. Au-dessus de la vie matérielle de l'homme se trouve sa vie intellectuelle et morale qui le distingue des autres êtres. Tout en apprenant aux jeunes gens à se procurer les choses nécessaires pour assurer leur bien-être physique, nous avons dû songer à leur apprendre aussi à se procurer la nourriture de l'âme et les amener à comprendre le langage des œuvres de la création, au milieu desquelles ils doivent passer leur existence, ce langage dont Racine s'est fait le sublime interprète dans ces vers :

> La voix de l'univers à ce Dieu me rappelle ;
> La terre le publie : Est-ce moi, me dit-elle,
> Est-ce moi qui produit ces riches ornements ?
> C'est celui dont la main posa mes fondements ;
> Si je sers tes besoins, c'est lui qui me l'ordonne ;
> Les présents qu'il me fait, c'est à toi qu'il les donne.
> Ainsi parla la terre ; et charmé de l'entendre,
> Quand je vois par ces nœuds, que je ne puis comprendre,
> Tant d'êtres différents l'un à l'autre enchaînés,
> Vers une même fin constamment entraînés,
> A l'ordre général conspirer tous ensemble,
> Je reconnais partout la main qui les rassemble,
> Et d'un dessein si grand j'admire l'unité,
> Non moins que la sagesse et la simplicité.

Nous avons essayé, chaque fois que cela nous a été possible, de faire ressortir les liens divins qui unissent les diverses parties de ce magnifique tableau. L'univers nous apparaît aussi comme un immense instrument d'une parfaite harmonie dont toutes les touches résonnent sous la main de Dieu. Nous avons tenté de transmettre aux oreilles de nos jeunes élèves les échos de cette voix sublime et de la faire pénétrer jusqu'à leurs cœurs.

A l'exemple du merveilleux développement de plantes qui s'opère dans toutes les parties à la fois, la jeunesse doit s'efforcer d'obtenir, par la culture de toutes ses facultés, le développement le plus complet de son intelligence et de son cœur.

Il faut qu'elle sache tout ce qu'il y a de grand, de beau, de noble, d'élevé au-dessus de la création matérielle; qu'elle apprenne que l'homme n'est pas une simple machine qui s'use et disparaît au moment de la décomposition physique, et après avoir fourni pendant une durée déterminée une somme de travail plus ou moins grande; qu'au contraire, cette matière qui forme notre corps n'est qu'une enveloppe de l'âme; que l'homme est doué d'intelligence et de liberté, et que ces précieuses qualités appartiennent à tous les hommes de toutes les conditions sans distinction; qu'elles constituent pour tous la véritable vie.

Il faut que l'homme sache tout ce qu'il y a en lui de raisonnable et de supérieur aux choses terrestres, pour connaître les liens du devoir et de responsabilité qui l'unissent à sa famille, à ses semblables, à sa patrie, à Dieu.

Telle a été la pensée fondamentale de notre livre en ce qui concerne la partie morale.

Nous avons fréquemment emprunté le langage de la fable pour rendre, par l'action des personnages, plus saisissantes les vérités que nous avons essayé de graver dans les jeunes intelligences.

Dans le même but et pour rompre la monotonie de la prose dans un écrit d'un ton trop didactique, nous avons cru devoir reproduire les vers de nos poètes qui peignaient nos pensées; et même, lorsque les circonstances nous ont paru le réclamer et que nous n'avons pas trouvé à emprunter ailleurs, nous n'avons pas reculé devant la difficulté de notre tâche et nous avons essayé de tirer quelques hémistiches de notre propre fonds.

En ce qui concerne la science agricole, nous nous sommes appliqué à enseigner les meilleurs principes, et à faire connaître les progrès réalisés jusqu'à ce jour. Tout s'enchaîne, et le bien-être est à nos yeux un puissant moyen de développement intellectuel et moral. L'homme dénué de tout se laisse aller à une déplorable insouciance : il s'abandonne sans force et sans énergie à des idées de fatalité et vit au jour le jour ; enfin, la misère devient souvent la mère du vice et du crime. Il est donc à désirer que dans toutes les conditions l'homme puisse jouir des avantages que procurent la santé, une nourriture saine et suffisante, des vêtements et une habitation convenables ; qu'il puisse jouir d'un peu de retraite et de loisir, arriver à l'aisance et même à la fortune.

C'est dans ce but que nous avons voulu indiquer aux habitants de la campagne les moyens de multiplier leurs ressources et d'améliorer leur sort.

Puisse, au double point de vue de leurs intérêts moraux et matériels, notre livre être utile aux populations rurales auxquelles nous le dédions, et nous aurons atteint notre but.

PREMIÈRE LEÇON.

UTILITÉ DE L'AGRICULTURE.

> L'homme a des aspirations que la terre ne saurait satisfaire.
>
> La religion sème dans l'esprit les grandes pensées et dans le cœur les nobles sentiments. Elle donne la semence de la vie morale.
>
> Dieu qui donne la semence à celui qui sème, vous donnera le pain dont vous aurez besoin pour vivre : il multipliera ce que vous aurez semé.

MES JEUNES AMIS,

Vos pères sont presque tous Agriculteurs, et vous êtes, pour la plupart, appelés à exercer cette noble profession.

De la manière dont vous l'exercerez dépendra votre bonheur et celui de votre famille. Il est donc bien important que j'appelle votre attention sur un objet auquel se rattache votre existence entière.

Dans ce premier entretien, je vais vous donner une idée générale de l'agriculture, de cette science qui embrasse toutes les productions de la terre. L'agriculture donne le pain qui nous nourrit; la viande qui répare si puissamment nos forces; les légumes qui varient si utilement notre alimentation; la laine, les cuirs qui contribuent à nous vêtir; c'est l'agriculture qui nous permet d'élever les animaux, source de nos richesses.

Vos jeunes intelligences, appliquées à d'autres études et enchaînées par l'habitude fâcheuse de ne faire attention à aucune des choses au milieu desquelles vous vivez depuis votre enfance, ont été détournées jusqu'ici de l'examen des terres que vos pères cultivent, des instruments qu'ils manient, des plantes qu'ils font naître et qu'ils récoltent, des bestiaux qui peuplent vos exploitations, de tout cet ensemble qui leur permet de payer leurs fermages, de vivre et de vous élever.

Vous comprenez déjà que si les récoltes sont bonnes, votre famille est plus heureuse; si vous avez des troupeaux plus nombreux, mieux soignés et plus productifs, l'aisance en sera plus grande. L'ensemble de ces richesses compose la fortune publique. La culture du sol est une question de vie ou de mort pour les sociétés; car la terre, quelque fertile qu'elle soit, ne donne ses produits qu'à la sueur de l'homme. En devenant d'excellents agriculteurs, vous vous assurerez, tout en contribuant à la prospérité de la France, les principaux éléments de bonheur pour votre famille. Je suis donc certain d'avance d'obtenir toute votre attention, pour nos entretiens, sur une matière qui vous intéresse à un si haut degré.

Enfin, en vous faisant agriculteurs, vous obéirez aussi à cette loi qui veut que tout être cherche l'aliment principal de la vie aux sources naturelles que la Providence a établies pour l'entretenir, et non pas à des sources factices qu'il se crée lui-même.

> Souvent notre âme éprise
> Des biens que nous n'atteindrons pas,
> Trop follement méprise
> Le bonheur éclos sous nos pas.

Ce serait à tort que l'on conclurait de nos paroles que toutes les autres professions doivent être délaissées ; toutes doivent, au contraire, se prêter un mutuel appui, et toutes ont leur utilité dans le corps social; mais nous pensons, en présence de l'accroissement constant de la population, accroissement évalué à 200,000 âmes environ par an, qu'il est de toute nécessité d'augmenter aussi la production de la terre. N'est-elle pas, dans les desseins de Dieu, la grande nourrice de l'humanité? On a beau multiplier les sources artificielles de la richesse, il faut toujours revenir à la terre, parce que ses fruits sont les aliments naturels de la vie humaine.

Quelle ne doit pas être, pour tout homme dévoué à son pays, sa sollicitude pour les intérêts agricoles, lorsque l'on sait que la France ne produit pas le grain nécessaire à sa consommation, que les terres arables ne sont point en équilibre avec les prairies, qu'elle ne suffit pas aux remontes de la cavalerie, et qu'elle pourrait nourrir le double des bestiaux et fournir ainsi un élément qui manque à l'alimentation publique? Que de progrès nous avons à réaliser pour atteindre un degré de prospérité agricole en rapport avec celui du commerce et de l'industrie! L'excessif développement de l'industrie peut amener les crises les plus terribles lorsque ce développement, enlevant des bras à l'agriculture, l'arrête dans son essor. L'harmonie qui doit exister entre leurs progrès étant rompue, la société est jetée dans un état de souffrance et de malaise qui ne peut cesser que lorsque l'agriculture et l'industrie ont vu rétablir l'harmonie dans leur développement et dans leurs progrès. Le développement excessif de l'industrie peut offrir, à des moments donnés, quelques dangers, lorsque celui de l'agriculture ne l'a pas précédé ou suivi immédiatement; l'agriculture ne peut jamais donner de semblables craintes. Elle est au contraire la source principale du commerce et de l'industrie. Tous les efforts doivent donc tendre à combattre les tendances fâcheuses des populations rurales à délaisser la culture du sol. Ces efforts doivent être tentés dans l'intérêt du bonheur de ces populations, et dans l'intérêt de la société tout entière.

Je ne puis mieux vous montrer le but de nos entretiens et combien je désire tout à la fois vous faire comprendre l'utilité du travail physique et le prix de l'instruction, qu'en reproduisant à la fin de ce chapitre la fable d'*Esope et du laboureur*.

ÉSOPE ET LE LABOUREUR.

Laissant jaillir à flots ses vives paraboles,
Esope dans les champs suivait un laboureur.
    Lors un passant d'un ton railleur :
« Loin d'ici le bavard et ses contes frivoles !
» S'il veut vivre, à son tour qu'il prenne l'aiguillon ! »
    Mais le bon laboureur, que cet outrage blesse :
« Qu'Esope dans mon cœur répande la sagesse,
» Je sèmerai pour lui le grain dans le sillon. »
    La science qui nourrit l'âme
    Vaut le pain qui nourrit le corps,
Et celui qui le verse en paroles de flamme
Doit recevoir le prix de ses nobles efforts.

Nous essaierons, dans nos entretiens, de vous indiquer les moyens de vous procurer le pain qui nourrit le corps et les éléments de la science qui nourrit l'âme et donne le bonheur.

DEUXIÈME LEÇON.

BONHEUR DE L'AGRICULTEUR.

> Le royaume des cieux est comme un trésor caché dans les champs.
>
> L'homme doit mettre tout son bonheur à se rapprocher de Dieu par les sentiments de l'ordre providentiel et par l'amour des autres créatures.

Je veux vous apprendre à réfléchir sur les moyens agricoles les plus propres à vous procurer l'aisance et le bonheur; je ne saurais trop vous le répéter, les conseils que je vous donnerai seront ceux d'un ami sincère.

L'agriculture étant la base, le fondement de la prospérité des nations, est nécessairement la plus utile des professions; c'est la plus honorable, c'est elle qui procure aussi la vie la plus calme. — Xénophon dit que l'homme libre ne peut trouver d'occupation plus digne de lui que le travail des champs. — Le sage Caton a écrit un livre sur l'agriculture. — Homère, Hésiode, Virgile, célèbrent l'agriculture dans leurs ouvrages.

Columelle disait que la vie des champs est voisine de la sagesse. — Un ministre illustre, Sully, répétait que l'agriculture et le pâturage sont les deux mamelles de l'Etat.

Dieu plaça l'homme dans un jardin de délices pour qu'il le cultivât. *Posuit eum in paradiso ut operaretur* (Genèse).

L'Ecriture Sainte nous enseigne que l'agriculture remonte à la création et qu'elle vient de Dieu. *Rusticationem ab altissimo.* Jésus-Christ, en parlant de son Père, dit : *Pater meus agricola est :* Il est le père de l'agriculture ; il féconde la terre ; il fait mûrir ses fruits.

Dieu a établi l'homme sur les ouvrages de ses mains ; il lui a assujéti tous les troupeaux et les animaux de toute espèce (*Ps. de David*).

C'est par l'agriculture que Dieu nourrit l'humanité. Jésus-Christ travailla dans son enfance à faire des charrues pour l'agriculture. Bossuet rapporte que, dans les premiers temps de l'Eglise, les chrétiens se souvenaient encore de ces instruments. Les fêtes et les cérémonies de l'Eglise sont mises en harmonie avec les saisons et les travaux des champs.

Dans ses enseignements divins, et comme pour nous faire aimer l'agriculture, Jésus-Christ lui emprunte la plupart de ses paraboles.

Permettez-moi de vous rappeler de mémorables paroles prononcées à l'occasion d'un concours régional agricole :

C'est par le travail des bras, les vertus du cœur, la prière de l'âme, que viendront s'asseoir sous le toit du cultivateur, qu'il soit riche, qu'il soit pauvre, la paix, la joie, la forte santé, la calme conscience, le tranquille bonheur, les douceurs de la famille, le *mens sana in corpore sano*, tous ces biens qui sont l'apanage et la récompense du cultivateur honnête, l'honneur pur de sa modeste et noble profession, et qu'il sera heureux et fier de transmettre à ses enfants comme un glorieux héritage. Ah! que les cultivateurs qui ont compris la dignité de leur état ne rêvent donc pas pour leurs enfants, rêve sitôt suivi de déceptions cruelles, une autre condition, un autre bonheur! Qu'ils se gardent de jeter imprudemment leurs fils et leurs filles au milieu des dangers des villes! Mais, leur mettant de bonne heure à la main la bêche, la charrue, la faucille, tous ces honorables instruments de la fécondité de la terre, de la légitime indépendance et du bonheur de l'homme, qu'ils soient fiers de leur dire : Je vous laisse ce que m'ont laissé mes pères : l'air natal, le toit, le champ, le travail, les goûts simples, l'amour de Dieu et la paix du cœur! Précieux patrimoine! Honneur donc à l'agriculture! honneur à ceux qui, la comprenant et l'appréciant dans sa dignité et ses services, s'y dévouent, lui apportent soit leurs bras, soit leurs capitaux, soit leur science et leurs méthodes, soit le glorieux encouragement de leurs prix et de leurs récompenses! Ah! qu'il fleurisse parmi nous cet art antique et divin, source inépuisable de richesses nationales, barrière contre le désordre, garantie de la paix sociale, source de la prospérité et du bonheur pour les nations comme pour les individus!

Apprenez à l'aimer et vous serez heureux autant qu'on peut l'être. Vous vous garderez bien de confondre l'idée de bonheur avec celle de jouissances éphémères achetées au prix de mille sacrifices pénibles, et qui, à l'ordinaire, ne laissent que le vide, le remords ou la ruine après elles. Telles sont trop souvent les jouissances des villes. La paix et l'aisance, sans le triste cortège de besoins factices, imaginaires, toujours insatiables, le bonheur que donnent ce calme et cette aisance laborieuse, ne se rencontrent, en général, que dans les familles agricoles.

Nous pouvons dire aussi avec le poète :

Qu'heureux est le mortel qui, du monde ignoré,
Vit content de lui même en un coin retiré ;
Que l'amour de ce rien, qu'on nomme renommée,
N'a jamais enivré d'une vaine fumée ;
Qui de sa liberté forme tout ses plaisirs
Et ne rend qu'à lui seul compte de ses désirs.

BOILEAU.

Et avec Virgile : *O fortunatos nimium, sua si norint, agricolas !*

Oh! mille fois heureux les habitants des champs s'ils pouvaient apprécier leur bonheur ! Que ne puis-je reproduire la fraîcheur, la grâce, le charme irrésistible que Théocrite et Virgile, ces auteurs inimitables, ont répandus sur les travaux des champs !

L'agriculture a toujours été honorée par les Gouvernements jaloux de la prospérité des peuples. Les plus grands hommes de l'antiquité quittaient avec peine la vie des champs pour remplir les plus hautes charges de l'Etat ; ils étaient heureux et fiers d'abandonner les dignités dont ils étaient revêtus, pour venir labourer leurs sillons et présider à tous les travaux d'agriculture.

Denis Ier, roi de Portugal, reçut les surnoms, si diversement glorieux, de *Père de la patrie*, *Père des lettres portugaises*, et de *Roi laboureur*. C'était à ce dernier titre qu'il attachait le plus de prix. Et il avait bien raison, car, à nos yeux, il équivaut au titre de bienfaiteur de l'humanité.

En France, pour honorer l'agriculture, les rois de la monarchie absolue ont souvent accordé le blason aux hommes qui se vouaient à cette profession.

Et, sans aller chercher de tels exemples dans l'antiquité, nous en trouvons en France : l'Empereur s'est fait *agriculteur* en Sologne ; S. A. Madame la Princesse Baciocchi, cousine de Sa Majesté, s'est faite *agriculteur* en Bretagne, dans notre pays; et le Chef de l'Administration départementale, si intimement dévoué aux intérêts du pays, préside tous les ans les Comices du département.

La création des Comices, à la tête desquels se trouvent les hommes les plus recommandables, prouve la haute estime dont jouit l'agriculture. Soyez donc fiers de la profession de vos pères! Ce sont eux qui nourrissent la France. Vouez-vous dès à présent à cette profession : elle fait estimer celui qui sait l'exercer honorablement, et donne un bonheur paisible et durable, *le seul qui doive être le but de vos constants efforts.*

> L'homme qui dans le faste entrevoit le bonheur,
> Se crée une chimère et la poursuit sans cesse;
> Un peu d'argent, la paix du cœur,
> Joie et santé, c'est là, je le confesse,
> Des destins pour moi le meilleur.
> Contentement passe richesse.

TROISIÈME LEÇON.

L'AGRICULTEUR SECONDE L'ŒUVRE DE DIEU. — INDÉPENDANCE DE LA VIE DES CHAMPS.

> L'homme ne vit pas seulement de pain, mais de toute parole qui vient de Dieu.
>
> Otez Dieu de la nature, ce n'est plus qu'un océan qui roule éternellement ses flots, et qui est lui-même sans amour, sans intelligence et sans vie.

J'ai voulu vous exciter, par des considérations générales, à vous vouer à l'agriculture. A ces considérations, je dois ajouter que l'agriculteur est l'aide de Dieu. Il ne crée pas, mais il utilise, il développe, il fait prospérer tous les éléments de la création. Il améliore chaque plante, il procure aux animaux que Dieu a créés une nourriture plus abondante et plus substantielle ; il développe les qualités des espèces et des races, il les modifie. C'est un beau rôle que celui de seconder le Créateur dans ses desseins et d'augmenter la richesse d'un pays. L'agriculteur vit au milieu de la création, au milieu de la nature. Il se sent ramené sans cesse à l'idée d'un Créateur, d'un maître. Les saisons, les variations de la température, les accidents atmosphériques (*vent, pluie, neige, sécheresse*) le dominent et le mettent en présence de Dieu. Les récoltes germent, poussent, végètent et meurent, et nous rappellent les périodes de notre propre existence.

La vie qu'il mène élève donc sans cesse l'âme de l'agriculteur vers Dieu et la fait tendre vers sa fin. Cette vie, bien comprise et conduite avec l'intelligence de l'esprit et du cœur, serait un culte et une prière continuels. Dieu se plaît à donner aux habitants des champs plus de force et plus de santé. Il suffit pour vous en convaincre de les comparer aux habitants des villes. Les campagnes fournissent le meilleur contingent de nos armées, et les bras vigoureux qui labourent les sillons sont aussi ceux qui forment le plus puissant bouclier de la France. Caton disait que c'était parmi les cultivateurs que naissaient les meilleurs citoyens et les meilleurs soldats. Le maréchal Bugeaud avait pris pour devise de notre belle colonie d'Afrique l'*épée et la charrue*. L'air de la campagne est plus pur, et, croyez-le bien, mes chers élèves, la force et la santé sont deux éléments de bonheur que vous ne trouverez nulle part comme à la campagne.

J'ajouterai que, si nous comparons la société à un arbre, et les différentes classes aux branches et aux racines de cet arbre, nous sommes forcés de reconnaître qu'à l'exemple des racines, les hommes qui comme elles sont attachés au sol ne ressentent point ou ressentent peu les tourmentes et les tempêtes qui brisent la cime de l'arbre ; elles renversent les hommes au sommet des fonctions sociales, et agitent plus ou moins cruellement les branches suivant les points plus ou moins élevés où elles sont placées.

Je vois à l'air joyeux de vos visages que vous êtes contents de m'entendre causer intimement avec vous de la noble profession de l'agriculteur. J'ai prononcé le mot *noble* à dessein, il peint ma pensée. L'agriculteur est le maître de son exploitation, il n'a point de faveurs à solliciter. Qu'il paye son terme, comme tout locataire, s'il n'est pas propriétaire de sa ferme, et il est quitte, sans être dispensé pour cela, bien entendu, des égards que le fermier et le maître se doivent réciproquement, qui sont la base de leurs bons rapports et qui contribuent à leur bonheur. C'est un petit roi dans son domaine ; ses enfants sont ses aides les plus dévoués ; sa compagne partage ses soucis pour les alléger, ses joies de famille, sa prospérité pour les lui rendre plus chères. C'est une belle royauté que celle qui n'a que ses enfants pour ministres et pour sujets ; c'est un beau royaume que celui d'un domaine que l'on peut parcourir plusieurs fois par jour, que l'on administre à sa guise, sans crainte de trouble et de révolution : il n'est point de pareil pouvoir, il n'est point de pareil bonheur.

C'est avec raison que Racan, dans ses stances sur la retraite, s'écrie :

> Oh ! bienheureux celui qui peut de sa mémoire
> Effacer pour jamais les vains désirs de gloire,
> Dont l'inutile soin traverse nos plaisirs,
> Et qui, loin, retiré de la foule importune,
> Vivant dans sa maison content de sa fortune,
> A selon son pouvoir mesuré ses désirs !

Les travaux de la campagne sont d'une variété infinie, à la différence de ceux du plus grand nombre des industries

où le rôle de l'homme n'est autre que celui d'un automate ;
ils ne sont point limités pour l'intelligence, et ils s'opèrent
presque tous au grand air, au milieu d'innombrables merveilles.

Nous pouvons dire avec le poëte :

> O labeur trois fois saint que celui de la terre !
> Travail sanctifiant et moralisateur
> Où dans son œuvre auguste et pleine de mystère,
> Le laboureur a Dieu pour collaborateur.

QUATRIÈME LEÇON.

L'ORDRE ET LE TRAVAIL SONT INDISPENSABLES.

> Il faut que le laboureur travaille avant de recueillir, *in sudore vultus tui vesceris pane.*
>
> L'homme est né pour le travail comme l'oiseau pour voler.
>
> Ecc., VII, v. 16.
>
> Vous ne haïrez point le travail des champs créé par le Très Haut.
>
> Ecc., VII, v. 16.

Permettez-moi, avant de vous parler particulièrement de l'agriculture, de vous dire en quelques mots les principes fondamentaux sans lesquels toute science est vaine, et de vous rappeler ici ce que je vous ai dit souvent : l'homme est né pour le travail, sans le travail l'homme ne peut atteindre aucun but utile. Consultez l'expérience : quels sont les hommes qui réussissent autour de vous? ce sont toujours les plus laborieux, n'est-ce pas? ce sont ceux qui ont de l'ordre; ceux qui ont une bonne conduite; ceux qui ne s'enivrent jamais; ceux qui traitent les affaires avec honneur et loyauté ; ceux qui ne se rendent point aux marchés, aux foires, aux assemblées sans que la nécessité les y conduise. Pascal a dit avec raison que bien des malheurs de ce monde viennent de ce qu'on ne sait pas rester chez soi.

Le travail est une loi de notre nature ; il n'y a d'heureux que ceux qui travaillent. Qui travaille prie, dit un proverbe. Le travail et la prière sont indispensables, et l'un et l'autre sont également agréables à Dieu. Permettez-moi de graver cette vérité dans votre esprit par une fable intitulée *La fumée de l'encens et la fumée de la forge* :

> Un nuage d'encens, s'élevant du saint lieu,
> Rencontre dans les airs une noire fumée
> Que vomit à longs flots une forge allumée.
> « Ne sais-tu pas, dit-il, que je monte vers Dieu ?
> Profane, éloigne-toi ! » Du firmament venue,
> En ces mots l'interrompt une voix inconnue :
>   « Mêlez-vous fraternellement,
> Toi, du sein du travail, et toi, du sanctuaire ;
> Vous êtes au Seigneur chères également ;
>   Car le travail vaut la prière. »

Le maître absent, tout va mal à la ferme. Les domestiques sont pires que bien des écoliers, et Dieu sait ce que serait l'école si le maître était absent. Souvenez-vous de cette maxime : Le temps perdu ne se répare jamais, le temps passé au cabaret nuit à la bourse, à la réputation, met en retard les travaux de la ferme.

Il n'y a, vous le savez, que ceux qui travaillent et sont assidus en classe qui remportent les prix. Un franc dépensé un jour de marché et un franc chaque dimanche, font 104 fr. au bout de l'année, plus de mille francs (1,040 fr.) au bout de dix ans, et la dot de plusieurs enfants au bout d'une vie ordinaire. Combien de fortunes perdues par le défaut de travail et les dépenses faites au cabaret. Vous ne voudrez point accabler votre conscience de remords et de regrets à un tel prix, parce qu'avec eux il n'est pas de bonheur possible. Vous ne souffrirez point chez vous d'hommes livrés à de mauvaises habitudes. Vous donnerez l'exemple de l'accomplissement des devoirs, vous l'exigerez de ceux qui vous entoureront. Sans cela, vous connaîtriez vainement les meilleures méthodes de culture, les assolements les plus avantageux, vous posséderiez inutilement les meilleurs instruments et les plus beaux bestiaux, votre ruine serait certaine. La faction des hommes de plaisir sera éternellement inutile, dit le prophète.

> Souvenez-vous que jamais ne repose
> Celui qu'une foi vive est venue agiter.
> Par une main divine il se laisse conduire,
> Et, tout au seul devoir dont il sait s'acquitter,
> Le danger ne peut l'arrêter,
> Le plaisir ne peut le séduire.

Vous serez fidèles aux principes qui vous ont été enseignés et qui se résument dans l'accomplissement des devoirs de l'honnête homme, du chrétien, du père de famille, aux principes sans lesquels toute science est vaine. La ruine est la conséquence du désordre. — Vous mangerez le fruit des travaux de vos mains, et en cela vous êtes heureux et vous le serez encore à l'avenir (*Ps. 127*). — La récompense après la vie, c'est le salaire après le travail du jour.

CINQUIÈME LEÇON.

ROUTINE. — NÉCESSITÉ DE L'ABANDONNER.

> De tous les progrès, le plus important
> est le progrès moral.

La routine au progrès veut disputer l'empire ;
Le progrès toujours marche et la routine expire.
Si l'erreur peut régner pendant quelques instants,
La vérité toujours triomphe avec le temps.

L'agriculture semble au premier coup d'œil une science bien simple ; c'est en effet la profession de bien des ignorants. Les enfants font ce qu'ils ont vu faire à leurs pères. Nous sommes toujours ainsi dans le même état. Le sol n'est pas plus riche ni plus fertile, le cultivateur n'a pas plus d'aisance, produit ce qu'il faut pour payer le maître du sol et pour vivre. Les mêmes récoltes se succèdent d'une manière invariable, et donnent un rendement moyen qui jamais ne change d'une manière appréciable.

En dehors de ces agriculteurs appelés à rester pauvres toute leur vie, il en est au contraire quelques-uns qui s'enrichissent en suivant les méthodes dont la supériorité est démontrée par l'observation et l'expérience.

Mes efforts tendent à vous placer au nombre de ces derniers.

Toute l'agriculture se réduit à ces principes : produire chaque année plus de plantes, et entretenir plus de bestiaux sur le même sol; en deux mots : production de plantes, production d'animaux domestiques, en aussi grande quantité que possible.

Il est évident que si je donne au sol périodiquement ce qu'il faut pour produire périodiquement aussi ces mêmes récoltes, je donne et je prends toujours la même chose, et je me condamne à l'état de celui qui prendrait 5 fr. dans sa bourse pour les y remettre ensuite, c'est-à-dire : je me condamne à n'être jamais ni plus riche ni plus pauvre, et à avoir un sol toujours dans le même état.

> Combien voit-on de gens sottement entêtés
> Qui, nés avec le bât, veulent mourir bâtés !

Ne devons-nous pas, au contraire, enrichir notre terre et lui faire produire chaque année davantage?

Pour atteindre ce résultat, nous devons nous procurer les meilleurs instruments, les meilleurs bestiaux et suivre les meilleures méthodes; je vous engage à imiter le cultivateur qui fut accusé de magie.

> S'affranchissant du joug héréditaire,
> Un Romain acheta quelques arpens de terre,
> Et fit si bien qu'en peu de temps
> Un champ qui fut rocailleux et stérile,
> Il le rendit riche et fertile,
> De sa prospérité, les voisins mécontents,
> Devant le peuple l'appelèrent
> Et de magie ils l'accusèrent.
> Que fit l'ancien esclave en ce pressant danger?
> Il amena devant ceux qui devaient juger

> Des bœufs, un robuste attelage,
> Ses fils déjà grands, déjà forts,
> Et ses outils de labourage.
> « Peuple, voilà, dit-il, la magie et les sorts
> » Auxquels je dois les biens que l'on m'envie. »
> En dépit de voisins jaloux,
> Le laboureur partit aisous
> Aux acclamations de la foule ravie.

Je vous engage à suivre son exemple; comme lui, améliorez votre sol, fertilisez-le et enrichissez-le chaque année de plus en plus. Préparez chaque jour des sources de nouvelles richesses pour l'avenir. N'oubliez pas qu'il doit en être ainsi du champ de l'intelligence :

> Il faut de l'avenir creuser les vastes champs,
> Et semer du progrès la semence céleste;
> Si plus d'un épi meurt sous le poids des méchants,
> De l'incrédulité si le souffle est funeste,
> Sachez d'un dur labeur vaincre les longs ennuis,
> Par la persévérance enfantez des prodiges.
> De grandes vérités mûriront sur leurs tiges
> Dont les peuples un jour recueilleront les fruits.

Nous devons ajouter que :

> Tout siècle se débat contre une vérité,
> Il s'attache au présent, et l'avenir l'entraîne;
> En vain, il veut briser l'irrésistible chaîne,
> La vérité persiste, et le siècle est dompté.

Pour délasser vos jeunes intelligences, nous ferons quelques expériences pratiques dont nous consignerons les résultats sur nos cahiers.

SIXIÈME LEÇON.

CONDITIONS NÉCESSAIRES POUR TOUTE VÉGÉTATION.

> Dans l'ordre physique, tout souffre et dépérit en dehors des lois de la nature.
>
> Toute plante que mon père n'a point plantée sera arrachée.
>
> S. MATHIEU.
>
> Dans l'ordre moral, les individus comme les sociétés souffrent lorsque les lois de la justice et de l'équité sont violées.

Nous avons rempli une caisse de sable desséché, et nous l'avons placée dans un lieu à l'abri de toute humidité; puis nous avons semé du grain qui y resterait ainsi mille ans sans germer.

Nous avons ensuite arrosé ce sable, et bientôt nous avons vu le grain se gonfler, germer et pousser des racines et des tiges. Ce grain n'a pu pousser des tiges assez fermes pour se soutenir et se reproduire.

Enfin, nous avons, après ces deux essais, mêlé de l'engrais au sable, et nous avons fait un troisième ensemencement qui a bien réussi.

Vous n'avez pas voulu que l'on essayât de renfermer dans une caisse bien close de la terre ensemencée de grain, parce qu'il est très-évident qu'il ne pousserait point. Il en serait de même du grain semé dans un sol maintenu à l'état glacial; et ce n'est qu'au printemps, lorsque le temps est doux, que toute végétation commence.

De tous ces faits, vous avez conclu qu'une plante, pour prospérer, a besoin d'air, de chaleur, d'humidité et de terre contenant les aliments nécessaires à son existence; ces conditions sont indispensables à toute végétation. L'air est si nécessaire que vous ne verrez jamais dans vos champs de bonnes récoltes sous vos pommiers, ni sous les arbres de vos baies. — C'est ainsi encore que vous avez peut-être remarqué au printemps des pommes de terre laissées dans des caves diriger leur pousse vers les fentes ou joints de ces caves, et chercher l'air et la lumière.

> Le Seigneur a donné des lois à la matière,
> Et ces lois nul ne peut les transgresser en vain,
> Et la création gravite tout entière
> Dans le cercle tracé par le Maître divin.

L'engrais est si indispensable que vous en portez toujours dans les champs pour assurer vos récoltes; et la chaleur et l'humidité sont d'une nécessité si grande que ce n'est que dans les saisons qui offrent ces avantages que la végétation et la maturation des récoltes a lieu. — C'est en vous rendant compte ainsi de tous ces phénomènes qui se passent autour de vous, que vous aurez sous les yeux des sujets d'étude et de réflexion, que vous vous attacherez à votre profession et à votre sol. Vous serez en quelque sorte en communication constante avec vos cultures et votre terre.

Je ne veux point terminer ce sixième chapitre sans vous donner quelques notions sur le premier élément de l'existence de tout ce qui vit dans la nature, et sans vous faire admirer la sagesse et la puissance de Dieu qui a tout fait avec nombre, poids et mesure (*Ecclésiaste*).

L'air au milieu duquel nous vivons, l'air que nous respirons ne s'étend pas indéfiniment : D'après les dernières recherches de la science, on cesserait d'en trouver si on s'élevait à cinquante kilomètres au-dessus de la surface de la terre.

L'air forme donc autour de notre globe une enveloppe très-mince; c'est cette enveloppe que l'on nomme l'atmosphère. Peut-être aurez-vous été surpris de m'entendre qualifier de très-mince une enveloppe de cinquante kilomètres, c'est-à-dire plus de douze lieues. Mais songez aux dimensions de la terre (quinze cents lieues de rayon), et vous verrez que mon expression n'a rien d'exagéré.

Vous avez vu et admiré bien des fois la pêche avec le duvet qui la recouvre? Eh bien! c'est une miniature de la terre avec son atmosphère.

L'air atmosphérique n'est pas un élément, un corps simple, comme le croyaient les anciens. Une expérience bien simple va vous en convaincre.

Prenez une grande terrine pleine d'eau; faites flotter sur cette eau une plaque de liége portant une bougie allumée, et couvrez-les d'une cloche de verre, comme celles qui servent à couvrir les melons sur les couches. Vous aurez ainsi comprimé la flamme dans une quantité d'air limitée : la bougie continuera à brûler pendant un certain temps. Elle finira par s'éteindre, et vous verrez alors que l'eau a rempli environ la cinquième partie de la cloche. Ce qui reste maintenant éteint le corps allumé, et n'est plus propre à entretenir la combustion. Il y a donc dans l'air deux corps au moins distincts : un, dans lequel les flammes peuvent continuer à brûler, et un autre qui ne peut servir à la combustion. Le premier a reçu des chimistes le nom d'oxigène, et ils ont appelé le second azote.

Mais l'air ne renferme pas seulement ces principes. Je vais vous en signaler encore deux autres.

Vous connaissez tous la chaux : elle peut se délayer, se dissoudre dans l'eau, de manière à donner un liquide parfaitement limpide que l'on appelle l'eau de chaux. Eh bien! cette eau de chaux se trouble au contact de l'air, prend un aspect qui rappelle un peu celui du lait. Le principe qui produit ce changement s'appelle l'acide carbonique. Il existe donc dans l'atmosphère.

Vous avez pu remarquer bien des fois le fait suivant :

Si vous remplissez une carafe d'eau bien fraîche et que vous l'apportiez sur la table, cette carafe se recouvre bientôt comme d'un brouillard : de l'eau s'est déposée à sa surface. D'où peut provenir cette eau? De l'air où elle existait, mais invisible, de l'air où elle se trouvait sous forme de vapeur.

Récapitulons les faits que nous venons d'acquérir :

1° L'air atmosphérique n'est pas illimité, puisqu'au-delà de douze lieues et demie (cinquante kilomètres) on n'en trouve plus;

2° Il n'est pas simple; il renferme au contraire quatre corps différents :

L'oxigène, l'azote, l'acide carbonique et la vapeur d'eau.

L'oxigène est l'élément essentiel de toute combustion. Un feu presque éteint se rallume quand on souffle dessus : c'est qu'on lui fournit alors une plus grande partie d'oxigène.

Les naturalistes ont prouvé que la respiration n'est autre chose qu'une combustion. L'oxigène est donc aussi l'agent essentiel de la respiration. C'est par lui que nous respirons, que nous vivons.

Quant à l'azote, il n'a aucun rôle par lui-même. Il ne sert qu'à tempérer l'activité trop grande de l'oxigène.

Si l'air ne renfermait que de l'azote, nous ne pourrions pas faire de feu; nous ne pourrions pas vivre.

S'il ne renfermait que de l'oxigène, notre bois brûlerait trop vite, notre respiration serait trop active, nos poumons seraient brûlés, et nous mourrions bientôt.

Vous admirerez encore ici avec quelle sagesse, quelle science et quelle puissance infinies Dieu a tout créé, tout pesé, tout mesuré, tout coordonné dans la nature, pour que l'univers, dans son ensemble et dans ses parties, fonctionne suivant l'ordre et les desseins de sa Providence.

> Du divin Créateur admirez la puissance,
> Qui du sein du néant sut tirer la substance
> Et rassembler le feu, la terre, l'eau, les airs,
> Pour former cet ensemble appelé l'univers;
> Tracer le mouvement à cette énorme masse,
> Donner son cours à l'onde, à chaque objet sa place,
> Et charger le soleil, des ténèbres vainqueur,
> De réchauffer le sol de sa forte chaleur;
> Des éléments divers établir l'harmonie,
> Prouvant que, seul, il est l'auteur de notre vie.

SEPTIÈME LEÇON.

LES VENTS.

> Quel est celui à qui les vents et la mer obéissent?
>
> Ce qui est impossible aux hommes n'est point impossible à Dieu.

C'est Dieu qu'il faut surtout chercher dans son ouvrage,
Mes enfants : Dieu le vrai ! Dieu le grand ! Dieu le sage !
Dieu, la cause et la fin ! le pouvoir paternel,
Le Verbe intelligent et l'amour éternel.

L'importance du rôle que l'air joue dans la nature a été l'objet de notre précédente leçon. Il enveloppe non seulement l'univers, mais il pénètre plus ou moins les corps. Il est le premier agent de notre existence et de celle des animaux. Il faut qu'il remplisse nos poumons, pour que le phénomène de l'existence ait lieu, que la vie anime toutes les parties de notre être et que l'organisme commence sa marche et parcoure les phases qui lui sont assignées jusqu'au décès. Ce phénomène de la vie, si incompréhensible, et l'harmonie si admirable de la structure de l'homme suffiraient pour révéler l'existence de Dieu. L'étude de la nature ennoblit l'homme; elle lui fait retrouver, dans chaque œuvre, les titres de la noblesse de son origine, en lui révélant que Dieu est son auteur.

L'air est léger, élastique; il se dilate à la chaleur, se raréfie sous l'action du froid, cède à toutes les pressions et à toutes les impulsions. On comprend qu'avec les différences de température et leurs variations continuelles sur tous les points du globe, l'air doit être dans une agitation continuelle. Cette agitation se comprend bien mieux encore, lorsque l'on examine le mouvement de la terre, mouvement dont la rapidité, à l'équateur, répond à la vitesse d'un boulet lancé par le canon. Le flux et le reflux de la mer, le cours des eaux des fleuves et rivières, l'effet des volcans, le déplacement incessant des divers corps et la mobilité de tous les êtres, la chaleur du soleil, le refroidissement pendant les nuits, toutes ces causes si multipliées déplacent et agitent continuellement l'air. Dans cette agitation, il prend le nom de vent.

Au point de vue de l'hygiène, ce renouvellement incessant était indispensable. Il apporte constamment aussi de nouveaux éléments de vie aux plantes. En agitant leurs tiges, il les sollicite à développer leurs racines, qui doivent augmenter leur adhérence au sol et accroître leur vigueur, en raison du nombre et de la force de ces agents de nutrition.

L'air, à l'état de vent, est chargé de transporter sur les différents points de la terre la pluie destinée à la féconder, à renouveler les sources, à alimenter par elles les rivières qui, à leur tour, forment la mer.

Tout s'enchaîne, se coordonne et concourt d'une manière admirable à l'existence et à la marche de l'univers.

Comment me serais-je refusé, mes chers amis, le bonheur

de vous faire lire cette page de la création, écrite sur l'aile mobile des vents! Vous ne murmurerez plus lorsqu'ils vous contrarieront dans vos projets, en pensant aux bienfaits généraux qu'ils répandent sur le globe.

L'homme s'empare de tout; il utilise toutes les œuvres de Dieu pour son bien-être, et répond ainsi aux desseins de la Providence qui a tout créé pour lui.

Sur les points les plus élevés, dans les plaines, et sur les rivages de la mer où son action se fait le plus sentir, il a chargé le vent de la marche de ses usines; il lui fait enfler les voiles de ses vaisseaux, et, avec cette aide, il parcourt les mers, établit et entretient des relations avec les contrées les plus lointaines, et découvre de nouveaux mondes.

En renfermant dans une légère enveloppe l'air à l'état de gaz, et en se servant de la propriété qu'il a sous cette forme, l'homme est parvenu à s'élever; il a pu, comme l'oiseau, opérer quelques faibles parcours dans l'espace aérien, mais ces essais n'ont réussi que par un temps calme, et, jusqu'ici, tous les efforts ont été impuissants à trouver un moyen de diriger les ballons.

Ce qui était impossible à certaines époques s'exécute dans d'autres siècles. Il serait téméraire d'assigner des limites à la science; il serait plus téméraire encore de penser qu'elle pourra tout découvrir.

Je voudrais, mes petits amis, amener vos intelligences à sortir du cercle si borné dans lequel elles ont l'habitude de se mouvoir, et les élever aux plus hautes méditations: c'est dans les sublimes sphères où le cœur de l'homme, débarrassé des mesquines passions et de misérables intérêts, se repose avec bonheur.

Je voudrais aussi vous amener à partager les sentiments

si doux de la charité envers vos semblables. Imitez, dans la mesure de vos forces, l'exemple de Dieu :

> Aux petits des oiseaux il donne la pâture,
> Et sa bonté s'étend sur toute la nature.

Il faut s'inspirer de la volonté de Dieu pour savoir ce qui est juste et bon.

C'est dans ce but que je vais reproduire ici une prière, qu'à propos de vent et de tempête, Mme Desbordes-Valmore place dans la bouche d'une petite fille :

> Cher petit oreiller, doux et chaud sous ma tête,
> Plein de plume choisie, et blanc! et fait pour moi!
> Quand on a peur du vent, des loups, de la tempête,
> Cher petit oreiller, que je dors bien sur toi!
> Beaucoup, beaucoup d'enfants, pauvres et nus, sans mère,
> Sans maison, n'ont jamais d'oreiller pour dormir;
> Ils ont toujours sommeil. O destinée amère!
> Maman! douce maman! cela me fait gémir.
> Et quand j'ai prié Dieu pour tous ces petits anges
> Qui n'ont pas d'oreiller, moi j'embrasse le mien.
> Seule dans mon doux nid, qu'à tes pieds tu m'arranges,
> Je te bénis, ma mère, et je touche le tien.
> Je ne m'éveillerai qu'à la lueur première
> De l'aube; au rideau bleu, c'est si gai de la voir!
> Je vais dire tout bas ma plus tendre prière :
> Donne encore un baiser, douce maman! bonsoir.
> Dieu des enfants! le cœur d'une petite fille,
> Plein de prière (écoute!), est ici sous mes mains;
> On me parle toujours d'orphelins sans famille,
> Dans l'avenir, mon Dieu, ne fais plus d'orphelins!
> Laisse descendre au soir un Ange qui pardonne,
> Pour répondre à des voix que l'on entend gémir.
> Mets, sous l'enfant perdu que la mère abandonne,
> Un petit oreiller qui le fera dormir!

Faites comme cette jeune enfant : aux jours d'orage, de tempête, et lorsque l'intempérie des saisons ajoute aux souffrances des malheureux, pensez-y quelquefois et n'oubliez pas qu'ils sont aussi vos frères.

> Heureux ceux qu'un saint zèle enflamme !
> Qui donne au pauvre prête à Dieu.
> Le bien qu'on fait parfume l'âme,
> On s'en souvient toujours un peu.
> Le vrai trésor, rempli de charmes,
> C'est un groupe, pour vous priant,
> D'enfants qu'on a trouvés en larmes
> Et qu'on a laissés souriant.

HUITIÈME LEÇON.

DE LA PLUIE.

> Toutes choses ont été faites par lui ;
> rien n'a été fait sans lui.

> Dans le système entier, partout manifesté,
> De l'auteur de la vie on voit la majesté.

Si l'air est indispensable, et si son existence et son renouvellement continuels nous ont aidé à découvrir une des merveilleuses harmonies de l'univers, — la pluie et sa périodicité seront aussi pour vous un sujet d'admiration.

L'humidité qui, par son agrégation de globules, forme la pluie, se trouve à l'état invisible dans l'air que nous respirons. Sans sa présence, nos poumons, bientôt desséchés, cesseraient de fonctionner, et toute existence deviendrait impossible.

Cette humidité s'élève dans les airs sous forme de vapeurs, de brouillards, qui se rapprochent, se condensent et forment les nuages. Les nuages sont parfois rassemblés par les vents jusqu'à ce qu'une cause quelconque les amène près de la terre, et les fasse tomber sous forme de pluie.

La pluie est indispensable : 1° pour entretenir l'humidité de l'air, renouveler les sources et les rivières qui à leur tour forment les mers ; 2° pour abaisser la trop grande élévation de la température du sol et de l'air, qui serait également nuisible au règne animal et au règne végétal ; 3° pour diminuer la dureté de la terre, redonner de la fraîcheur aux racines qui la répandent ensuite dans toute la plante, dissoudre les éléments nutritifs et permettre aux radicules de les absorber.

Toutes nos réflexions à l'occasion de l'air, du vent, s'appliquent à la pluie. L'action de ces éléments que nous sommes prêts à isoler les uns des autres, quand nous ne nous élevons pas par la réflexion jusqu'aux desseins de la Providence, nous apparaît, au contraire, comme une action commune, indispensable au mouvement universel et au maintien du principe de vie qui l'anime. Tous concourent à un but harmonieux d'une infinie perfection, et nous révèlent un seul auteur, plus parfait, plus infini que son œuvre.

> Tout accuse d'un Dieu l'éternelle existence ;
> On ne peut le comprendre, on ne peut l'ignorer.
> La voix de l'univers annonce sa puissance,
> Et la voix de mon cœur dit qu'il faut l'adorer.

Lorsque les globules d'eau sont portés dans des régions où ils se trouvent sous l'influence de l'abaissement de la température, ils se congèlent et forment, suivant l'état qu'offrent en ce moment ces globules liquides, la neige, la grêle, le verglas. Le givre ou la gelée blanche n'est autre chose que la rosée qui s'est trouvée congelée par la fraîcheur des nuits.

Je n'insisterai pas beaucoup sur ces transformations de l'humidité en vapeur, brouillard, nuage, pluie, neige et grêle, ni sur ses effets sous ces diverses formes. Vous les connaissez presque tous; vous savez que la gelée divise les molécules de la terre, détruit ainsi que la neige de nombreux insectes, qui dévoreraient la plante et diminueraient le rendement des récoltes; la neige protège encore la plante qui sort à la surface du sol contre les changements trop brusques de la température.

Nous pouvons être souvent bien contrariés dans nos projets par les désordres qu'occasionnent les orages, les pluies trop abondantes et l'intensité du froid. Nous devons, par notre prévoyance et les cultures que nous adopterons, nous mettre autant que possible à l'abri de ces intempéries des saisons, savoir mériter les bienfaits de la Providence, et nous soumettre à ses desseins. Dieu fait bien ce qu'il fait.

L'étude des lois harmonieuses de la nature, en nous faisant découvrir les liens qui relient toutes les parties qui composent l'univers, nous fait admirer la puissance de la main qui enlève jusqu'aux moindres gouttes de pluie, les soutient dans les cieux, et les répand sur toutes les parties de la terre. Notre oreille écoute alors le firmament et toutes les œuvres de la nature publier la gloire, la bonté et le pouvoir infinis du Créateur. L'homme comprend, au point de vue physique, la nécessité de ces obstacles contre lesquels son ignorance le faisait se révolter. Au point de vue moral, il en comprend aussi l'importance; il accepte ensuite avec courage, patience, résignation, les luttes que Dieu lui a ménagées et qui sont la source du mérite et de la vertu. En essayant de vaincre les difficultés qu'il rencontre pendant son existence, en affrontant aussi, dans un noble but, les dangers, en s'y exposant pour secourir ses semblables, il trouve l'occasion de pratiquer les lois morales qui sont les

principaux liens des sociétés. L'enseignement de ces lois
devant, ainsi que nous l'avons dit, occuper une large place
dans notre livre, nous nous empressons de vous citer un
exemple d'un dévoûment inspiré par les dangers que la neige
offre sur le sommet des Alpes.

Il est des points du globe sur lesquels les neiges sont éternelles. Les dangers auxquels elle expose le voyageur sur le
mont Saint-Bernard ont déterminé des religieux à y établir
une maison de secours. Chenedollé a immortalisé cette pieuse
fondation par les vers suivants :

> La neige, au loin accumulée,
> A torrents épaissis tombe du haut des airs ;
> Et sans relâche amoncelée,
> Couvre du Saint-Bernard les vieux sommets déserts.
> Plus de route ; tout est barrière,
> L'ombre accourt, et déjà, pour la dernière fois,
> Sur la cime inhospitalière,
> Dans les vents de la nuit, l'aigle a jeté la voix.
> A ce cri d'effroyable augure,
> Le voyageur transi n'ose plus faire un pas ;
> Mourant et vaincu de froidure,
> Au bord du précipice il attend le trépas.
> Là, dans sa dernière pensée,
> Il songe à son épouse, il songe à ses enfants ;
> Sur sa couche affreuse et glacée,
> Cette image a doublé l'horreur de ses tourments.
> C'en est fait, son heure dernière
> Se mesure pour lui dans ces terribles lieux,
> Et, couvrant sa froide paupière,
> Un funeste sommeil ferme déjà ses yeux.
> Soudain, ô surprise ! ô merveille !
> D'une cloche il a cru reconnaître le bruit ;
> Le bruit augmente à son oreille ;
> Une clarté subite a brillé dans la nuit.

Tandis qu'avec peine il écoute,
A travers la tempête un autre bruit s'entend :
Un chien jappe, et s'ouvrant la route,
Suivi d'un solitaire, approche au même instant.
Le chien, en aboyant de joie,
Frappe du voyageur les regards éperdus ;
La mort laisse échapper sa proie,
Et la charité compte un miracle de plus.

La neige est souvent, à cause de sa blancheur, considérée comme l'emblème de la vertu ; cette comparaison a inspiré une fable que je crois devoir reproduire sous vos yeux en terminant ce chapitre :

D'où viens-tu, neige et si pure et si blanche ?
— « Je viens de la montagne où roule l'avalanche
Et dont le front perce les cieux.
Je trouvais mon séjour triste et froid ; ces hauts lieux
Étant de tous les vents la patrie éternelle,
Je priai l'aquilon, qui me prit sur son aile,
De me porter au sein d'une grande cité.
Ah ! j'arrive... » — Elle tombe au milieu de la ville,
Se fond sur les pavés et devient fange vile.
Des champs, ô jeunes gens ! aimez l'obscurité,
Les cités à votre âme offriront plus d'un piége :
Là se perdent, comme la neige,
La blancheur et la pureté.

NEUVIÈME LEÇON.

L'ENGRAIS NOURRIT LES PLANTES.

> Chaque chose a besoin, pour vivre et se développer, des éléments qui lui sont propres.
>
> Sans engrais point de fourrage, sans fourrage point de bestiaux, sans bestiaux pas de viande et pas de pain.
>
> L'instruction est la nourriture de l'intelligence.

Nous avons vu, dans nos précédentes leçons, que l'air et la lumière sont nécessaires à la végétation. C'est à leur action que les plantes doivent cette couleur verte qui varie suivant leur vigueur.

Cela est si vrai que les jardiniers, pour blanchir leurs salades, les privent d'air et surtout de lumière, et en quelques jours les plantes placées dans cette nouvelle condition cessent de croître, blanchissent, perdent avec leur couleur verte leur amertume et deviennent tendres.

C'est ainsi que, par des exemples et par des faits, je désire graver dans vos jeunes intelligences des principes que vous n'oublierez jamais.

Par une série d'expériences, nous avons constaté que du grain semé dans du sable, mêlé d'engrais, avait donné un beau produit. — Dans le sable sans engrais, la récolte a été nulle. — C'est donc à l'existence de l'engrais qu'est due la récolte. C'est à son absence aussi qu'est dû l'insuccès de la moisson dans le sable pur.

L'engrais est la nourriture des plantes, et les plantes ont besoin de nourriture, comme tout ce qui vit ; elles vivent par les racines, puisque seule cette partie est en contact avec l'engrais. Oui, mes petits amis, et ces racines auxquelles vous n'avez jamais fait attention sont garnies d'une multitude de petites bouches que l'on nomme suçoirs. On donne à boire et à manger aux plantes, et, suivant l'abondance et la qualité de la nourriture, elles prospèrent à divers degrés. — On les empoisonne et on les fait mourir en leur présentant des substances nuisibles à leur économie, ou en leur donnant en trop grande abondance certains aliments qui, dans des proportions convenables, assurent leur santé et leur vigueur.

Dieu permet tous les abus, mais il a mis à toutes choses des limites que l'homme ne doit pas dépasser.

M. Boussingault a semé des graines, il y a deux ans, dans un terrain préparé et dont la composition lui était bien connue, et il a déterminé, en employant certains réactifs, quelles étaient les substances dont les plantes s'alimentaient.

Il les consultait, disait-il, sur la qualité des aliments, et leur demandait leur *opinion* sur les mets qu'il leur servait.

Se basant sur cette faculté qu'ont les plantes d'absorber les substances qu'on leur donne, on a profité du moment de la végétation pour répandre au pied des arbres certaines substances qui, aspirées par tous les pores, ont donné des teintes au bois, et d'autres substances qui le rendent incorruptible.

On opère actuellement sur les bois abattus, en injectan le liquide au moyen d'une puissante pression.

Les bois, ainsi préparés, sont employés pour la pose des rails des chemins de fer, et pour les poteaux qui supportent les fils du télégraphe électrique.

DIXIÈME LEÇON.

NÉCESSITÉ DES LABOURS PROFONDS.

> Aucun succès n'est possible lorsqu'une des conditions nécessaires fait défaut.
>
> Un seul vice, une seule mauvaise action, suffisent pour ternir toute une existence.

Nous avons tous passé une bonne journée hier, à la campagne du Grand-Lierre, grâce à l'accueil cordial et à l'aimable hospitalité de M. Boisfleury. Cet excellent agriculteur, qui avait mis avec tant de bonté à notre disposition quelques mètres de son champ de la Chesnais pour nos petites expériences, a voulu encore nous fêter, lorsque nous sommes allés constater les résultats de nos essais. Remplissons un devoir envers lui et consignons sur nos cahiers l'expression de notre reconnaissance. M. Boisfleury n'a point eu comme vous, mes enfants, une instruction qui le mît à lieu de se rendre compte de toutes ses entreprises. Lorsqu'il avait votre âge, il n'y avait pas d'instituteurs dans la commune; quelques leçons de l'institutrice et une persévérance à toute épreuve ont développé ses connaissances. Son excellente conduite lui a assuré l'estime de tous. Son ordre, son travail assidu, son agriculture progressive, ont fait son aisance et son indépendance. La vertu et le travail font la dignité de l'homme et la grandeur du citoyen.

Il est conseiller municipal : les avis de cet homme qui fait si bien ses affaires ne peuvent être indifférents pour celles de la commune. Il sait aussi faire part de son aisance aux malheureux de sa paroisse : il est membre du bureau de bienfaisance. Sa maison est digne d'être citée comme exemple ; son agriculture est donnée pour modèle, et, au dernier concours, il a obtenu une médaille d'argent pour l'ensemble de ses travaux et pour la bonne tenue de sa ferme. Lorsqu'on lui demande le secret de tant de bonheur, il répond qu'il n'aurait jamais pu le trouver ailleurs qu'à la campagne. Là, dit-il,

> Je vois les animaux ; j'y trouve le modèle
> Des vertus que je dois chérir ;
> La colombe m'apprend à demeurer fidèle ;
> Imitant la fourmi, j'amasse pour jouir ;
> Mes bœufs m'enseignent la constance,
> Mes brebis la douceur, mes chiens la vigilance,
> Et si j'avais besoin d'avis
> Pour aimer mes filles, mes fils,
> La poule et ses poussins me serviraient d'exemple.
> Ainsi, dans l'univers, tout ce que je contemple
> M'avertit d'un devoir qu'il est doux de remplir.
> Je fais souvent du bien pour avoir du plaisir ;
> J'aime, et je suis aimé ;......
> Et toujours selon sa mesure
> Ma raison sait régler mes vœux ;
> J'observe et je suis la nature,
> C'est mon secret pour être heureux.

En voyant son bonheur, celui de sa famille et de tous ceux qui l'entourent, il n'est personne qui ne se dise : telle est l'existence que je voudrais avoir ! c'est la plus heureuse que l'on puisse ambitionner, c'est celle que je souhaite bien sincèrement à chacun de vous.

Revenons à nos essais : nous avions pris trois carrés d'égale étendue dans la pièce de la Chesnais. Le premier carré avait été bêché à la profondeur de cinquante centimètres, le deuxième à vingt-cinq centimètres, et le troisième avait été seulement gratté avec les dents du râteau pour pouvoir cacher dans le sol la semence que nous voulions lui confier.

Ces trois surfaces ont reçu la même quantité d'engrais. Dans ces trois circonstances, les racines se sont développées bien différemment et la végétation a été bien différente aussi. Vous avez été frappés des résultats. — Le grain ensemencé sur le sol labouré à cinquante centimètres a présenté une belle végétation, il n'a souffert d'aucune des variations atmosphériques ; sa racine est grosse, longue, se subdivise à l'infini, et a fourni ainsi de nombreux et puissants moyens pour alimenter la tige et le grain. Les pluies n'ont point séjourné à la surface du sol complétement remué ; elles se sont infiltrées jusqu'au sous-sol, et n'ont point donné à la plante trop d'humidité. Les chaleurs, quelque fortes qu'elles aient été, n'ont pu se faire sentir assez avant pour atteindre les racines. A l'abri des excès d'humidité et de sécheresse, fortes et vigoureuses, les plantes du carré profondément labouré ont donné une superbe récolte.

Dans le deuxième carré, les racines n'ont point eu la vigueur de celles du premier ; elles n'ont pu aussi bien pivoter, et elles n'ont point été aussi nombreuses. Plus rapprochées de la surface du sol, elles ont été atteintes par l'humidité des pluies et par l'excessive sécheresse. — La récolte du second carré n'est que le tiers de celle du premier.

Celle du troisième a été nulle. Le grain fait naître une tige mince comme celle de l'herbe des prés, qui n'a point eu la force de donner épi ni de fournir du grain.

ONZIÈME LEÇON.

LABOURS FRÉQUENTS. — NETTOYAGE DU SOL.

> Quand tu soignes bien ton travail, Dieu est avec toi pour en assurer le succès. — L'homme ne recueillera que ce qu'il aura semé. — *Labor improbus omnia vincit.* — Avec travail et persévérance on vient à bout de tout. — L'abondance du grain et du bétail, c'est le bien-être des classes les plus nombreuses.

Vous vous rappellerez qu'il ne suffit pas d'engraisser et de semer, qu'il faut encore labourer le sol profondément, et que c'est à la réunion de ces conditions que sera dû le succès de vos travaux.

Pour être bon laboureur, il ne faut négliger aucune de ces conditions, Dieu proportionne toujours la récompense aux efforts et aux soins. La Fontaine nous l'enseigne admirablement par cette fable :

LE LABOUREUR ET SES ENFANTS.

Travaillez, prenez de la peine,
C'est le fonds qui manque le moins.
Un riche laboureur, sentant sa mort prochaine,
Fit venir ses enfants, leur parla sans témoins.

4

Gardez-vous , leur dit-il , de vendre l'héritage
Que nous ont laissé nos parents ;
Un trésor est caché dedans.

Je ne sais pas l'endroit , mais un peu de courage
Vous le fera trouver, vous en viendrez à bout.
Remuez votre champ, dès qu'on aura fait l'août.
Creusez, fouillez , bêchez , ne laissez nulle place
Où la main ne passe et repasse.

Le père mort , les fils vous retournent le champ ,
De çà , de là , partout ; si bien qu'au bout de l'an
Il en rapporta davantage.
D'argent , point de caché ; mais le père fut sage
De leur montrer, avant sa mort ,
Que le travail est un trésor.

Notre fabuliste avait bien raison , mes jeunes amis : celui qui ne se lasse pas de travailler son champ, possède une véritable source de fortune.

Revenons à nos expériences : M. Boisfleury , avec ce sens droit qui le caractérise , était heureux en nous voyant constater avec lui les conditions nécessaires au succès ; il ajoutait qu'il ne fallait de désordre nulle part , que l'herbe ne devait point se trouver dans le sol qui doit produire le grain. Je ne veux point de luttes, disait-il, pas plus dans mes champs entre les plantes , que chez moi entre les personnes ou les animaux. Je ne veux pas d'herbe dans les champs où je sème du grain ; les racines de l'herbe et celles du grain voudraient occuper la même place et se gêneraient réciproquement ; leurs tiges voudraient s'élever dans les mêmes lieux ; elles se rapprocheraient si près qu'elles se déroberaient mutuellement l'air et la lumière. Je n'aurais ni grain, ni herbe ; cela ne ferait pas mon affaire ; je n'emplirais pas mes greniers. Je mets donc chaque chose à sa place. Je maintiens l'herbe dans mes prés, je lui donne là tous mes soins, et elle y répond en me donnant deux coupes et un regain. Mes grains me savent gré de les maintenir seuls, sans herbes nuisibles, et personne parmi nous, grâce à ces soins que je pousse à l'excès peut-être, n'a plus de grains dans une égale étendue de terre. C'est là, mes bons amis, un de mes secrets que je suis heureux de vous confier.

On peut toujours, lorsqu'on veut se donner quelque peine, extirper les mauvaises herbes de son champ et le vice de son cœur. Le vice est une plante étrangère à l'homme, et la vertu, au contraire, se trouve dans son âme comme dans son terrain naturel.

Et il ajouta :

> Je coule avec ma femme et mes jeunes enfants
> Les jours les plus heureux dans mon simple ermitage,
> Où, contents comme nous, vécurent nos parents.
> Nous partageons tous deux les doux soins du ménage,
> Cultivons le jardin et cueillons les moissons ;
> Et le soir, dans l'été, soupant sous le feuillage,
>   Dans l'hiver devant les tisons,
> Nous prêchons à nos fils la vertu, la sagesse,
> Nous parlons du bonheur qu'elles donnent toujours,
> Et quand nous finissons nos leçons, nos discours,
>   Nous nous quittons avec tristesse.

Cet honnête cultivateur aimait à rappeler qu'il n'avait pas toujours eu cette aisance, dont il était si heureux de faire profiter les pauvres de sa commune ; il se plaisait à rappeler les difficultés qu'il avait vaincues à force de travail, d'ordre et d'économie. Alors, comme aujourd'hui, disait-il, Dieu lui accordait, ainsi qu'à toutes les personnes qui l'entouraient, un sentiment de satisfaction intime et de confiance

infinie dans la Providence, qui constitue le véritable
bonheur.

> Oui, chacune vivait paisible et satisfaite
> De la modeste part que Dieu leur avait faite,
> Se croyant presque riche, alors qu'à la maison
> Le pain était certain pour toute la saison.
> Dans le travail leurs jours, cachés à tous les yeux,
>   S'écoulaient doucement.....

N'oubliez jamais que le bonheur ne dépend pas de tel ou
tel degré de fortune et de telle ou telle position sociale,
mais que Dieu le donne au travail et à une bonne conscience.

> Restez donc humblement dans votre étroite sphère,
> Chantez dans les vallons, et non sur les sommets;
> Au vain éclat d'un nom, la sagesse préfère
> Cet heureux demi-jour qui n'éblouit jamais.

DOUZIÈME LEÇON.

DES ASSOLEMENTS

> Le temps que l'on choisit, la méthode
> que l'on suit, modifient bien les résultats
> de nos actes. — Chaque chose a son
> heure. — Avant de t'endormir, pense
> à ce que tu as fait le jour et à ce que
> tu dois faire le lendemain.

Nous trouvons dans les champs des biens sans embarras,
Bien purs, présents du ciel qui naissent sous nos pas.

Nous avons vu, dans la précédente leçon, qu'il faut, pour assurer le succès d'une récolte : 1° nettoyer la terre de toute plante nuisible, c'est le dernier conseil de M. Boisfleury ; 2° faire des labours profonds ; 3° déposer dans la terre les engrais nécessaires à la nutrition des plantes ensemencées. Je dois ajouter qu'il faut encore ensemencer en saison convenable. Toutes les plantes ne végètent pas de la même manière, ni dans le même temps. Tout varie suivant la nature des plantes, l'espèce du sol, la température des saisons et la différence des climats.

Dieu a donné à l'homme tout ce qui lui est nécessaire,

utile, agréable même; mais à la condition qu'il pensera, qu'il réfléchira, qu'il travaillera. Sa main bienfaisante nous a comblés avec profusion, et elle s'est ouverte sur toutes les parties de la terre, afin que, par des échanges réciproques, l'activité humaine, excitée et dirigée par la science, établisse entre toutes les nations des rapports multipliés.

L'homme seul, par son ignorance, son inexpérience ou ses passions, fait obstacle à l'harmonie que Dieu a voulu établir entre les individus et entre les peuples.

Cette différence dans les époques d'ensemencement, de végétation et de récolte est même nécessaire; l'homme n'aurait pu suffire à sa tâche s'il avait dû faire tous les travaux dans le même moment. Il doit rechercher les époques et les modes de culture les plus avantageux, l'ordre dans lequel les plantes doivent être cultivées, pour que loin de se nuire, ces cultures, par une succession en harmonie avec les lois de la nature, concourent à donner les plus riches produits en maintenant le sol dans un état de prospérité toujours croissant. Dans l'ordre moral, l'homme ne se maintient dans les conditions du bonheur qu'en observant toutes les lois du devoir.

Je n'insisterai pas longuement sur ces faits. Les habitudes du pays vous sont connues en ce qui concerne les époques des labours et des divers ensemencements. Je ne vous donnerai qu'un seul conseil au sujet d'une méthode qui n'est pas suffisamment suivie dans notre pays. Aussitôt après l'enlèvement de vos grains, labourez vos champs. Vous empêcherez ainsi quelques herbes de produire des graines, et d'autres de s'enraciner profondément; vous ferez lever les semences mauvaises qui seront déjà tombées sur le sol, et qui se trouveront plus tard détruites par les labours : sans cette mesure, elles lèveraient parmi vos récoltes. Enfin votre terre, dans cette saison, se trouvera non seulement mieux nettoyée, mais encore améliorée par l'influence de l'air et de la chaleur qui l'auront pénétrée.

Il ne s'agit, comme vous le voyez, que de changer l'époque des premiers labours pour obtenir déjà une amélioration remarquable.

Vous ne négligerez pas de faire suivre l'enlèvement des récoltes par le travail de la charrue. Quant aux époques d'ensemencement, vous vous laisserez guider par l'expérience. Vous trouverez dans les excellents ouvrages de M. Bodin l'indication des époques des semailles pour ce pays et des quantités de graines à employer par hectare.

Ces quantités varient à raison de la richesse du sol. Plus il est fertile, mieux il est nettoyé, et moins il faut de semence. Chaque plante étant plus vigoureuse, prend un plus grand développement et occupe plus d'espace. Il est donc évident qu'il faut moins de plantes pour occuper la même étendue de terrain. Cette économie de semence est déjà une première récompense des travaux et des soins donnés à la terre. Tout s'enchaîne, avec des conséquences presque incalculables, dans la voie du bien et dans celle du mal. Les soins ou la négligence, le travail ou la paresse, l'épargne ou la dissipation, produisent des résultats bien différents et dont l'influence se fait sentir presque immédiatement, grandit dans l'avenir et s'exerce souvent d'une manière étonnante sur la vie entière.

TREIZIÈME LEÇON.

ASSOLEMENTS.

> La culture du sol doit tendre à en augmenter la richesse.
>
> Le travail qui perfectionne nos facultés intellectuelles est la source d'une richesse la plus précieuse de toutes, parce que rien ne peut nous l'enlever.

Vous savez tous que, pour assurer le succès d'une récolte, il faut un labour profond dans une terre bien nettoyée des plantes étrangères et bien engraissée; mais vous ignorez qu'à moins d'avoir chaque année, comme on le fait pour les jardins, des engrais surabondants à employer, il ne faut pas faire suivre les mêmes récoltes sur le même terrain. Et, lors même que vous posséderiez cette surabondance d'engrais, vous ne pourriez encore obtenir les résultats les plus avantageux qu'en alternant la culture de plantes d'espèce différente.

Chaque plante prend dans le sol la nourriture qui lui est

propre; or, cette nourriture est diminuée par chaque récolte; d'où il suit que la seconde récolte ne trouvera plus dans le sol la nourriture qui lui convient en aussi grande abondance que la première; et si vous persistez à ensemencer la même plante, elle cessera, faute de nourriture convenable, de pouvoir végéter.

Tel est le motif des assolements. — Malheureusement, dans notre pays, les assolements sont le résultat d'un usage qui remonte à l'enfance de l'agriculture. Ce n'est que depuis peu d'années que, sous ce rapport, elle tend à faire quelques progrès.

Les plantes qui ont besoin d'engrais différents doivent donc se succéder; celles qui épuisent le sol de la même manière ne doivent revenir qu'à des époques éloignées, et lorsque le sol a pu recouvrer les engrais qui leur sont indispensables. — D'un autre côté, il existe certaines plantes qui, par l'époque et le mode de leur culture, par l'époque et le mode de leurs récoltes, mettent obstacle à la croissance de toutes les plantes nuisibles, laissent le champ nettoyé et en état de produire d'abondantes récoltes de céréales.

Il existe des plantes qui épuisent et prennent au sol des quantités considérables de principes fertilisants, d'autres plantes au contraire qui le fatiguent peu et qui même l'améliorent. L'assolement bien entendu permet d'obtenir avec moins de frais des produits plus heureux.

Vos parents commencent leur culture par l'une de ces dernières plantes, par le sarrasin. Les labours pour cette plante se font dans la saison des chaleurs. L'ardeur du soleil détruit l'herbe. Le sarrasin couvre le sol de ses feuilles, et s'oppose à toute autre végétation; elle n'emprunte à la terre aucun des principes propres au développement du blé. — Cette plante nettoie le terrain et l'améliore. Ces considérations décident nos cultivateurs à commencer leur assolement par la culture du sarrasin.

Cette culture est la préparation de celle du froment.

Après celle du froment vient celle de l'avoine, qui elle-même souvent est suivie d'une autre céréale.

Les connaissances que vous possédez déjà vous permettent de comprendre combien cette succession de céréales épuise et salit la terre, et combien est nuisible un tel assolement. Le sol est sans cesse ramené, par la périodicité des mêmes récoltes, au même état. L'agriculteur parcourt toujours ainsi le même cercle.

Vous comprenez aussi que, si l'on intercalait entre les récoltes de céréales qui salissent le sol et l'épuisent, des cultures qui le nettoieraient et l'enrichiraient, tous les inconvénients signalés disparaîtraient.

Le cultivateur qui adopte cette méthode voit chaque année accroître ses récoltes et la fertilité de son sol. Sa fortune augmente, tandis que son voisin, en suivant la routine, vit et élève avec peine sa famille. Toute rotation doit toujours commencer par une plante qui nettoie et prépare la terre. Les plantes à organes aériens développés doivent succéder aux plantes à organes aériens exigus, parce que les unes compensent pour la terre les pertes qu'elle éprouve par la culture des autres. Cultivez donc périodiquement les plantes qui, recevant leur première nourriture de l'air, nettoient le sol sans l'épuiser, et le préparent à recevoir des récoltes plus exigeantes.

Les observations physiologiques ont démontré que plus une plante a les organes développés, plus elle emprunte à l'air d'éléments pour sa nutrition et son développement.

Vous choisirez parmi les racines et les fourrages des espèces qui pourront le mieux prospérer sur votre terre, suivant sa nature et son degré de fertilité. Vous en trouverez l'indication dans tous les ouvrages pratiques d'agriculture.

Des cultivateurs intelligents parviennent à obtenir plusieurs récoltes sur le même sol dans une seule année. Ils ensemencent à cet effet de trèfle incarnat le terrain destiné à être cultivé en pomme de terre ou en blé-noir. Ce trèfle, ensemencé en juillet ou en août, se récolte au printemps et laisse le champ libre pour la culture des pommes de terre ou du sarrasin.

Enfin, ils savent encore enrichir leur sol en enfouissant en vert des récoltes qu'ils ont cultivées dans ce but. Les récoltes ainsi enfouies équivalent à une demi-fumure.

En un mot, ils ne négligent aucun moyen d'enrichir le sol, et d'assurer, en le fertilisant, le succès de leur exploitation.

LES DEUX FILS JUMEAUX DE PIERRE DESCHAMPS.

Avantages d'un bon assolement.

Partout et toujours les produits et les bénéfices de l'agriculture sont proportionnels à la quantité d'engrais, et par conséquent à l'étendue des champs consacrés à nourrir du bétail, comparée à celle des champs en cultures épuisantes.

Le mot *pecunia* représentatif de richesse, de pécule, a son étymologie dans *pecus*, troupeau, bétail.

Le bétail est encore le fondement de la prospérité de l'agriculture et de la richesse des agriculteurs.

Où l'on travaille beaucoup, là est l'abondance. (*Salomon*, ch. 14, p. 4.)

Dieu voulant bénir l'union de Pierre Deschamps et d'Angélique Marton, cultivateurs, demeurant à Marigny, leur donna deux fils jumeaux. Nés de parents dont la santé n'avait été altérée par l'excès d'aucune passion, ces deux enfants, d'une bonne constitution, d'une santé parfaite, se développèrent d'une manière remarquable et devinrent les deux plus beaux hommes du pays.

Pendant leurs premières années, il existait entre eux une telle ressemblance que les parents, à cause de l'habitude d'observer qui fait saisir les plus légères différences dans les formes, les habitudes, les inflexions de la voix, pouvaient seuls tout d'abord les distinguer l'un de l'autre. On fut obligé, lorsqu'ils commencèrent à suivre l'école primaire, de mettre une marque distinctive aux vêtements de Pierre pour empêcher le maître et les élèves de les prendre l'un pour l'autre.

Une ressemblance physique aussi parfaite entre ces deux jumeaux, élevés de la même manière, soumis aux mêmes influences, devait faire supposer que ces jeunes gens auraient le même caractère, les mêmes aptitudes et les mêmes goûts. Mais la loi qui s'oppose à ce que dans la nature on puisse rencontrer deux êtres entièrement pareils, fit sentir, dans cette circonstance comme partout, son impérieuse puissance. Je ne puis mieux vous démontrer l'autorité de cette règle générale qu'en vous disant que jusqu'ici on n'a pu trouver deux feuilles identiquement les mêmes. Aussi cette ressemblance plus apparente que réelle, puisqu'elle n'existait en quelque sorte qu'aux yeux des étrangers, diminua chaque jour davantage, et bientôt on remarqua une différence extraordinaire entre les intelligences et les dispositions des deux frères.

Pierre, doué d'une grande vivacité et d'un esprit pénétrant, apportait aussi une attention soutenue aux leçons de son maître. Grâce à son application, il fit promptement de notables progrès. Ange, au contraire, n'ayant pas cette énergique volonté d'apprendre qui fait surmonter toutes les difficultés et conduit sûrement au but proposé, n'obtint aucun succès.

Pierre recherchait avec avidité toutes les occasions de s'instruire; il fréquentait les jeunes gens d'un âge plus avancé, questionnait sur toutes choses, s'emparait de tous les livres qu'il rencontrait, et ne les abandonnait qu'après les avoir dévorés. L'instituteur qui, faute de ressources, ne pouvait avoir un grand nombre de volumes, prêtait ceux qu'il possédait à ce jeune homme dont il voyait avec bonheur l'intelligence grandir chaque jour. Le vénérable curé avait eu plusieurs fois, aux distributions des prix de l'école et du catéchisme, l'occasion de le féliciter et de complimenter ses parents sur ses progrès et ses excellentes dispositions; et, connaissant son goût pour la lecture, il s'empressa de le mettre à choisir dans sa bibliothèque ceux qui pourraient lui plaire. — Notre excellent prêtre avait hérité d'un frère, agriculteur distingué, et avait recueilli dans cette succession de nombreux livres d'agriculture. Pierre put lire les ouvrages de Mathieu Dombale; le *Théâtre d'agriculture*, d'Olivier de Serres; la *Maison rustique*, les *Eléments d'agriculture*, de Duhamel, et de nombreuses publications périodiques, et des cahiers rédigés par le frère de notre digne curé. Je ne saurais vous peindre le bonheur que Pierre trouva à lire ces ouvrages. Sa mémoire, qui s'était développée par l'attention soutenue qu'il apportait à toutes ses études, lui permit de tirer les meilleurs fruits de ses lectures. Il fut bientôt familiarisé avec tous les principes de la science agricole, et il se promit de les mettre en pratique.

En arrivant à l'école, Ange Deschamps fit comme tant d'autres, il écouta peu, et n'apporta ni l'attention ni l'application qui sont la base de tout progrès. L'année suivante, il gagna avec ses camarades, paresseux comme lui, le banc assigné aux élèves de seconde année sachant lire et écrire; et, pendant la troisième année, il fut réputé compléter son instruction par l'étude de l'histoire de France, de la géographie de cette contrée de l'Europe, de l'arithmétique et des premières notions de géométrie nécessaires pour l'arpentage. Tout était confus dans son esprit : il ne pouvait tirer parti d'une mémoire qu'il n'avait pas suffisamment exercée, et ne pouvait, faute d'habitude, vaincre la fatigue d'une attention soutenue. L'ennui le gagnait; il ne songeait qu'au moment où il quitterait l'école pour ne plus y rentrer, plutôt que de penser à utiliser un temps si précieux.

Son frère sortit de la classe couronné de lauriers, chargé de prix et riche des connaissances en vue desquelles ses parents avaient fait le sacrifice de son temps et de la rétribution scolaire.

Ces jeunes gens ne tardèrent point (les années s'écoulent si rapidement!) à devenir cultivateurs et chefs de famille à leur tour. Une circonstance favorable de les établir dans le pays s'étant présentée, le père Deschamps, qui redoutait de voir ses fils s'éloigner, s'empressa de saisir l'occasion qui s'offrait d'affermer pour chacun d'eux une terre dans son voisinage. Une ferme de vingt hectares venait d'être divisée par suite de partage entre héritiers. Deschamps loua une des parties pour Pierre et l'autre pour Ange, et donna à chacun d'eux une somme égale pour leur installation.

Pierre laissa le choix à son frère et ne songea plus bientôt qu'à mettre à profit la science qu'il avait puisée dans ses lectures. Il avait eu la précaution, dans la crainte de les oublier, de copier dans les livres du curé les principes qui devaient le guider dans son exploitation; il les savait par cœur, il les avait résumés ensuite dans les neuf articles suivants :

1° On doit intercaler les récoltes épuisantes et les récoltes améliorantes, de manière à entretenir le sol dans le meilleur état possible;

2° Les récoltes sarclées doivent revenir assez souvent pour maintenir le terrain bien net de plantes nuisibles. Dans la plupart des circonstances, l'intervalle de quatre ans est le plus long qu'on puisse mettre entre les récoltes sarclées;

3° Le fumier doit toujours être appliqué à la récolte sarclée, parce que les cultures qu'elle reçoit détruisent les mauvaises herbes dont le fumier a apporté les semences ou dont il a favorisé le développement ;

4° Cette récolte doit recevoir des cultures fréquentes, à la houe à main ou à la houe à cheval, de manière qu'il n'y vienne pas une seule mauvaise herbe à graine ;

5° On doit éloigner autant que possible les récoltes du même genre ; on doit rarement, en particulier, placer deux années de suite deux récoltes de céréales ;

6° Le trèfle, la luzerne et le sainfoin, et en général les plantes à fourrages destinées à être fauchées ou pâturées, doivent toujours se placer dans la récolte de céréale qui suit immédiatement la récolte sarclée et fumée ;

7° On doit faire choix, pour l'assolement d'un terrain, des plantes qui conviennent le mieux à la nature du sol, et elles doivent être placées dans un ordre convenable, pour que les cultures préparatoires que chacune d'elles exige puissent se donner avec facilité ;

8° L'assolement qu'on adopte doit produire assez de fourrages pour nourrir un nombre de bestiaux qui puisse fournir la quantité d'engrais que l'assolement lui-même exige ;

9° Le meilleur assolement est celui qui donne le produit, net de frais, le plus considérable ; car, en définitive, le profit doit toujours être le but de l'agriculteur ; mais il faut qu'un bon assolement donne ce produit sans épuiser le sol et, au contraire, en le maintenant dans un état constant d'amélioration.

Ange n'avait aucune de ces notions. Où et comment les aurait-il acquises ? Le pauvre paresseux n'avait pris aucun goût à s'instruire ; il n'aurait pas eu le courage de lire, et il n'aurait pu le faire désormais avec beaucoup de fruit. Il est un temps pour chaque chose. Il ne songea même pas à modifier l'assolement suivi par le fermier auquel il succédait. Comme lui, il cultiva la moitié de son domaine qui lui donna une faible récolte de grains ; et l'autre moitié ne lui donna que du travail. Cinq hectares, semés en blé et fumés avec vingt charretées de fumier, suffisaient à peine à nourrir sa famille.

Son frère consacra immédiatement, selon ses principes, la moitié de sa terre à produire des fourrages, et par conséquent du fumier. Il n'ensemença en grains que deux hectares et demi au lieu de cinq. Ces deux hectares et demi reçurent chacun deux fois plus d'engrais qu'ils n'en recevaient autrefois tous ensemble.

Les produits furent considérablement accrus, et les travaux notablement diminués.

Pierre ne fut pas longtemps à s'enrichir en suivant ce mode de culture, tandis que le pauvre Ange, avec beaucoup de peine, est resté pauvre toute sa vie.

Pour vous faciliter la mise en pratique des principes de Pierre Deschamps, je vais terminer ce chapitre par l'indication des assolements que l'on considère comme les plus avantageux :

Dans un sol léger et calcaire, convenable au sainfoin,

> Première année, avoine sur défrichement de sainfoin ;
> Deuxième, pommes de terre ou navets, avec fumier ;
> Troisième, orge ;
> Quatrième, trèfle ;
> Cinquième, blé ou avoine ;
> Sixième, pommes de terre ou navets, avec fumier ;
> Septième, orge avec sainfoin, pour six ou sept ans.

Dans une terre végétale profonde qui convient à la luzerne, on peut faire, après avoir fumé la luzerne, immédiatement avant le défrichement :

> Première année, colza ;
>
> Deuxième, blé ;
>
> Troisième, trèfle ;
>
> Quatrième, blé ou avoine ;
>
> Cinquième, pommes de terre ou autres racines, au choix du fermier ;
>
> Sixième, avoine ou orge avec luzerne, pour six ou sept ans ;

Ou encore :

> Première année, racines fortement fumées ;
>
> Deuxième, colza biné ;
>
> Troisième, blé ;
>
> Quatrième, trèfle ;
>
> Cinquième, blé ou avoine ;

Enfin :

> Première année, racines fumées ;
>
> Deuxième, blé ;
>
> Troisième, trèfle ;
>
> Quatrième, colza, après deuxième coupe de trèfle ;
>
> Cinquième, blé.

Les assolements les plus courts sont ceux qui conviennent le mieux aux sols légers et sablonneux.

Nous vous engageons, dans ces circonstances, à faire les suivants :

> Première année, pommes de terre ou navets, avec fumure ;
>
> Deuxième, seigle, orge ou avoine, avec trèfle ;
>
> Troisième, trèfle ;

Ou :

Première année, racines fumées;
Deuxième, sarrasin;
Troisième, seigle;

Ou :

Première année, racines;
Deuxième, orge;
Troisième, trèfle;
Quatrième, blé.

A l'aide de ces assolements, vous tirerez d'excellentes récoltes de terrains qui, autrement, ne vous donneraient que de très-faibles produits, et qui seraient bientôt épuisés.

QUATORZIÈME LEÇON.

DES RACINES ET DES PLANTES FOURRAGÈRES.

Enfant, écoute, et suis le précepte des sages :
Demande la fortune à d'abondants fourrages.

Mortels, tout est pour votre usage;
Dieu vous comble de ses présents,
Ah! si vous êtes son image,
Soyez comme lui bienfaisants.

Il faut à la vertu demander le bonheur,
Et la prendre pour guide et pour régulateur.

L'assolement que nous avons indiqué dans la précédente leçon présente les plus grands inconvénients : il entrave tout le progrès de l'agriculture, et cependant c'est l'assolement légal; il sert à fixer judiciairement la durée des baux verbaux (art. 1774, C. N.). Cette loi devrait être rapportée, elle fait obstacle à l'introduction de meilleures méthodes. La durée légale des baux devrait être fixée sur celle d'un des assolements reconnus les meilleurs. La législation serait mise ainsi en rapport avec les progrès de notre époque.

Dans l'ancien mode de culture, objet de nos critiques, on donne, à la vérité, à la terre l'engrais nécessaire à la récolte du sarrasin. Cette plante épuise peu le sol, elle ne lui enlève même pas tous les principes fertilisants qui ont été employés pour sa culture; mais elle n'est point une source d'alimentation pour les bestiaux. Elle ne produira donc point d'engrais pour enrichir les champs, elle ne sera d'aucune utilité pour accroître la prospérité de la terre.

Privé des engrais qu'une culture de plantes fourragères aurait produite, à la place du sarrasin, l'agriculteur ne peut fumer abondamment pour la récolte du froment.

Cette culture épuise le sol et le salit.

La culture de l'avoine achève de l'épuiser, et force est de recourir à la jachère pour attendre du temps et de l'influence atmosphérique quelques améliorations, et pour reprendre la fâcheuse rotation des récoltes que nous venons d'indiquer.

En suivant l'ancien système, le cultivateur paie son fermage avec le prix de ses grains, et vit ainsi que sa famille dans un état qui ne peut changer, puisque le terrain est condamné à produire, sans s'améliorer, les mêmes récoltes.

S'il adopte, au contraire, un assolement qui permette d'entretenir un plus grand nombre de bestiaux, de se procurer une plus grande quantité d'engrais, l'abondance des récoltes augmentera la richesse de la terre et l'aisance du cultivateur.

Il est facile de vous convaincre de cette vérité, en comparant avec cette méthode un assolement qui comprenne la culture des racines ou des plantes fourragères.

1re année : pomme de terre; — 2e année : orge avec trèfle au printemps; — 3e année : trèfle; — 4e année : blé.

Vous aurez ainsi, dans l'espace de quatre années, deux récoltes de grains seulement; mais dans vos racines et vos trèfles vous aurez trouvé des ressources d'alimentation pour des bestiaux qu'il vous aurait été impossible de nourrir avec le premier assolement. Vous aurez pour premier bénéfice le produit de ces bestiaux, et pour second l'avantage d'enrichir votre sol avec leurs engrais et d'obtenir sur la même étendue, mieux nettoyée et engraissée, un rendement plus considérable. En ce qui concerne l'application des fumiers aux cultures, on conseille avec raison d'employer, en commençant l'assolement, toute la quantité de fumier disponible à la culture des plantes fourragères au lieu de le répartir entre les diverses cultures, et notamment d'en appliquer une portion à celle du blé. Cette méthode offre les meilleurs résultats.

L'assolement que je vous ai cité n'est qu'un exemple des avantages que l'on peut obtenir en abandonnant l'assolement habituel et en donnant une plus grande place à la production des racines et des plantes fourragères.

Il est indispensable que l'élève du bétail se fasse sur une plus grande échelle. Le bétail donne l'engrais, l'engrais donne le grain et toutes les productions du sol en abondance; le bétail est la pierre angulaire de l'édifice agricole, et cette pierre fondamentale ne peut être assise que sur la production des fourrages. Toute entreprise qui ne s'appuie pas sur cette base ne peut prospérer.

C'est en l'adoptant que M. Boisfleury est parvenu à réaliser, sur une surface de la même étendue que celle de son voisin, un produit plus grand en grains et des bénéfices plus considérables.

Les précieuses racines développées en silence au sein de la terre procurent, pour la saison rigoureuse, une nourriture analogue à celle que donnent les fourrages du printemps. — Les vertus se développent par un travail intérieur et procurent des jouissances toujours nouvelles.

> Par là tout s'embellit, et l'heureuse sagesse
> Trompe l'ennui, l'exil et la vieillesse.

QUINZIÈME LEÇON.

LA POMME DE TERRE.

> La pomme de terre est un *pain
> tout fait* que Dieu multiplie dans
> l'intérieur du sol auquel nous avons
> confié la semence.

> Dieu a déposé dans le cœur de
> chacun de nous le germe de toutes
> les vertus, afin que nous prenions
> soin de l'y développer.

La pomme de terre n'a pas toujours été cultivée en France. L'introduction de cette culture commença vers le XVIe siècle.

Cette plante est originaire du Pérou, où elle porte le nom de patate.

Dans les premiers temps, et même pendant de longues années après son importation, elle fut exclusivement employée à la nourriture des animaux. Les hommes dédaignaient d'en faire usage.

En 1771, Parmentier, dont le nom est, depuis cette

époque, devenu célèbre, présenta un mémoire à l'Académie de Besançon sur ce précieux tubercule.

Il s'exprimait ainsi :

« La pomme de terre doit être parmi nous le puissant auxi-
» liaire du blé ; avec elle on ne doit plus craindre les famines
» qui ont si longtemps affligé l'Europe au moyen âge et dans
» les derniers siècles. La facilité de la culture de la pomme
» de terre, la propriété qu'elle possède de croître dans tous
» les terrains et sous toutes les températures, l'abondance et
» la richesse de sa production presque miraculeuse, tout doit
» inviter nos cultivateurs à lui accorder une importance
» qu'elle n'a pu obtenir jusqu'à ce jour ; mais là ne doit pas
» se borner notre reconnaissance : trop longtemps dédai-
» gnée, trop longtemps exclusivement réservée à la pâture
» des bestiaux, il faut que la pomme de terre devienne aussi
» la nourriture de l'homme ; il faut, en un mot, qu'elle
» apparaisse sur la table du riche comme sur celle du
» pauvre, et qu'elle y occupe le rang que sa saveur, ses
» qualités nutritives et la sanité de sa nature devraient lui
» avoir acquis depuis longtemps. »

Ce mémoire fut couronné, et devint pour Parmentier le sujet des éloges les plus flatteurs.

C'était beaucoup, mais cela n'était point assez encore pour propager l'usage de la pomme de terre sur les tables. Parmentier se consumait en vains efforts pour atteindre ce but.

Sur de vives instances, il obtint de Louis XVI l'autorisation d'ensemencer de pommes de terre une partie de la plaine des Sablons, près Paris, plaine bien connue pour sa stéri-lité. Cette autorisation ranima son courage. Il ne douta plus du succès de ses efforts à faire adopter l'usage de la pomme de terre pour l'alimentation de l'homme.

Les plants prospérèrent, et, vers la fin d'août, ils se trouvèrent en pleine floraison. Parmentier, comptant sur la bonté du roi, sollicita une audience pour la veille de la fête de Sa Majesté. Il dit au roi qu'il avait une grâce bien importante à lui demander; que, s'il parvenait à l'obtenir, tôt ou tard tous les sujets de son royaume lui en seraient reconnaissants.

Louis XVI l'écouta avec bienveillance, et, sans lui demander de plus amples détails, il déclara qu'il accordait la faveur sollicitée.

Parmentier n'hésite plus à offrir un bouquet de pommes de terre qu'il tenait caché sous ses vêtements.

« Sire, daignez, je vous en supplie, dit-il, placer à la
» boutonnière de votre habit quelques-unes des fleurs du
» bouquet que j'ai l'honneur de vous offrir, afin que la Cour,
» en venant déposer aux pieds de Votre Majesté ses hom-
» mages et ses vœux, à l'occasion de votre fête, reconnaisse
» que vous prenez sous votre auguste patronage l'humble
» tubercule si utile à l'alimentation publique. »

Non seulement le roi se rendit à la demande de Parmentier, mais la reine elle-même plaça quelques-unes de ces fleurs dans sa coiffure, et ordonna de servir le jour même de la fête du roi des pommes de terre sur sa table.

A l'exemple du monarque, les grands voulurent manger des pommes de terre; le peuple ensuite imita les grands.

La cause de Parmentier, en faveur de sa protégée, fut gagnée et son beau rêve fut réalisé. La culture du tubercule, qu'il se plaisait à appeler *un pain tout fait*, se développa de plus en plus.

La pomme de terre fournit une fécule délicieuse que l'on emploie fréquemment dans l'art culinaire.

On en extrait aussi de l'eau-de-vie.

Les pulpes des distilleries et des féculeries servent à l'alimentation des bestiaux.

La pomme de terre sert ainsi doublement comme plante fourragère et comme plante industrielle.

Les plantes ne sont pas, malheureusement, moins exposées aux maladies, aux épidémies même, que les hommes et les animaux. Depuis bien des années la pomme de terre est atteinte d'une maladie dont vous avez tous entendu parler, et qui en diminue le rendement.

Jusqu'ici on semble en avoir vainement cherché la cause et le remède.

Peut-être y a-t-il lieu de supposer que l'homme, à cause de la rusticité de cette plante, a négligé pendant près d'un siècle de lui donner les soins nécessaires à sa conservation, et l'a amenée par une faute regrettable à l'état maladif dans lequel nous la retrouvons aujourd'hui. Il semble, en vérité, qu'elle ne doit être l'objet d'aucuns soins. Les cultivateurs la ramassent encore, couverte d'une terre humide, dans des caves privées d'air et de lumière, en un mot, dans toutes les conditions propres au développement de la pourriture et à la végétation des cryptogames ou champignons.

Les agronomes s'accordent généralement aussi à attribuer la maladie de la pomme de terre à la naissance d'un champignon. S'il en était ainsi, le remède consisterait à placer la récolte dans des conditions toutes différentes et devant procurer une meilleure conservation des plants réservés pour semence.

Ils devraient être débarrassés de la terre humide, et placés à l'abri de toute humidité. Il faudrait aussi recourir à l'emploi d'agents qui, sans enlever aux tubercules leurs facultés germinatives, ont la propriété de prévenir la moisissure et le développement des champignons.

L'eau de chaux, l'acide sulfurique suffisamment étendu d'eau, le sulfure de potasse, l'eau ammoniacale du gaz ordinaire très-étendue d'eau, etc., ne pourraient que produire de bons résultats, en servant à lessiver les semences, que l'on aurait soin de bien sécher avant de les ramasser. — L'usage de l'eau de chaux a été recommandé.

Le journal *la Science pour tous* a publié un article dans lequel M. Lemaire indique le coal-tar (matière provenant de la fabrication du gaz) comme préservatif de la maladie des pommes de terre : « La difficulté de l'emploi du » coal-tar consistait à ne pas nuire à la germination. » En opérant suivant les indications ci-dessous, la germi- » nation ni la végétation ne sont entravées, et les résultats » que j'ai obtenus me paraissent dignes d'être signalés, dit » M. Lemaire :

» Depuis deux ans, sur environ 3 ares de pommes de terre » que je fais ensemencer chaque année, plus de la moitié » des tubercules ont été atteints de la maladie caractérisée » par des taches brunes sur les fanes, et par la matière » d'un jaune brun qui a été signalée par les auteurs sur les » tubercules.

» On incorpore, à de la terre réduite en poussière et » sèche, 2 p. 0,0 de coal-tar. On répand sur le sol à ense- » mencer environ 1 centimètre d'épaisseur de cette poudre, » puis on laboure par les moyens ordinaires. De cette ma- » nière le coal-tar se trouve enfoui à une profondeur de » 20 centimètres environ. Les pommes de terre sont enter- » rées comme on le fait ordinairement. Dans ces conditions, » les tubercules se sont très-bien développés, et pas un de » ceux qui ont été protégés par le coal-tar n'a présenté de » signe de maladie, tandis que d'autres pommes de terre, » semées le même jour à quelques mètres de distance des

» premières, et abandonnées à elles-mêmes, ont présenté,
» dans chaque touffe, à peu près la moitié des tubercules
» malades. »

Si le coal-tar produit constamment ces résultats, nous serions disposé à croire que l'emploi en petite quantité de la chaux qui a servi à l'épuration du gaz, et qui répand une odeur analogue à celle du coal-tar, produirait les mêmes résultats.

Il convient aussi de ne pas se servir de fumier trop humide, et d'opérer la plantation des pommes de terre dans les sols qui n'en ont pas encore produit et qui ne contiennent pas eux-mêmes un excès d'humidité.

Les pommes de terre cultivées sur les bords de la mer sont moins malades, dit-on, que les autres. Ce résultat ne serait-il point dû à l'existence du calcaire et des sels que contiennent les sables de mer employés comme engrais? Dans ce cas, la nature aurait fourni d'utiles indications.

Espérons qu'un remède efficace sera découvert, et que, par des soins persévérants, on parviendra à faire disparaître une maladie produite, sans nul doute, par notre incurie.

On essaie de propager en France la culture d'une succédanée de la pomme de terre. Ce nouveau tubercule se nomme igname. Il est originaire de l'Inde. On le cultive depuis bien des années en Afrique, en Amérique et en Australie. L'igname mérite, comme la pomme de terre, le nom de *pain tout fait*. Une variété de l'igname donne des racines qui pèsent jusqu'à 15 et 20 kilogramms. Cette plante se cultive comme la pomme de terre. — Nous tenons de navigateurs qui arrivent d'Australie que l'igname entre pour une part dans la nourriture de la population. On en fait des bouillies, ou coupe ce tubercule en rouelles ou morceaux que l'on fait frire dans le beurre, l'huile ou la graisse. Son goût tient à la fois de l'artichaut et de la pomme de terre. Lorsque les marins vont dans ces contrées, et qu'ils ont épuisé leurs approvisionnements de pommes de terre, ils y suppléent en se ravitaillant d'ignames. Ces voyageurs certifient l'exactitude de ce que l'on rapporte au sujet de l'abondance et de la qualité de ce tubercule que l'on tend à acclimater et à propager en France.

DE LA TRUFFE.

> L'utile doit toujours être préféré à l'agréable.
>
> L'orgueil et la gourmandise sont deux péchés capitaux qui causent la ruine de bien des gens.

La truffe fait aussi partie des tubercules; elle vient naturellement dans les bois, dans le voisinage de certains chênes que l'on nomme truffiers. Elle ne végète pas au-dessus du sol. On conduit sur les terrains où l'on espère la trouver des porcs qui s'arrêtent aux points où ils les sentent. On s'empresse de fouiller le sol à cet endroit, et on donne aux animaux un peu de glands ou d'avoine pour récompense.

A la différence de la pomme de terre utile à tous, à cause de son abondance et de ses qualités nutritives, la truffe est d'un prix fort élevé. Sa rareté fait son principal mérite.

Lachambaudie, dans une de ses fables, indique beaucoup

mieux que nous ne pourrions le faire la supériorité de l'une
de ces plantes sur l'autre :

> A la pomme de terre on voulait marier
> La truffe ; mais, craignant de se mésallier,
> Celle-ci, d'une voix altière,
> S'écria : « Moi, m'associer
> A cette vile roturière !
> Moi qui règne aux festins du riche et du gourmet,
> Avoir pour compagnon cet être sans noblesse,
> Unir son goût maussade à mon divin fumet !
> Ah ! ce manque d'égards me confond et me blesse.
> Allez aux champs, ma mie, allez aux carrefours
> Nourrir le peuple vos amours... »
> La parmentière
> Alors reprit :
> Il ne te convient pas d'être avec moi si fière,
> Car nous sommes deux sœurs qu'un même sol nourrit :
> Oui, j'en fais vanité si tu m'en fais un crime.
> Celui que la misère opprime
> A moi jamais vainement n'eut recours.
> Je pourrais, te rendant offense pour offense,
> Te reprocher les vilains tours
> Qu'à plus d'un estomac, qu'à mainte conscience...
> Mais, chut ! tu me comprends,
> Et plus que toi je serai charitable ;
> Tu méprises le pauvre et recherches les grands....,
> Je suis utile à tous, n'est-ce pas préférable ?

Je n'insisterai pas davantage sur ce tubercule, que l'on
doit plutôt considérer comme un assaisonnement que comme
un mets ou comme la base même d'un mets. Il n'est qu'un
accessoire destiné à flatter le palais des gens qui manquent
le plus souvent d'appétit. C'est le meilleur condiment ;
il ne fait jamais défaut à l'homme des champs qui travaille et prend un utile exercice. Un repas frugal assai-

sonné par lui est toujours plus agréable pour le cultivateur que le meilleur des mets pour l'estomac blasé qui n'a plus faim.

Sous ce rapport encore, vous aurez toujours l'avantage sur l'habitant des cités.

Les meilleurs mets sont aussi, pour notre goût, ceux que nous avons mangé dans notre jeunesse.

La sobriété, la tempérance et un exercice régulier offrent les plus sûres garanties d'une heureuse longévité.

SEIZIÈME LEÇON.

BETTERAVE, CAROTTE, NAVET, RUTABAGA, PANAIS, TOPINAMBOUR, CHOU-COLZA.

> Il suffit au laboureur de propager
> une plante, de multiplier un arbre,
> pour devenir le bienfaiteur de son
> pays.

> O vous qui nous veillez en père
> Et dirigez notre destin,
> Pour que chaque jour soit prospère,
> Mon Dieu ! donnez-nous notre pain !

Parmi les racines, la betterave tient le second rang ; elle ne vient qu'après la pomme de terre, bien qu'elle serve, comme cette dernière, à fabriquer de l'eau-de-vie et qu'elle produise, en outre, du sucre que ne donne pas la pomme de terre. Celle-ci nous semble bien préférable, parce qu'elle peut composer chaque jour une grande partie de l'alimentation de l'homme. Sous ce rapport, la pomme de terre a donc une plus grande utilité, et nous avons cru devoir lui donner la première place.

Cependant la betterave, pour l'alimentation des bestiaux et la fabrication du sucre, a une grande importance en agriculture et en industrie; elle est tout à la fois une plante industrielle et agricole. Dans la campagne de 1861-1862 elle a fourni 139,202,616 kilogr. de sucre. Les pulpes qui ont servi à cette fabrication ont été employées à la nourriture des bestiaux. Ceci vous démontre toute l'importance du rang que tient cette plante.

La pomme de terre s'accommode mieux de tous les sols. Elle est moins exigeante pour les engrais. La betterave, au contraire, demande une terre franche, richement fumée. La culture de l'une et l'autre plante nettoie également la terre et la dispose à recevoir favorablement toute espèce de récolte.

Il existe bien, à la vérité, une espèce de betterave que l'on prépare pour la table; mais elle ne peut servir qu'à varier les mets et ne peut être, comme la pomme de terre, la base de l'alimentation. En Angleterre et en Irlande, la pomme de terre remplace souvent le pain, et toutes les classes de la population de ces pays en font avec la viande un usage exclusif à divers repas.

Avant de terminer ce qui concerne la betterave, je dois ajouter que, si vous suiviez l'exemple de quelques cultivateurs trop pressés de jouir, en enlevant les feuilles des betteraves avant leur parfaite maturité, vous arrêteriez la croissance de vos tubercules, vous mangeriez votre blé en herbe, vous tueriez la poule aux œufs d'or.

La même observation s'applique aux autres tubercules. Il est facile de comprendre que les feuilles servent aux plantes, et que c'est l'auxiliaire le plus puissant de leur végétation. Les feuilles sont toujours en rapport avec les racines.

La carotte est trop connue pour que nous vous en donnions une description. Il y a plusieurs variétés qui se distinguent par leurs formes ; elles peuvent se classer en deux catégories, celle que l'on cultive pour la cuisine et celle que l'on sème pour la nourriture des bestiaux.

La courte hâtive est la plus délicate et la plus sucrée de toutes ; la jaune et la rouge longue sont excellentes. Elles s'emploient dans les potages et dans tous les ragoûts, et fournissent un aliment salubre et agréable.

La carotte blanche fournit des racines plus longues et plus grosses que les autres, et n'est pas aussi bonne à manger. Elle est excellente pour la nourriture des chevaux et pour l'engraissement des bestiaux. Une ration de carotte, donnée chaque jour aux chevaux, leur maintient le poil frais et luisant, entretient leur santé et permet de diminuer notablement la ration d'avoine. Sa culture offre donc les plus grands avantages.

Elle demande une terre meuble et légère. Elle fournit en poids, en volume et en qualités alimentaires, des produits prodigieux.

Le navet offre une culture moins coûteuse que celle des plantes précédentes. Il sert à la nourriture de l'homme et des animaux. Le navet vient dans tous les sols, bien qu'il préfère une terre légère. Il s'accommode particulièrement des engrais actifs tels que les cendres, les charrées, etc.

Les principales espèces sont la freneuse de Normandie, le saulieu, le gros d'Alsace, le jaune de Hollande, le navet de Meaux. La forme et la couleur de ces navets varient ainsi que leurs goûts. Toutes ces espèces s'emploient pour l'usage culinaire.

Le turneps ou rave du Limousin, plus gros que les autres,

d'un rouge vineux au collet, est cultivé en plein champ et surtout employé à l'alimentation des animaux.

On sème les navets ordinairement en juin, à moins qu'on ne les sème en seconde récolte. Dans ce dernier cas, ils se sèment en juillet et même en août; mais ils ne sont jamais aussi productifs que ceux semés plus tôt. On peut sans inconvénient les laisser en terre pendant l'hiver. C'est à la culture des turneps que l'Angleterre est redevable de ses progrès et de sa richesse agricoles.

Lorsqu'on désire obtenir des tiges ou pousses de navets comme fourrage pour le printemps, on les sème en automne, seuls ou avec du trèfle incarnat. On se procure ainsi un vert précoce de la plus grande utilité.

Nous ne saurions trop conseiller cette culture. Après la récolte des navets, le sol peut recevoir un ensemencement de blé de printemps, et l'on obtient ainsi d'un seul champ deux récoltes dans la même année.

Le rutabaga est une variété de navets à feuilles de chou. Il se cultive dans le jardin comme légume et dans les champs comme plante fourragère.

La racine du panais ressemble à celle de la carotte. La même culture s'applique à ces deux plantes. Employé à la nourriture des vaches, le panais augmente le rendement et la qualité du lait.

On l'emploie, dans quelques départements de Bretagne, à la nourriture des chevaux. Il sert à engraisser les porcs et donne un excellent goût à leur chair.

On ensemence des champs entiers de panais à Jersey et en Angleterre. Il entre dans les assolements suivis dans ces contrées.

Le topinambour est de toutes les racines la plus rustique, la moins difficile sur la nature du sol et sur sa fertilité. Elle croit et produit là où aucune autre ne pourrait prospérer. La forme de ses tubercules est celle de la pomme de terre; sa saveur se rapproche de celle de l'artichaut. Ses produits peuvent être employés avantageusement pour la nourriture de tous les animaux et pour la basse-cour. Ses tiges peuvent servir de combustible. Il est difficile de l'empêcher de se reproduire dans le terrain où il a été ensemencé. Nous sommes tenté d'attribuer à cet inconvénient le peu de place donné par les fermiers à la culure de cette plante d'une utilité incontestable.

Elle se reproduit si facilement dans le sol où elle a été une fois plantée, qu'il suffit de le labourer et de l'engraisser lorsque les produits paraissent diminuer.

Nous vous engageons à profiter de sa rusticité et à lui livrer les endroits où il vous serait impossible de cultiver les autres tubercules.

Appliquez-vous à varier et à multiplier les sources d'alimentation.

On a remarqué que c'est surtout au printemps, à cause des fourrages verts que l'on donne aux animaux, qu'ils profitent davantage. En leur donnant des racines pendant l'hiver, ils auront une nourriture semblable à celle du printemps, et leur développement n'aura point de temps d'arrêt.

DIX-SEPTIÈME LEÇON.

—

LE CHOU.

> L'homme n'a point de valeur morale
> sans la vertu. S'il ne la cultive point,
> il ne fera que peu ou presque point de
> fruit.
>
> Si on tirait des champs tout ce qu'ils
> peuvent donner, on vivrait à l'aise et à
> meilleur marché.

Si, en rentrant chez vos parents, vous alliez leur annoncer qu'il est possible d'avoir à la porte de vos fermes des prés toujours verts, dans lesquels vous prendrez chaque jour, depuis le commencement de l'année jusqu'à la fin, les aliments dont vous aurez besoin pour vos bestiaux, ils crieraient à la merveille et penseraient que leur fortune serait faite. Ils ne pourraient vous croire tant cela leur semblerait miraculeux.

Cependant vous n'auriez dit que la vérité. Des plants de choux se succédant les uns aux autres vous offriraient pour chaque jour une récolte d'aliments verts, les meilleurs pour vos vaches, vos porcs et votre basse-cour. Le chou ne cesse pas de végéter, il dure toute l'année et donne les plus abondants produits, en vous abandonnant continuellement ses feuilles.

Interrogez les cultivateurs de quelque contrée que ce soit, ils conviendront avec vous de la vérité de ce que j'avance ; mais ils vous objecteront que le défaut d'engrais les oblige à limiter cette culture à une faible étendue de terrain. S'ils comprenaient bien leurs intérêts, ils feraient une première avance d'engrais au sol, qui le leur rendrait avec usure dans les excréments des bestiaux nourris par la récolte. S'ils ne pouvaient faire cette avance, ils pourraient au moins graduellement, chaque année, étendre cette culture.

Les choux que l'on peut cultiver pour les bestiaux comprennent quelques variétés. Le grand chou cavalier, qui souvent s'élève à près de deux mètres de hauteur. Ce chou est exposé à périr pendant l'hiver sous divers climats.

Une variété de ce chou ne s'élevant qu'à soixante-six centimètres à peine du sol, est moins exposée aux vents et résiste mieux au froid. Nous conseillerons donc de le cultiver de préférence au premier.

On ne doit cueillir que les feuilles arrivées à toute leur croissance, et se garder de les cueillir par un temps de forte gelée ou lorsque la tête est couverte de neige. Si vous enlevez les feuilles avant leur développement, vous vous privez du croit qui leur manque et, en dégarnissant la tête, vous ôtez les parties qui favorisent la sève et donnent la vigueur, vous étiolez vos plants, et vous arrêtez leur production.

Lors de la gelée, les blessures résultant de la séparation des feuilles du tronc se guérissent plus difficilement ; et dans les gelées, comme en temps de neige, les pieds que vous courbez en parcourant votre carré ou les feuilles que vous touchez se brisent en pure perte.

Il est une autre variété de choux connue sous le nom de chou moëllier du Poitou. Ce chou est bas, donne des branches nombreuses à l'extrémité desquelles existent des têtes qui forment chacune comme un chou séparé. Cette espèce est moins difficile sur la qualité du sol et sur les quantités et la nature des engrais. On le cultive à la charrue. Il convient de laisser près de deux mètres entre chaque rang pour le développement des bras et des têtes de ces choux, dont le rendement est réellement prodigieux.

Pour obtenir les produits les plus abondants possibles, il convient de ne pas effeuiller ces choux. On coupe les pieds au fur et à mesure des besoins. La tige de ce chou est remplie de moëlle; on divise cette tige par tranche, comme la carotte, pour la donner aux bestiaux qui en sont très-friands.

C'est une excellente culture qui mérite d'être encouragée d'une manière toute spéciale. On cultive pour la cuisine les variétés de choux suivantes :

Le chou cabu, le chou quintal, le chou de Milan, le chou rouge ou roquette, le chou de Bruxelles ou à mille têtes, le chou-fleur, le chou brocoli. A l'aide de ces variétés et de quelques soins, on peut avoir d'excellents choux, pendant toute l'année, pour les besoins de la table.

Que de fois, mes chers élèves, j'ai entendu des hommes remplissant de hautes fonctions ambitionner le moment où ils pourront *aller planter leurs choux*, suivant les termes employés dans le langage ordinaire pour exprimer la vie des champs. Je ne puis résister au désir de mettre sous vos yeux le tableau qu'un de nos poètes fait de cette vie qui doit être la vôtre, afin que vous puissiez dès à présent en apprécier les douceurs :

FONTENAY.

Désert, aimable solitude,
Séjour du calme et de la paix,
Asile où n'entrèrent jamais
Le tumulte et l'inquiétude...

Parmi ces bois et ces hameaux,
C'est là que je commence à vivre ;
Et j'empêcherai de m'y suivre
Le souvenir de tous mes maux.

Emplois, grandeurs tant désirées,
J'ai connu vos illusions ;
J'y vis loin des préventions
Que forgent vos chaînes dorées.

La Cour ne peut plus m'éblouir ;
Libre de son joug le plus rude,
J'ignore ici la servitude
De louer qui je dois haïr.

Fils des dieux, qui de flatteries
Repaissez votre vanité,
Apprenez que la vérité
Ne s'entend que dans nos prairies.

Grotte d'où sort ce clair ruisseau,
De mousse et de fleurs tapissée,
N'entretient jamais ma pensée
Que du murmure de ton eau.

Ah ! quelle riante peinture
Chaque jour se pare à mes yeux,
Des trésors dont la main des dieux
Se plaît d'enrichir la nature.

Quel plaisir de voir les troupeaux,
Quand le midi brûle l'herbette,
Rangés autour de la houlette,
Chercher l'ombre sous ces ormeaux ;

Puis, sur le soir, à nos musettes
Ouïr répondre les côteaux,
Et retentir tous nos hameaux
De haut-bois et de chansonnettes !

Mais, hélas! ces paisibles jours
Coulent avec trop de vitesse ;
Mon indolence et ma paresse
N'en peuvent arrêter le cours.

Déjà la vieillesse s'avance,
Et je verrai dans peu la mort
Exécuter l'arrêt du sort
Qui m'y livre sans espérance.

Fontenay, lieux délicieux,
Où je vis d'abord la lumière,
Bientôt, au bout de ma carrière,
Chez toi je joindrai mes aïeux.

Muses qui, dans ce lieu champêtre,
Avec soin me fîtes nourrir ;
Beaux arbres qui m'avez vu naître,
Bientôt vous me verrez mourir.

Cependant du frais de votre ombre
Il faut sagement profiter,
Sans regret prêt à vous quitter
Pour le manoir terrible et sombre.

Où des arbres, dont tout exprès,
Pour un plus doux et long usage,
Mes mains ornèrent ce bocage,
Nul ne me suivra qu'un cyprès.

COLZA

> L'homme s'éclaire pendant la nuit à l'aide de l'huile qu'il tire de cette plante utile.
>
> Par des lectures utiles, il dissipe les ténèbres de son intelligence.

Le colza appartient à la famille du chou.

On le cultive, comme ce dernier, pour la nourriture du bétail. Mais, depuis plusieurs années, sa culture a pris une grande extension en vue de la production de la graine qui fournit une huile recherchée par l'industrie.

Le colza, cultivé pour la graine, est une plante industrielle qui laisse au cultivateur de très-beaux bénéfices.

Il convient de couper les tiges avant la parfaite maturité de la récolte, de les placer en meules pour qu'elles y achèvent de mûrir, afin d'éviter la perte considérable que l'on éprouve en agitant les siliques qui s'ouvrent avec une excessive facilité, et laissent échapper les graines. Pour éviter toute perte, on bat le colza au fléau sur de grandes toiles que l'on place alternativement auprès de chaque tas dans le champ. — Il existe deux variétés de colza : le colza de mars, et le colza d'hiver.

CHICORÉE SAUVAGE.

> Ne vous arrêtez pas à la première amertume de la plante ; ne considérez, au contraire, que ses qualités bienfaisantes et ses effets.
>
> La pratique de la vertu peut offrir quelque amertume tout d'abord ; mais que de bienfaits ne procure-t-elle pas !

La chicorée sauvage est une plante vivace à racines pivotantes. Elle croît dans tous les terrains ; elle ne craint ni les pluies, ni la gelée, ni la sécheresse. Elle préfère un sol frais, riche et profond, et dans ces conditions elle donne le fourrage le plus abondant et le plus hâtif.

Tous les bestiaux aiment la chicorée. Elle convient surtout aux porcs. Elle augmente la sécrétion du lait chez les vaches. Elle ne donne jamais la météorisation. Elle épuise peu la terre ; elle peut donner sur le même sol, pendant plusieurs années, trois à quatre coupes par an. L'abondance de son produit est telle qu'elle peut s'élever à plus de cinquante milliers par arpent chaque année.

La chicorée ne pourrait être donnée pour l'alimentation exclusive des bestiaux, sans leur occasionner la diarrhée ; il convient, soit de la mélanger avec d'autres aliments, soit d'alterner sa distribution avec celle d'autres fourrages. Les poules, les canards, tous les animaux de la basse-cour en sont friands. Elle donne un excellent goût à la chair des animaux qui en font usage.

Chaque ferme devrait posséder plusieurs carrés ensemencés de cette plante précieuse, de manière à ce que, en les mettant en coupe successive, on pût y puiser chaque jour.

Elle se cultive comme la carotte. Lorsque l'on défriche le sol ensemencé de chicorée, les racines que l'on trouve dans la terre servent à la nourriture des porcs.

Nous avons été enchantés des résultats de la culture de cette plante, et nous ne saurions trop encourager les cultivateurs à l'essayer ; ils ne peuvent qu'en être satisfaits.

On cultive encore cette plante, dans les départements du Nord, comme plante industrielle. Outre le produit des feuilles et de la tige qui servent à la nourriture des bestiaux, on fait torréfier la racine que l'on vend en poudre pour être mélangée au café, dont elle diminue les principes excitants. Vous connaissez tous cette poudre et son usage. — Il serait difficile d'indiquer la quantité qui est ainsi consommée en France.

On obtient encore une excellente salade de cette plante utile.

A cet effet, on perce le pourtour d'un baril ou d'une caisse de rangs de trous assez grands pour le passage des racines de la chicorée. On place la tête de ces racines à l'extérieur du baril ou de la caisse, au fur et à mesure qu'on remplit ces derniers de couches de terreau. On dépose dans cet état le baril ou la caisse dans une cave privée de lumière, et pendant tout l'hiver les racines poussent et donnent des feuilles blanches dont on forme une salade. Elle se vend dans quelques villes sous le nom de *barbe de capucin*.

DIX-HUITIÈME LEÇON.

DES PRAIRIES.

> Celui qui ne voit pas Dieu partout
> ne le voit nulle part.

> Auteur de tous les biens, à ma félicité
> Mon cœur avec transport reconnaît ta bonté.
> Que je vous aimerai, prés fleuris, onde pure,
> Quand j'irai dans les champs couler ma vie obscure !

L'homme, jaloux de sa fortune, consacrera ses premiers travaux à l'amélioration de ses prairies.

Faire pousser de l'herbe là où il n'en poussait pas, en faire croître deux brins où un seul végétait, c'est créer une source de richesse pour toute l'exploitation.

En doublant ses fourrages, le cultivateur double le nombre des animaux de la ferme, augmente son profit et accroît la quantité de ses engrais.

Les sages de l'antiquité élevaient au rang d'un service public la création ou l'amélioration des prairies.

Cette amélioration est simple, facile, riche en résultats immédiats, et cependant c'est la plus négligée.

Le plus souvent, pour doubler le produit des prés, il suffit de répandre des engrais sur le gazon. Les engrais et les amendements détruisent les mauvaises plantes et font naître les bonnes. Presque tous les engrais, les amendements, tous les composts, conviennent aux prairies. Par l'effet de l'emploi des engrais, les meilleures plantes croissent sans ensemencement préalable à la place de mousses, de joncs et de plantes inutiles ou nuisibles, comme si Dieu cherchait, par des miracles multipliés, à guider et à encourager le cultivateur intelligent et laborieux, et à le récompenser de ses peines.

Par cette œuvre vous contribuez au bien-être de tous; vous obéissez aux desseins de Dieu, qui veut que l'homme, par ses efforts, améliore sa position et contribue au bonheur de ses semblables.

Dans le milieu où Dieu vous a placés, dans la mesure de vos forces et de vos ressources, augmentez la richesse de la France, et vous aurez rempli votre devoir envers Dieu et envers votre pays.

Le sentiment du devoir doit toujours ennoblir votre existence.

> Le droit et le devoir sont les liens de la vie,
> Dès qu'ils sont séparés on tombe en anarchie.

Pour exciter votre zèle, je suis obligé de vous indiquer les bons principes agricoles comme des sources de fortune : c'est ordinairement le mobile le plus puissant.

Cependant, si ce mobile ne doit pas être exclu, on doit se rappeler que la fortune ne doit être ambitionnée que comme moyen de faire du bien; que l'homme n'est pas né pour s'enrichir, mais pour remplir ses devoirs envers Dieu, envers son pays, envers sa famille, et envers lui-même. Rappelez-vous qu'il est difficile que ceux qui ont de grandes richesses entrent dans le royaume de Dieu.

Cette pensée vous soutiendra, elle sera votre consolation, et elle vous préservera des dangers et des malheurs de l'ambition. Elle contribuera plus puissamment à votre bonheur que tous les bénéfices que vous pourriez réaliser. Elle vous apprendra à être content. Il faut si peu de chose pour satisfaire aux besoins de la vie de l'homme! L'ambitieux n'est jamais satisfait; il n'y a pas de limites à ses désirs. Ne perdez point de vue le but de votre existence, toujours si courte, quelle qu'en soit la durée; apprenez à user honorablement de la vie, pour la quitter avec de nobles espérances qui auront puissamment concouru à votre bonheur. Sans ambition, recherchez une honnête aisance. Il n'est point de bonheur sans la vertu, et tout l'or qui est sur la terre ou dans son sein ne saurait la payer.

Sous le titre : *Les deux prés*, Viennet a composé une charmante fable. Elle se rapporte, par son titre, à notre sujet; vous serez heureux de la connaître, j'en suis certain :

> Deux prés étaient voisins; l'un dans un beau vallon,
> Que des feux du midi garantissait l'ombrage
> De cent arbres divers de forme et de feuillage;
>   Dans son épais et vert gazon,
> Offrait dans tous les temps un riche pâturage.
>
> Là, sur les bords fleuris de vingt et vingt ruisseaux,
> Qui croisaient sur ce pré leurs méandres limpides,
>   S'ébattaient de joyeux troupeaux;
> Et l'herbe, que broutaient ces heureux commensaux,
>   Semblait, sous leurs langues avides,
> Renaître chaque jour pour leurs besoins nouveaux.
>
> L'autre sur la colline, à grand'peine arrosée
> Par de faibles ruisseaux que tarissait l'été,
> D'ombrage et de fraîcheur moins richement doté,
> Ne devait qu'au printemps, à sa riche rosée,
> Quelques jours de verdure et de fertilité.

Sur sa pelouse alors , durant ses jours prospères ,
La génisse et l'agneau jouaient avec leurs mères ;
Mais quand , sur son gazon jusqu'au germe brouté ,
Passait le souffle ardent du lion de Némée ,
  Nul troupeau n'était plus tenté
Par cette herbe flétrie en chaume transformée ;
Et tous l'abandonnaient à sa stérilité.

  Tel est , des amis de ce monde ,
  Le portrait plus vrai que flatteur.
  Ils abondent où tout abonde ;
  Mais la misère leur fait peur.

Je veux, mes chers amis, terminer ce chapitre par un dernier conseil :

Améliorez vos prés; l'argent que vous consacrerez à cette amélioration sera toujours celui qui vous donnera les plus prompts, les plus sûrs et les plus beaux bénéfices.

Transformez en prairies toutes les parties de vos terres qui peuvent se prêter à cette opération. Le foin, par l'alimentation du bétail, donne l'engrais, la viande, le lait, le beurre et le blé.

Il est si facile de se créer, avec de l'intelligence et de l'activité, une existence heureuse à la campagne, que je ne peux me lasser de vous répéter qu'elle doit être l'objet de toutes vos préférences. Dieu aime à combler de ses biens les cultivateurs qui ont une bonne conduite et qui se livrent au travail :

  Le ciel, au laboureur, accorde en récompense
  Du repos , de l'air, de l'ombre, du silence,
  Un tranquille sommeil, d'innocents entretiens ;
  Rarement à la ville on rencontre ces biens.

DIX-NEUVIÈME LEÇON.

RÉCOLTE ET BOTTELAGE DES FOINS.

> Ne remets point au lendemain ce
> que tu peux faire la veille.
>
> Ajourner sans nécessité ses de-
> voirs, c'est s'endetter envers soi-
> même et s'exposer, tôt ou tard, à
> une faillite morale.
>
> *Fugit irreparabile tempus.*

> Ce vieillard qui, d'un vol agile,
> Fuit sans jamais être arrêté,
> Le temps, cette image mobile
> De l'immobile éternité.

Lorsque vos prés sont créés et améliorés, il convient de tirer de leurs produits le plus d'avantages possibles.

Dans ce but, vous faucherez vos foins dès que la plus grande partie de l'herbe aura atteint toute sa croissance.

Tant que la graine n'est pas formée, le suc qui doit la composer est encore en circulation dans toute la plante. Mais au fur et à mesure que la graine se forme, le suc quitte la tige et se rend au sommet où se fait le travail de la fructification ; et la tige, dépourvue du suc qui se trouvait auparavant dans toutes les parties, n'a plus la même valeur nutritive. Elle n'a d'autre valeur que celle de la paille qui a produit du grain. La plante fait un suprême effort pour la formation de la graine; elle s'épuise. Aussi, après le travail de fructification, les tiges herbacées meurent. Vous comprendrez facilement les pertes en valeur nutritive que vous faites, bien qu'ayant le même volume de foin, si vous retardez la récolte après la formation des grains. L'herbe épuisée par ce travail repousse mal, et vous éprouvez une seconde perte sur les regains.

Enfin, mes petits amis, j'appelle toute votre attention sur la nécessité de vous soustraire à la mauvaise habitude de conduire vos bestiaux dans les prés après la récolte des foins. L'herbe n'étant pas repoussée, les bestiaux, pour se nourrir, prennent avec les dents les bouts de tiges dures qui ont été coupées, et arrachent avec elles la racine même de l'herbe. Vos bestiaux ne trouvent qu'une nourriture insuffisante et endommagent vos prés.

Après la récolte des foins, répandez plutôt quelques terreaux ou quelques engrais pour faciliter la pousse des regains, et n'ouvrez les prés à vos animaux que lorsqu'ils seront assurés d'y trouver une nourriture abondante.

Avant de les loger dans vos greniers, bottelez vos foins et sachez la quantité exacte que vous possédez. Il vous serait impossible, sans cette mesure, de connaître le produit de vos prés, d'apprécier les avantages provenant de vos améliorations, de connaître le nombre des bestiaux que vous pouvez nourrir. Vous marcheriez en aveugles, au hasard, et vous seriez exposés aux plus graves déceptions.

La récolte des foins offre quelquefois de grandes difficultés à cause des variations de la température. Cette observation me décide à vous raconter une histoire qui démontre l'utilité de la maxime que j'ai prise pour épigraphe de cet entretien.

Un habitant du Finistère fut appelé à Rennes à l'occasion d'un procès porté devant la Cour par son adversaire. Un de ses parents, guidé par l'affection et par le désir de visiter l'ancienne capitale de la Bretagne, voulut l'accompagner. Ils ne se quittèrent pas un instant pendant tout le voyage. Ils se rendirent ensemble chez l'un des premiers avocats du barreau breton.

La conférence terminée, le plaideur et son parent allaient quitter le cabinet du jurisconsulte, lorsque le compagnon du plaideur eut l'idée de mettre à profit son voyage, en demandant une consultation dont il pût faire usage au besoin.

A cette demande, le célèbre jurisconsulte pria son nouveau client d'expliquer l'affaire sur laquelle il désirait avoir son avis. « Je n'en ai, Dieu merci, aucune, reprit ce dernier; mais je vous prie de me donner une consulte pour l'emporter, et la suivre au besoin. » L'avocat sourit, prit un papier et écrivit ces mots : « *Ne remets jamais au lendemain ce que tu peux faire la veille*, » plia le papier, le remit au paysan. Le brave homme serra le papier dans son portefeuille avec soin, paya les honoraires, et se retira en adressant ses sincères remerciments à l'homme de loi.

A son retour au logis, l'honnête cultivateur plaça dans son tiroir la *consulte* avec ses papiers les plus précieux, et bientôt il n'y pensa plus.

Quelques mois s'étaient écoulés depuis cette époque, lorsque la saison des foins arriva. Cet homme actif eut bientôt coupé et fané les foins de ses prés. Ses voisins avaient suivi son exemple et commencé comme lui ces travaux.

Leurs foins étaient dans le même état. L'atmosphère fit craindre un orage. Cependant, les indices laissaient encore quelque incertitude. Les propriétaires des prairies des deux côtés du cours d'eau riaient et chantaient en amoncelant les foins en petites meules, sans autre préoccupation que d'atteindre l'heure du souper et le moment du repos.

Notre paysan, au contraire, pensait aux dangers que courait sa récolte, dangers que l'on pouvait éviter, bien que le jour fût avancé, en redoublant d'activité et en prolongeant le travail un peu au-delà de l'heure accoutumée.

Dans son hésitation à prendre un parti, le souvenir de la consultation de M. l'avocat lui revint à l'esprit. Courir à sa maison, ouvrir pour la première fois le précieux papier, fut l'affaire d'un moment. A la lecture de cet avis : *Ne remets jamais au lendemain ce que tu peux faire la veille*, il n'hésite plus. A la tête de ses gens, il se met à l'œuvre, et bientôt le foin est logé.

Un violent orage éclata dans la nuit. La rivière sortit de son lit. Les foins de ses voisins furent avariés. Ces pauvres cultivateurs perdirent bien des journées à étendre et à sécher ces foins auxquels la pluie avait enlevé l'arôme qui le fait aimer des animaux.

Ils n'eurent que des foins de très-mauvaise qualité.

Dans toutes les circonstances, mettez en pratique la consultation donnée par le célèbre jurisconsulte au cultivateur bas-breton, et, comme ce dernier, ne remettez jamais au lendemain ce que vous pouvez faire la veille.

VINGTIÈME LEÇON.

DU DRAINAGE.

> La main du laboureur fait naître tous les biens ; la terre marque sa satisfaction en le comblant de ses dons, lorsqu'après l'avoir unie il y plante des grains, de l'herbe, des arbres, et surtout des arbres fruitiers , lorsqu'il arrose celle qui n'a pas d'eau, qu'il dessèche celle qui est inondée.
>
> Dieu accorde le bonheur à celui qui extirpe de son cœur les mauvaises passions pour y laisser se développer le goût du travail, de l'ordre, de l'économie et l'amour de ses semblables.
>
> Si chaque année nous déracinions seulement un vice, nous deviendrions bientôt des hommes parfaits.

Le drainage a pour but de débarrasser le sol des excès d'humidité qui nuisent au développement des plantes. L'excès d'humidité est aussi nuisible à la végétation que l'excessive sécheresse. Vous avez été à lieu d'entendre souvent vos pères craindre l'abondance et la durée trop longue des pluies. Alors la terre maigrit, disent-ils, et les grains jaunissent. La récolte se trouve quelquefois totalement compromise dans les sols bas et constamment humides. Cet inconvénient, qui ne se présente que rarement, Dieu merci, pour les terrains et dans les années ordinaires, a lieu d'une manière continue pour les sols froids, argileux, imperméables, ou reposant sur un sous-sol imperméable, et surtout pour les terrains bourbeux et marécageux.

La végétation y est languissante, tardive ; longtemps avant la maturité, les plantes jaunissent, et elles sont envahies par les joncs, les colchiques d'automne, les prêles, les varechs et les mousses.

Assainir ces terrains, en leur enlevant l'excès de l'humidité qui les rend presque improductifs, et les placer dans les conditions nécessaires à la végétation et à la production des plantes les plus utiles, tel est le but du drainage.

On comprend que l'homme, ayant rencontré dans tous les temps des terres trop humides, ait pratiqué aussi à toutes les époques des travaux propres à les dessécher.

Tant qu'il a pu disposer d'une étendue considérable eu égard à la population, et qu'il a pu porter ses travaux sur des terrains plus favorisés, et n'exigeant ni les peines ni les sacrifices réclamés par les sols ingrats, il s'est moins occupé de ces derniers. La population et, avec elle, les besoins augmentant, on a dû songer de plus en plus à tirer parti des sols négligés, en les améliorant.

Nous avons expliqué dans la sixième leçon les conditions nécessaires à toute végétation ; et, si nous avons indiqué l'humidité comme une de ces conditions, nous nous sommes hâté d'ajouter dans la septième leçon que l'humidité nuit aux plantes en proportion de son excès. En toutes choses, l'excès est un défaut.

Le drainage exerce donc la plus heureuse influence sur les phénomènes de la végétation et sur les travaux de la culture.

Par cette opération, les racines, mises à l'abri de l'humidité qui leur nuit, se trouvent placées dans les conditions les plus avantageuses pour le développement des plantes.

La fertilité de la terre se trouve ainsi considérablement augmentée.

Son assainissement, au moyen du drainage, a une telle importance, que le Gouvernement a mis plusieurs millions à la disposition des agriculteurs qui veulent entreprendre cette amélioration.

Les travaux de drainage consistent à ouvrir des tranchées d'un mètre vingt centimètres de profondeur environ, au fond desquelles on place bout à bout, à la suite les uns des autres, des tuyaux de poterie perforés de milliers de petits trous à la partie supérieure, afin de permettre par ces trous et par les jours laissés à chaque joint l'infiltration des eaux du sol dans le tuyau destiné à les recevoir et à les porter à la partie la plus basse où se trouve ménagé leur débouché. Ces tuyaux, ainsi placés, sont ensuite recouverts de terre et ne peuvent nuire, à cause de la profondeur où ils se trouvent, à la culture qui peut se faire sans danger de les atteindre. Le recomblement de la tranchée permet de n'enlever aucune partie des terrains à la production.

Le nom de cette opération vient du verbe anglais *to drain*, qui signifie sécher, épuiser.

Lorsqu'il s'agit d'assainir une étendue de terrain considérable, il est nécessaire de former, à certaines distances les unes des autres, des tranchées plus larges, dans lesquelles on place des tuyaux d'un plus grand diamètre que celui des drains ordinaires, afin de recevoir et de réunir dans

un même cours souterrain les eaux apportées par ces derniers. Ces tuyaux prennent le nom de collecteurs, nom qui
indique leur destination.

Il faut, avant d'entreprendre les travaux de drainage,
étudier le terrain, se rendre bien compte des difficultés
qu'il peut présenter, en faire le nivellement, dresser le plan
de son opération, évaluer la dépense, et apprécier les avantages que l'on doit en retirer. Il est des circonstances dans
lesquelles on ne doit pas hésiter à recourir à des hommes qui
ont des connaissances spéciales, afin d'éviter les fausses
manœuvres et les dépenses inutiles.

Dans le but de généraliser l'application de cette utile
pratique, un personnel de draineurs a été organisé dans
le département. Des ingénieurs sont chargés d'étudier les
dispositions et la nature des terres à drainer, d'arrêter les
mesures d'exécution, de diriger et de surveiller les ouvriers,
de disposer des instruments propres à faciliter l'exécution
des travaux, et à assurer le succès de l'entreprise.

Rien n'est donc négligé pour favoriser, sous ce rapport,
les progrès agricoles, et ces mesures prouvent quelle en est
l'importance au point de vue de l'intérêt privé et de l'intérêt général.

Le drainage, en augmentant la fertilité du sol, améliore
aussi l'état sanitaire de la contrée dans laquelle on l'opère,
et dans beaucoup de cas, sous ce rapport, est un véritable
bienfait pour les populations.

Vous connaissez maintenant les principes sur lesquels
repose le drainage, et vous saurez distinguer les circonstances
dans lesquelles on doit l'appliquer.

VINGT-UNIÈME LEÇON.

DE LA LUZERNE.

> Souviens-toi que Mathieu Dombasle a donné à la luzerne le nom de *merveille des champs*.
>
> Dans l'ordre moral, l'action la plus vertueuse est toujours la plus utile pour le bonheur.
>
> Les principes moraux et religieux, généreusement cultivés, fertilisent l'intelligence.

J'ai trop insisté sur l'importance des fourrages pour ne pas vous entretenir d'une plante qui, par son abondance et par ses qualités nutritives, a mérité d'être nommée la merveille des champs ; je veux parler de la luzerne

Plus abondante et plus nutritive que les autres plantes fourragères, elle a encore par ses fortes et profondes racines l'avantage d'améliorer le sol. Ensemencée dans un terrain convenable, elle dure presque indéfiniment.

Elle demande un sol qui ne retienne point l'humidité dont la permanence ferait pourrir les racines.

Pour cultiver cette plante, il faut labourer profondément le sol, afin que, dans l'année, elle pousse de fortes racines, qui se trouveront dans la terre à l'abri des intempéries de l'hiver. Il faut un champ abondamment fumé, afin que, par la vigueur de sa végétation, cette plante s'empare entièrement du terrain et ne laisse place à aucune autre.

La luzerne se sème seule ou avec de l'orge, du lin ou du blé-noir. On emploie vingt-cinq kilogrammes de graine par hectare.

Un hersage dès les premiers jours du printemps nettoie la terre et favorise la végétation de la luzerne. Il ne faut pas craindre par un hersage énergique de briser le collet des racines : quoique divisées, elles pousseront vigoureusement, et cette végétation semblera d'autant plus active que le sol aura été remué plus avant par le hersage.

Les racines poussent profondément dans le sol où elles puisent leur nourriture, et se trouvent à l'abri des plus fortes sécheresses qui ne peuvent ainsi arrêter leur végétation.

Elle produit dès les premiers jours du printemps les jeunes pousses qui conviennent à tous les animaux, même aux porcs. Ces tiges, arrivées à leur croissance, forment un foin très-nourrissant et qui est particulièrement précieux pour l'alimentation des chevaux. Elle végète jusque dans l'automne. Le nombre des coupes est en raison de la richesse du sol et de l'élévation de la température du climat sous lequel on la cultive.

Si vous ne pouvez faire entrer la culture de cette plante dans un assolement régulier, consacrez-lui, en dehors de cet assolement, la plus grande quantité de terre que vous pourrez. Cette culture est une source de richesses pour celui qui l'entreprend.

VINGT-DEUXIÈME LEÇON.

EXEMPLE DES AVANTAGES QUE L'ON PEUT RETIRER DE LA CULTURE DE LA LUZERNE.

> Le bonheur ne consiste pas à avoir
> des biens temporels en abondance; il
> suffit d'en avoir médiocrement et de
> bien remplir nos devoirs dans le milieu
> où Dieu nous a placés.
>
> Le superbe et l'avare ne sont jamais
> heureux. L'homme vertueux vit dans
> une abondance de paix.
>
> Imit. de J.-C.

Pour mieux vous convaincre des avantages de cette culture, je vais vous raconter une histoire qui vous en démontrera l'importance.

Une famille noble de Bretagne, victime de l'entraînement fiévreux des spéculations qui a causé tant de ruines il y a quelques années, se trouva réduite, pour toutes ressources, à la possession d'une ancienne maison de campague, d'un hectare de terre environ, près de cette habitation, et d'un petit bois de haute-futaie d'une étendue de vingt ares.

Cette famille se composait de trois membres : du père,

infirme et sexagénaire, de la mère, âgée de quarante-huit ans, et d'un jeune fils. — La mère de famille, au lieu de se laisser abattre par le malheur, s'arma de courage et entreprit de subvenir à tous leurs besoins, par la culture de ce faible terrain; elle appela à son aide, tout à la fois, l'agriculture et l'horticulture.

Elle consacra trois carrés à la culture de la luzerne et le reste à l'horticulture.

Le sol fut nettoyé, défoncé, engraissé et ensemencé en luzerne, par rayons au cordeau. Un de ces carrés était coupé en foin réservé pour l'hiver, et les deux autres étaient coupés en vert. Le reste du terrain était cultivé en légumes, qui étaient chaque jour portés au marché de la ville voisine.

Elle entretenait ainsi pendant toute l'année trois vaches, un cochon et un âne, qui effectuait le transport du lait et des légumes au marché, et rapportait quelquefois de la drèche achetée aux brasseries et destinée à favoriser la production du lait des vaches, à les engraisser, et enfin à nourrir avec les déchets des légumes le porc dont nous avons parlé.

Cette femme intelligente et dévouée achetait tous les mois une vache déjà vieille, maigre, donnant encore du lait, et elle la vendait après l'avoir engraissée pendant trois mois et avoir obtenu tout ce qu'une nourriture abondante pouvait lui faire produire en lait et en beurre.

Elle vendait ainsi tous les mois fort cher une vache grasse, et achetait à bon marché une vache maigre. Tous les trois ou quatre mois, elle vendait un cochon gras et en achetait un autre pour l'engraisser à son tour.

La vente des légumes, du lait, et les bénéfices réalisés sur la vente et l'achat de ces animaux, faisaient vivre cette famille que j'ai eu l'occasion de visiter souvent.

Je voyais couper le soir la luzerne nécessaire pour nourrir

pendant la nuit les vaches et l'âne ; et le lendemain elle avait déjà poussé des tiges de plusieurs centimètres de hauteur.

La richesse de la végétation de cette plante excitait l'enthousiasme de cette dame, cruellement éprouvée par les revers de la fortune et par les souffrances de son mari, atteint de cécité depuis plusieurs années. Par suite de cette infirmité, M. Fray de la Malézière réclamait des soins incessants et ne pouvait seconder sa femme, sur laquelle retombait toute la charge que le mariage a pour but de partager. Cette épouse si dévouée guidait son mari dans les allées du jardin en lui donnant le bras ; elle réglait son pas sur le sien, et veillait avec une tendre sollicitude à ce que rien ne pût heurter son pied. Elle lui expliquait l'état de chaque culture, occupait son esprit dans les promenades limitées du jardin, refuge de toute leur existence. C'était leur univers. Lorsque la saison et le temps le permettaient, elle le conduisait à un banc placé en face de la maison, et ombragé par un superbe poirier auquel il était adossé, et de là, tout en veillant aux soins du ménage et aux travaux du jardin, elle faisait à ce vieillard vénérable des lectures propres à lui faire oublier la privation d'un de nos plus précieux organes, ou bien elle le distrayait par ses conversations sur les sujets que son mari affectionnait davantage. Elle se gardait bien de dire quelque chose qui pût rappeler que la perte de leur fortune était le résultat de ses imprudentes spéculations ; elle se consacrait tout entière aux soins du bonheur de son mari et de son fils. M. Fray de la Malézière supportait avec une résignation que rien n'ébranlait les traverses et les incommodités dont sa vie était accablée. Il employait, pour alléger ses afflictions, ses maux et ses douleurs, la patience qui seule les diminue et les rend supportables pour soi, et nous empêche d'en accabler ceux qui nous entourent. Il bénissait Dieu de lui avoir donné une femme douée d'une si admirable vertu, et trouvait les plus douces jouissances dans son affection et son dévoûment, dont il recevait à chaque heure du jour les preuves multipliées. L'attachement si bien senti et si bien partagé de son mari, la gratitude qu'il lui exprimait, l'exemple de sa force d'âme, faisaient son bonheur. Aussi, loin de se plaindre de la perte de son ancienne position, elle exprimait souvent sa reconnaissance envers Dieu qui remplissait son cœur et son âme de sentiments si doux et si calmes; elle le remerciait des ressources si précieuses qu'il lui permettait de retirer de la culture d'une plante si productive, dans le seul coin de terre qu'ils eussent sauvé d'une ruine générale et qui se trouvait si providentiellement propre à cette culture.

A la différence des autres fourrages qui exigent des labours successifs, n'ont qu'une durée momentanée, et ne peuvent revenir sur le même sol qu'après certaines périodes, la luzerne, une fois ensemencée avec les soins qu'elle mérite dans une terre fertile, pousse presque indéfiniment. Sur les bords des grèves, où cette plante semble se plaire de préférence, parce qu'elle trouve dans ces lieux l'air et la lumière qui lui sont nécessaires, et l'abondance des amendements que le cultivateur puise sur le rivage, elle ajoute aux bienfaits d'un fourrage si riche en principes nutritifs, celui de fixer et de maintenir les sables des dunes. Par ses fortes et profondes racines, elle donne plus de solidité aux digues que l'homme oppose aux envahissements de la mer; et, non contente de lui prodiguer elle-même d'inépuisables ressources alimentaires, depuis les premiers jours du printemps jusqu'aux derniers jours de l'automne, elle nous aide à préserver d'autres sols productifs contre la fureur des flots.

J'aime cette plante, me répétait-elle, oui, je l'aime. Elle fait ma richesse et me permet de suffire à tous les besoins de ma famille. Cette plante vous débarrasse de la main-d'œuvre, cette plaie de l'agriculture qui absorbe la plus grande part de la valeur des récoltes.

Son enfance, comme celle de l'homme, demande les plus grands soins; mais ensuite elle résiste aux plus fortes sécheresses et aux pluies.

Ainsi, le jeune homme qui a laissé la vertu développer dans son cœur, cet autre sol mouvant, de fortes racines, résiste mieux aux orages des passions.

La luzerne était engraissée au printemps avec des compôts de terreau, les cendres du foyer et celle de tous les déchets du jardin qui n'avaient pu être utilisés autrement.

Les autres engrais des bestiaux étaient employés pour l'horticulture.

J'ai souvent entendu dire à M. et à Mme Fray de la Malézière que cette position, cette vie calme, ce port après bien des orages, leur offrait le bonheur, et qu'ils ne regrettaient pas les hautes positions qu'ils avaient occupées.

M. et Mme Fray de la Malézière sont morts ; leur fils a vendu cette propriété pour se créer une existence plus brillante. Il a éprouvé bien des déceptions dans la carrière qu'il a embrassée et qui semblait si digne d'envie. L'année dernière, il vint me trouver en qualité d'ancien ami de sa famille, il m'exprima de vifs regrets de n'être pas resté dans sa propriété pour y continuer la vie simple, modeste et utile de ses parents.

Je désire, mes chers amis, que vous n'appreniez pas par votre propre expérience que les changements de lieux et de positions ne font pas le bonheur; mais qu'il dépend de

la régularité de la vie, d'une petite aisance et de la modé-
ration dans vos goûts.

> On court bien loin pour chercher le bonheur ;
> A sa poursuite en vain l'on se tourmente :
> C'est près de nous, dans notre propre cœur,
> Que le plaça la nature prudente.

Il suffit, pour être heureux, d'être bon et vertueux,
d'étudier son sol en lui confiant les cultures auxquelles il
convient davantage, afin d'y puiser les ressources nécessaires. Les plus heureux sont toujours ceux qui restent dans
leur village. Cette vérité est parfaitement démontrée dans
la fable de *L'homme qui court après la fortune* :

L'HOMME QUI COURT APRÈS LA FORTUNE ET L'HOMME QUI RESTE DANS SON VILLAGE.

> Qui ne court après la fortune ?
> Je voudrais être en lieu d'où je pusse aisément
> Contempler la foule importune
> De ceux qui cherchent vainement
> Cette fille du sort de royaume en royaume,
> Fidèles courtisans d'un volage fantôme.
> Quand ils sont prêts du bon moment,
> L'inconstante aussitôt à leurs désirs échappe.
> Pauvres gens ! je les plains ; car on a pour les fous
> Plus de pitié que de courroux.
> Cet homme, disent-ils, était planteur de choux,
> Et le voilà devenu pape !
> Ne le valons-nous pas ? Vous valez cent fois mieux ;

Mais que sert à notre mérite ?
La fortune a-t-elle des yeux ?
Et puis la papauté vaut-elle ce qu'on quitte ?
Le repos, le repos, trésor si précieux
Qu'on en faisait jadis le partage des dieux !
Rarement la fortune à ses hôtes le laisse.
        Ne cherchez point cette déesse,
Elle vous cherchera : son sexe en use ainsi.
Certain couple d'amis, en un bourg établi,
Possédait quelque bien. L'un soupirait sans cesse
Pour la fortune ; il dit à l'autre un jour :
        Si nous quittions notre séjour !
        Vous savez que nul n'est prophète
En son pays : cherchons notre aventure ailleurs :
Cherchez, dit l'autre ami : pour moi, je ne souhaite
        Ni climats ni destins meilleurs.
Contentez-vous, suivez votre humeur inquiète ;
Vous reviendez bientôt. Sur ce, nos deux amis
        Se quittèrent fort attendris.
    L'ambitieux, ou, si l'on veut, l'avare,
        S'en va par voie et par chemin.
        Il arriva le lendemain
En un lieu que devait la déesse bizarre
Fréquenter sur tout autre, et ce lieu, c'est la cour.
Là donc pour quelque temps il fixe son séjour,
Se trouvant au coucher, au lever, à ces heures
        Que l'on sait être les meilleures ;
Bref, se trouvant à tout et n'arrivant à rien.
Qu'est ceci, se dit-il ; cherchons ailleurs du bien.
La fortune pourtant habite ces demeures ;
Je la vois tous les jours entrer chez celui-ci.
        Chez celui-là : d'où vient qu'aussi
Je ne puis héberger cette capricieuse ?
On me l'avait bien dit, que des gens de ce lieu
L'on n'aime pas toujours l'humeur ambitieuse.
Adieu, messieurs de cour, messieurs de cour, adieu ;
Suivez jusques au bout une ombre qui vous flatte.
La fortune a, dit-on, des temples à Surate :

Allons là. Ce fut un de dire et s'embarquer.
Ames de bronze, humains : celui-là fut sans doute
Armé de diamant, qui tenta cette route,
Et le premier osa l'abîme défier !
              Celui-ci pendant son voyage
              Tourna les yeux vers son village,
        Plus d'une fois essuyant les dangers
Des pirates, des vents, du calme et des rochers,
Ministres de la mort : avec beaucoup de peines,
On s'en va la chercher en des rives lointaines,
La trouvant assez tôt sans quitter la maison.
L'homme arrive au Mogol : on lui dit qu'au Japon
La Fortune pour lors distribuait ses grâces.
              Il y court. Les mers étaient lasses
              De le porter : et tout le fruit
              Qu'il tira de ses longs voyages,
Ce fut cette leçon que donnent les sauvages :
Demeure en ton pays, par la nature instruit.
Le Japon ne fut pas plus heureux à cet homme
              Que le Mogol l'avait été :
              Ce qui lui fit conclure en somme
Qu'il avait à grand tort son village quitté.
              Il renonce aux courses ingrates,
Revient en son pays, voit de loin ses pénates,
Pleure de joie, et dit : Heureux qui vit chez soi,
De régler ses désirs faisant tout son emploi !
              Il ne sait que par ouï dire
Ce que c'est que la cour, la mer, et ton empire,
Fortune, qui nous fais passer devant les yeux
Des dignités, des biens, que jusqu'au bout du monde
On suit, sans que l'effet aux promesses réponde.
Désormais je ne bouge, et ferai cent fois mieux.
              En raisonnant de cette sorte,
Et contre la fortune ayant pris ce conseil,
              Il arrive à la porte
De son ami, plongé dans un profond sommeil.

VINGT-TROISIÈME LEÇON.

—

LE CHEVAL.

> La fougue d'un coursier que ne
> maîtrise aucun frein, l'expose aux
> plus sérieux dangers, occasionne
> de terribles accidents, souvent
> même sa mort et celle du cavalier
> qui n'a su ni le dompter ni le
> diriger.
>
> Les passions auxquelles l'homme
> s'abandonne l'entraînent, dans des
> abîmes d'où, souvent aussi, il ne
> peut plus sortir.

Buffon, dans un style admirable, décrit ainsi le cheval :
« La plus noble conquête que l'homme ait jamais faite est
celle du fier et courageux animal qui partage avec lui les
fatigues de la guerre et la gloire des combats. Aussi intré-
pide que son maître, le cheval voit le péril et l'affronte ; il
se fait au bruit des armes, il l'aime, il le cherche et
s'anime de la même ardeur. Il partage aussi ses plaisirs : à
la chasse, aux tournois, à la course, il brille, il étincèle ;
mais, docile autant que courageux, il ne se laisse point

emporter à son feu, il sait réprimer ses mouvements : non seulement il fléchit sous les mains de celui qui le guide, mais il semble consulter ses désirs, et, obéissant toujours aux impressions qu'il en reçoit, il se précipite, se modère ou s'arrête, et n'agit que pour y satisfaire : c'est une créature qui renonce à son être pour n'exister que par la volonté d'un autre, qui sait même la prévenir; qui, par la promptitude et la précision de ses mouvements, l'exprime et l'exécute; qui sent autant qu'on le désire, et ne rend qu'autant qu'on veut; qui, se livrant sans réserve, ne se refuse à rien, sert de toutes ses forces, s'excède, et même meurt pour mieux obéir. »

Voilà le cheval dont les talents sont développés, dont l'art a perfectionné les qualités naturelles, qui, dès le premier âge, a été soigné, et ensuite exercé, dressé au service de l'homme.

Plus loin, Buffon, parlant du cheval sauvage, dit avec raison : « La nature est plus belle que l'art, et, dans un être animé, la liberté des mouvements fait la belle nature. »

> Terrible et doux, souple et rebelle,
> Ferme sur ses jarrets d'acier,
> Corps de lion, pieds de gazelle
> Et vol d'oiseau! c'est mon coursier.

Le cheval est originaire de l'Asie et de l'Afrique.

Le peuple arabe est, de tous les peuples, celui qui a poussé le plus loin l'amour du cheval.

« Le paradis de la terre se trouve sur le dos des chevaux, » disent les Arabes dans leur style imagé.

Permettez-moi de vous rapporter un récit arabe qui remonte à Ali (le quatrième prophète). Lorsque Dieu voulut créer le cheval, il dit au vent du Midi : « Je vais créer de ta substance un être mouvant que je destine à devenir la gloire de mes élus, la honte de mes ennemis, la parure de mes serviteurs. » Crée, Seigneur, dit le vent, crée cet être. Et Dieu prit une poignée de vent, et en créa un cheval auquel il dit :

« Je t'ai créé Arabe; j'ai attaché aux crins de ton front
» les succès; j'ai mis sur ton dos la richesse du butin; j'ai
» déposé des trésors dans tes flancs; je t'établis le roi des
» quadrupèdes domestiques; je remplirai d'amour pour toi
» le cœur de ton maître; je te donne, sans t'en donner, les
» ailes, le vol de l'oiseau; tu es fait pour les reconnaissances,
» tu es fait pour la retraite. Dans l'avenir, je placerai sur
» ton dos des hommes qui adoreront ma majesté, qui diront
» mes louanges, qui proclameront mon unité, qui célébreront
» ma grandeur. Et ces glorifications, ces hommages à mon
» unité, à mon immensité, tu ne les entendras jamais sans
» que tu ne les répètes en chœur avec les hommes. »

Lorsque Dieu eut exposé aux yeux d'Adam tous les êtres, Dieu lui dit : « Choisis parmi mes créatures celle qui te plaît. » Et Adam choisit le cheval. Puis une voix dit au premier homme : « Tu as choisi ta gloire et la gloire de ta postérité, à tout jamais, tant que les temps dureront, tant que dureront les siècles. »

D'après un passage traduit de l'hébreu, Job parle ainsi :

> Est-ce toi qui donnes au cheval la force,
> Et qui revêts son cou d'une crinière flottante?
> Est-ce toi qui le fais bondir comme une sauterelle?
> Son frémissement superbe répand la terreur.
> Il creuse du pied la terre, il est fier de sa force;
> Il va au devant des armes ennemies,
> Il se rit de la crainte, il ne tremble
> Ni ne recule devant l'épée.

> Sur son dos retentit le carquois,
> La lance étincelante et le javelot.
> Il frémit, il hennit, il dévore la terre ;
> Il ne se possède plus quand le clairon sonne,
> Au premier bruit de la trompette, il dit : Allons !
> De loin il flaire la bataille,
> La voix tonnante des chefs et les cris de l'armée !

L'histoire du cheval se lie à celle de la civilisation.

La beauté et la force d'un cheval consistent dans la justesse et l'harmonie de ses proportions.

Il doit avoir

Quatre choses larges :

> Le front,
> Le poitrail,
> La croupe
> Et les membres ;

Quatre longues :

> L'encolure,
> Les rayons supérieurs,
> Le ventre
> Et les hanches ;

Quatre choses courtes :

> Les oreilles,
> Les reins,
> Le paturon
> Et la queue.

Ces notions générales pourront vous éclairer dans l'examen des chevaux et vous donner une base dans cette étude pleine d'intérêt.

Les formes extérieures devront vous servir de guide dans

le choix du cheval. Voici ce qu'elles doivent être, d'après les Arabes :

Oreilles	Courtes et mobiles.
Joues	Dépourvues de chair, bien musclées.
Front	Large.
Naseaux	Larges comme la gueule du lion.
Yeux	Noirs et à fleur de tête.
Encolure	Longue.
Poitrail	Large et avancé. — *Proverbe arabe :* « Fuis comme la peste le cheval dont les épaules sont perpendiculaires et le poitrail enfoncé. »
Épaules	Très-obliques.
Garot	Saillant.
Dos	Lignes droites.
Reins	Ramassés, larges et courts.
Croupe	Droite et un peu arrondie ; longue, s'il est possible, autant que le dos et le rein réunis.
Queue	Grosse à sa naissance, déliée à son extrémité ; courte.
Côtes	Celles de devant, longues ; celles de derrière, courtes.
Ventre	Évidé et long.
Rayons	Supérieurs, longs et garnis de bons muscles ; les veines des jambes peu apparentes.
Crins	Fins, soyeux et fournis.

En ce qui concerne la manière de les conduire, vous connaissez tous cet adage : « Si tu veux aller loin, ménage » ta monture. »

Un adage gascon indique la manière d'user du cheval par ces paroles qu'il lui fait adresser à son maître :

« En montant, modère-moi ; en descendant, soutiens-moi ; » en plaine, ne m'épargne pas, pourvu qu'à l'écurie tu ne » m'oublies pas. »

Le bon sens indique qu'il doit en être ainsi ; il suffit,

pour s'en convaincre, d'essayer de courir en montant une côte, et bientôt on verra que, hors d'haleine, les muscles brisés, il sera difficile de continuer la course. La fatigue est moins grande en descendant; mais le cheval, sous le cavalier ou attelé, est gêné dans sa marche par la différence du niveau du sol, et le poids du cavalier se fait par suite plus lourdement sentir; à la voiture, le poids le chasse en avant, et, tout en avançant, il est obligé de retenir et d'éprouver double fatigue; son corps est incliné suivant la pente du sol, et cette position gêne ses mouvements. Son centre de gravité varie avec le sol et la rapidité de la course. On comprend qu'en chemin droit toutes ces difficultés ne se présentent pas.

Dans les pays chauds, on nourrit les chevaux d'orge presque exclusivement.

L'avoine constitue, sous notre climat, la meilleure nourriture.

Sans supprimer complétement l'avoine au cheval qui travaille, on peut diminuer une des rations de grain et la remplacer par une distribution de carottes ou de panais.

Parmi les foins, on doit choisir dans l'ordre suivant : le sainfoin, la luzerne, les trèfles, l'herbe des prés secs et le foin des prairies sujettes à irrigation.

La régularité dans les heures de repos, dans la distribution des rations, proportionnées au volume des animaux et à leur travail, les soins de mains; tels sont les principaux moyens de conserver les chevaux en bonne santé.

On conseille de donner au cheval, pour le rafraîchir et rétablir sa santé, des carottes mêlées au chiendent.

Les chevaux sont friands de sucre et de sel.

Les chevaux que l'on garde trop longtemps à l'écurie perdent vite leurs aplombs; ils s'usent bien plus promptement qu'étant soumis à un travail modéré et quotidien.

Il serait à désirer que chaque cheval eût une loge à lui spécialement réservée où il pût être en liberté, une de ces cases que les Anglais appellent *box*. Rien ne fatigue plus les chevaux que de les attacher et de les retenir toujours dans la même position à l'écurie. Ils y perdent une partie de leur grâce et de leur aisance. Il convient, par les mêmes motifs, de les mettre en liberté dans un enclos, chaque fois que cela est possible. L'influence du grand air et du mouvement en liberté contribue à conserver leur noblesse, leur santé et leur vigueur. — Qui de nous voudrait être maintenu dans une même position, fût-ce même sur un lit de roses?

On distingue plusieurs espèces de chevaux : 1° les chevaux de charroi et de roulage; 2° les chevaux de trait; 3° les chevaux de selle; 4° les chevaux de course; 5° les chevaux de chasse.

Chaque pays possède des races particulières. La première de toutes est celle du cheval arabe, la seconde celle du cheval anglais provenant du croisement de la race arabe avec le cheval anglais dont le type a été tiré de Normandie.

Les principales races françaises sont les races normande et percheronne qui fournissent d'excellents chevaux de trait, de selle; limousine et navarraise qui donnent de bons chevaux de selle; la race franc-comtoise se distingue par ses chevaux de trait, et l'auvergnate par ses bidets; enfin la race bretonne qui fournit les meilleurs chevaux de diligences. Il est aussi une race de petits chevaux bretons dont rien n'égale la rusticité, la sobriété et la vigueur.

Le cheval a quatre allures : le pas, le trot, l'amble et le galop.

L'âge du cheval se reconnaît à l'état de ses dents. Il porte avec lui son acte de naissance; à six mois, les incisives sont sorties; à deux ans et demi, les antérieures se creusent d'une fossette au milieu de la partie supérieure; à trois ans et demi, les dents mitoyennes se creusent, et les canines inférieures sortent; à quatre ans et demi paraissent les canines supérieures. On peut reconnaître jusqu'à huit ans, par la profondeur des fossettes, la longueur et la couleur des incisives et des canines, l'âge d'un cheval. A partir de cette époque, les personnes très-exercées, comme les vétérinaires, peuvent seules déterminer l'âge des chevaux.

Quelles que soient vos connaissances hippiques, les défauts du cheval sont si nombreux, et les ruses du maquignon sont telles que je ne puis hésiter à vous conseiller de consulter, avant de terminer un marché, un vétérinaire expérimenté et consciencieux.

On raccourcit les dents des chevaux, on dessine les marques de l'âge; on taille les oreilles, on donne à ces animaux une vigueur factice par une alimentation excitante; on fait disparaître momentanément la pousse, à l'aide d'arsenic qui donne au cheval un poil frais et luisant et un embonpoint simulé. Bref, il n'est pas de ruse que n'inventent les maquignons.

Si vous vous en rapportez à eux, faites-le entièrement. — Dans ce cas, ils abuseront peut-être moins de votre confiance et de votre bonne foi. Rappelez-vous que vous n'êtes pas de force à lutter d'habileté contre eux.

Chaque fois que vous le pourrez, achetez plus cher, s'il le faut, mais achetez à l'essai. Vous y gagnerez encore. Quand vous achetez un cheval, regardez s'il ne se soulage pas en s'appuyant tantôt sur un pied, tantôt sur l'autre, ce qui est un signe incontestable de fatigue; assurez-vous si la ganache est bien ouverte, ce qui sera pour vous l'indice d'une respiration facile; examinez si les naseaux sont larges et bien ouverts; assurez-vous enfin qu'il est facile à monter, à atteler et à ferrer, et qu'il mange sans tic. La bonne conformation du pied, la dureté de la corne sont des qualités dont il est indispensable de vous assurer. Avant tout, votre cheval doit avoir des membres sains et bien conformés; il ne doit pas avoir de vessigons, de capelets, de suros, d'éparvins, de molettes ni d'engorgements chroniques. Les maquignons emploient mille ruses pour vous masquer ces défauts.

Votre examen doit se porter tout d'abord sur les membres, afin de ne pas vous laisser séduire par les autres formes du corps qui peuvent être accomplies, mais qui, sans d'excellentes jambes, sont complétement inutiles.

Le cheval mérite tous les éloges qui lui ont été donnés, et il est digne de tous vos soins; usez de ses forces et de son dévoûment, mais n'en abusez jamais. Le cheval a fourni à l'un de nos poëtes le sujet d'une fable charmante et d'autant plus intéressante pour nous, qu'elle nous enseigne tout à la fois qu'il ne faut composer nos attelages que d'animaux de même allure, et que nous ne devons point suivre dans leur train les personnes plus riches ou plus puissantes que nous, si nous ne voulons point nous exposer à nous ruiner.

LES DEUX CHEVAUX.

Attelés côte à côte à la même voiture,
Deux chevaux la menaient bon train,
Mais différents de taille et d'encolure,
S'ils faisaient le même chemin,
Ils n'avaient pas la même allure.
L'un des deux était grand et fort,
Trottait sans gêne et sans effort;
Aux formes d'un bidet l'autre atteignait à peine,
Quand l'un faisait un pas, cet autre en faisait trois;
Et pour lui tenir pied, on le voyait parfois
Galoper à perte d'haleine.

A sa taille longtemps suppléa son ardeur ;
L'orgueil le soutenait et doublait son courage ;
        Car de ce noble serviteur
          L'orgueil est aussi le partage,
Et lui fait comme à nous sentir le point d'honneur ;
Mais plus loin qu'il ne faut souvent il nous engage.
Notre ardent ragotin le devait éprouver.
Le voyage était long ; ses forces s'épuisèrent ;
Sous son corps essoufflé ses jarrets s'affaissèrent,
Le malheureux tomba pour ne plus se lever ;
        Ainsi finit toujours qui veut aller trop vite.
Qui fait plus qu'il ne peut est mis au rang des fous ;
Consultez votre force, et sur plus grand que vous
          Ne réglez pas votre conduite.

Enfin, mes chers amis, je vais continuer ce chapitre par quelques détails historiques et mythologiques concernant le cheval, et par une fable qui peint sous leurs véritables traits l'impatience et les dégoûts du jeune âge, et qui prouve une fois de plus que nous trouvons rarement le bonheur loin de notre pays :

LE CHEVAL ET LE POULAIN..

Un bon père cheval, veuf, et n'ayant qu'un fils,
        L'élevait dans un pâturage
        Où les eaux, les fleurs et l'ombrage
Présentaient à la fois tous les biens réunis.
Abusant pour jouir, comme on fait à cet âge,
Le poulain tous les jours se gorgeait de sainfoin ;
        Se vautrait dans l'herbe fleurie,
Galopait sans objet, se baignait sans envie,
        Ou se reposait sans besoin.
Oisif et gras à lard, le jeune solitaire
S'ennuya, se lassa de ne manquer de rien :
Le dégoût vint bientôt ; il va trouver son père :

Depuis longtemps, dit-il, je ne me sens pas bien ;
    Cette herbe est malsaine et me tue,
Ce trèfle est sans saveur, cette onde est corrompue ;
L'air qu'on respire ici m'attaque les poumons ;
    Bref, je meurs si nous ne partons.
Mon fils, répond le père, il s'agit de ta vie,
    A l'instant même il faut partir.
Sitôt dit, sitôt fait, ils quittent leur patrie.
Le jeune voyageur bondissait de plaisir ;
Le vieillard, moins joyeux, allait un train plus sage ;
Mais il guidait l'enfant, et le faisait gravir
Sur des monts escarpés, arides, sans herbage,
    Où rien ne pouvait le nourrir,
    Le soir vint, point de pâturage ;
    On s'en passa. Le lendemain,
Comme l'on commençait à souffrir de la faim,
On prit du bout des dents une ronce sauvage.
On ne galopa plus le reste du voyage ;
A peine, après deux jours, allait-on même au pas.
    Jugeant alors la leçon faite,
Le père va reprendre une route secrète
    Que son fils ne connaissait pas,
    Et le ramène à la prairie
Au milieu de la nuit. Dès que notre poulain
    Retrouve un peu d'herbe fleurie,
Il se jette dessus : Ah ! l'excellent festin,
La bonne herbe ! dit-il ; comme elle est douce et tendre !
    Mon père, il ne faut pas s'attendre
    Que nous puissions rencontrer mieux ;
Fixons-nous pour jamais dans ces aimables lieux ;
Quel pays peut valoir cet asile champêtre ?
Comme il parlait ainsi, le jour vint à paraître :
Le poulain reconnaît le pré qu'il a quitté ;
Il demeure confus. Le père, avec bonté,
Lui dit : Mon cher enfant, retiens cette maxime :
Quiconque jouit trop est bientôt dégoûté ;
    Il faut au bonheur du régime.

Suivant les poètes, le char du Soleil est traîné par quatre chevaux. Les poètes ont pour monture un cheval ailé qu'ils nomment Pégase. Dans l'antiquité on le consacrait à Mars, le dieu de la guerre.

L'Empereur Alexandre eut un cheval célèbre qu'il nomma Bucéphale ; ce cheval sauva plusieurs fois la vie à son maître, en l'emportant avec rapidité du milieu des combats. La ville de Bucéphalie lui doit son nom : elle fut fondée à l'endroit même où il mourut.

L'infâme Caligula, empereur romain, aussi cruel qu'orgueilleux et débauché, nomma consul un cheval qu'il aimait.

Cet exemple de l'orgueil, poussé jusqu'à la folie par ce monarque puissant, vous prouve, ainsi que je vous l'ai dit en commençant cette leçon, que tous les hommes, à quelque rang qu'ils appartiennent, perdent la raison et s'égarent lorsqu'ils ne savent pas mettre un frein à leurs passions. Maîtrisées et dirigées vers un noble but, les passions sont comme les vents qui enflent doucement les voiles du vaisseau et le conduisent au port ; tumultueuses, violentes et désordonnées, elles forment les tempêtes et les ouragans qui brisent les agrès du navire et le font sombrer.

L'homme trouve toujours dans les longs et bons services des animaux, dans leur reconnaissance même, la récompense des soins qu'il leur a donnés. A l'appui de ce que j'avance, permettez-moi de vous rapporter l'histoire du cheval de M. A. P., l'un de nos amis. Nous reproduisons son propre récit :

« Je remarquai, dit-il, chez un cultivateur de Saint-Georges-de-Reintembault, il y a dix-sept ou dix-huit ans, une jeune pouliche âgée de onze mois. Sa physionomie fine, ses belles proportions, sa robe distinguée me décidèrent à l'acheter.

« Elle justifia mes espérances. Je ne puis vous exprimer combien j'avais de plaisir à la voir courir en liberté, arriver à la hâte à ma voix, saisir dans mes mains les morceaux de sucre et de carottes que je me plaisais à lui donner.

« Elle semblait comprendre ma volonté et se montrait empressée à s'y soumettre. Jamais aucun cheval ne réunit plus de douceur à plus de vigueur et d'énergie.

« Elle reconnaissait mes pas à plusieurs centaines de mètres de distance. Aussitôt elle se mettait à hennir.

« Mise en liberté, elle accourait à mon sifflet. Lorsque je me dérobais à sa vue, elle flairait le sol, faisait en agitant les lèvres un bruit léger et saccadé, suivait au galop ma piste, s'arrêtait à l'endroit où mes traces faisaient défaut, et franchissait les clôtures des champs, voisins de la route, derrière lesquelles je m'étais caché.

« Follette (c'est le nom que je lui avais donné à cause de son enjouement) eut bientôt une réputation extraordinaire. C'était à qui, dans le pays, parlerait de ses qualités.

» Elle donna lieu à de nombreux paris. L'avantage fut toujours du côté de ceux qui avaient pris parti pour elle.

» Souvent on lui amenait des concurrents : elle semblait les deviner. Elle s'agitait, hennissait, piaffait dès qu'un cheval approchait de son écurie. Aussitôt qu'elle était mise en liberté, elle examinait son adversaire, en faisait le tour la tête haute, la queue en l'air, et semblait impatiente de commencer la lutte.

» Elle arrivait ensuite à mon appel, me laissait monter en selle, attendait le signal du départ, qui était aussi celui d'une nouvelle victoire.

» Follette obtenait alors la permission d'entrer à la maison, de faire le tour de la table, recevait des friandises et les compliments des convives.

» Elle s'était exercée, dans les vergers, à détacher des ruades contre les arbres en courant. Jamais elle ne manquait son coup. J'avais remarqué plusieurs fois son impatience à l'égard des chiens de ferme qui venaient aboyer sur mon passage; et j'avais tellement confiance dans son instinct, ou plutôt dans son dévoûment et son obéissance, que je n'hésitai pas (j'étais jeune alors), sur la provocation qui m'en fut faite, à parier qu'elle me défendrait contre le chien le plus dangereux du pays. Le chien fut conduit, par son maître, dans une pièce close où je me rendis avec ma jument. En arrivant, je me plaçai à côté de Follette et je lui montrai, en l'excitant à me défendre, le chien qui s'avançait sur nous. Elle s'élança résolûment contre son adversaire, et, la tête baissée sur les jambes de devant, elle fit battre en retraite l'ennemi jusqu'à l'extrémité du champ, en le menaçant toujours des pieds et des dents. Elle lui tourna le derrière comme pour se faire poursuivre, et se mit à revenir sur ses pas en galopant doucement et portant ses regards à droite et à gauche sur ses flancs. A son tour le chien fondit sur elle, sa fureur semblait croître à mesure qu'elle fuyait. Vers le milieu de la pièce, Follette ralentit peu à peu sa marche, et, dès qu'elle se sentit à portée d'atteindre son ennemi, elle lui porta un si violent coup de pied qu'elle l'étendit net par terre.

» Toute fière de cette victoire, elle accourut, tourna plusieurs fois autour de moi, s'approcha et finit par placer sa tête sur mon épaule, en regardant du côté du chien gisant sur le sol. Ses naseaux étaient dilatés, sa respiration était agitée, et elle annonçait, par le bruit qu'elle faisait entendre, et son animation et son contentement.

» Jamais elle n'a reçu de ma part un seul coup d'éperon, de fouet ou de cravache. Au regret de bien des voyageurs que j'ai rencontrés, et malgré leurs efforts, elle ne s'est jamais laissée distancer.

» Elle pressentait en voyage si l'heure me pressait ; elle redoublait de vitesse. Les chemins vicinaux étaient loin d'être en aussi bon état qu'ils le sont aujourd'hui, et souvent on rencontrait sur leur parcours des mares qui retardaient la marche. Elle sautait les flaques d'eau d'une faible étendue, et s'élançait au pied des talus vers le milieu des mares qu'il était impossible de franchir d'un seul bond, et, en deux sauts, elle atteignait ainsi son but.

» Il m'est arrivé, après avoir gagné le prix de vitesse, de céder Follette et de prendre le cheval vaincu pour recommencer la lutte.

» Mécontente alors, elle se laissait devancer.

» Elle était soumise à toutes les personnes de la maison, et mettait un égal empressement à leur obéir. Cependant, un jour, le domestique éprouva les plus grandes difficultés à la saisir dans une pièce de terre où elle avait été mise en liberté. Je fis porter au domestique un morceau de pain et une pomme. Elle mangea le morceau de pain sans se laisser appréhender à la tête ou au collet. Le domestique lui offrit alors, avec plus de réserve, la pomme qui lui restait, espérant bien, avec ce dernier appât, arriver à ses fins. Follette, de son côté, redoubla de précaution, et, ennuyée de voir qu'elle ne pourrait atteindre avec la bouche la pomme, offerte d'une main par le domestique, sans se laisser prendre par l'autre main qui la guettait, elle abattit la pomme avec un pied de devant, s'en saisit à terre et se prit à galoper dans la pièce, joyeuse d'avoir réussi à déjouer la ruse employée pour la surprendre. J'arrivai en ce moment. Elle se rendit à mon appel, semblable, en cela, à l'écolier mutin qui ne veut obéir qu'aux ordres directs du maître.

» Elle ne s'est montrée insoumise que dans cette circonstance.

» Follette n'a jamais été malade. Elle vit encore, dans l'écurie de mon père. Déjà bien âgée, elle ne manque pourtant pas d'énergie. Enfin, elle a toujours la même douceur et le même dévoûment. »

Cet exemple vous démontre quels excellents services on peut obtenir des animaux à l'aide de bons soins.

VINGT-QUATRIÈME LEÇON.

LA VACHE.

> Tout animal ne sert qu'en raison des bons soins et des bons aliments qu'il reçoit de nos mains.
>
> Sully disait, avec raison, que l'agriculture et le pâturage étaient les deux mamelles de l'État.
>
> Delille, à propos des bœufs et des vaches, dit : « Ils sont nos laboureurs, « elles sont nos nourrices. »
>
> La vache fournit un aliment quotidien.
>
> De la vertu découle chaque jour un nouveau bonheur.

Les animaux de l'espèce bovine sont de la plus grande utilité pour l'homme.

La vache lui fournit quotidiennement des ressources bien précieuses. Le lait est un aliment tout préparé dans l'économie de l'animal. Il est excellent en tout état de santé, son usage est recommandé aux personnes atteintes de la maladie de poitrine; c'est, après les dons du sein maternel, la base de la première nourriture des enfants. On l'associe tous les jours au café, au thé, au chocolat, aux bouillies. Il sert à fabriquer le beurre, les fromages, les mets les plus délicats et les pâtisseries les plus fines. La quantité de lait consommé au naturel, en fromages, ou dans les préparations culinaires, est incalculable. Aucun être dans toute la nature ne produit autant que la vache et dans d'égales proportions pour l'existence et le bien-être de l'homme. On peut l'appeler la bienfaitrice du genre humain.

Ces considérations nous expliquent comment les peuples chez lesquels la notion du vrai Dieu n'était pas encore parvenue ont été amenés à en faire une divinité. Les Egyptiens adoraient la vache sous le nom d'Isis et le bœuf sous le nom d'Apis. Les Indiens en font encore de nos jours l'objet d'un culte particulier, et ils regarderaient comme un crime de la mettre à mort.

Les peuples anciens sacrifiaient les vaches blanches à Junon; manger de la chair du bœuf ou de la vache était considéré comme un sacrilége chez les Hindous. Les Brahmines ont une grande vénération pour les cendres de bouse de vache. — Les modernes, à un autre point de vue, ont gardé quelque chose de ce respect.

On a coutume de promener tous les ans, à l'époque du Carnaval, un bœuf gras dans les rues de Paris et de quelques autres grandes villes. On pourrait peut-être supposer que cette cérémonie a son origine dans des usages anciens se rapportant au culte que l'on avait accordé au bœuf, ou aux sacrifices que l'on faisait autrefois de ces animaux à la divinité. Quoi qu'il en soit, nous ne voyons maintenant dans cette exhibition qu'un encouragement à l'agriculture, et la constatation des résultats obtenus par les meilleurs éleveurs. Lorsque l'esprit de l'homme n'était pas suffisamment développé, il s'arrêtait aux effets sans remonter à la cause, et il était disposé à adorer tous les êtres. Les progrès de la civilisation et l'enseignement religieux lui ont fait découvrir la cause créatrice qui préside à l'univers, et alors seulement il a su distinguer le bienfaiteur du bienfait.

La chair de la vache, comme celle du bœuf, est employée à l'alimentation de l'homme; sa peau sert à faire des chaussures, des harnais, des capotes de voiture, des courroies nécessaires pour le mouvement des usines, et sa graisse sert à fabriquer des chandelles, des bougies stéariques, à faciliter la marche des engrenages des machines; son poil est employé comme bourre par plusieurs industries; les os servent à fabriquer des boutons, des ouvrages au tour, de la gélatine, du noir animal; les cornes sont employées à faire des tabatières, des boutons, des peignes; le sang est utilisé pour le raffinage du sucre et pour la fabrication du bleu de Prusse. On fait usage du fiel pour composer des peintures et dégraisser des étoffes. Enfin, on emploie les issues à faire de la colle, et les intestins à recouvrir les saucissons. Ainsi, rien n'est inutile, et l'homme sait tirer avantage de toutes les parties de ces animaux après leur mort.

La vache ne devait pas seulement nous fournir un aliment quotidien, nous nourrir de sa chair après sa mort, et nous permettre d'utiliser toutes les parties qui la composent, elle devait encore nous fournir le moyen de nous préserver d'un terrible mal qui, pendant des siècles, a décimé chaque année les populations, a mutilé et défiguré de la manière la plus hideuse ceux qu'il ne faisait pas mourir. En nous donnant le vaccin, elle nous a mis à l'abri de l'affreuse maladie connue sous le nom de variole. Grâce au vaccin, dont la découverte est due à Genner (1776), les pères et les mères de famille conservent ces petits êtres, à la vie desquels se rattache tout le bonheur de leur propre existence; nous devons à ce puissant préservatif de ne point devenir les uns pour les autres des objets d'un aspect repoussant, et les femmes lui doivent la conservation de leurs traits charmants et de leur beauté. Ce n'est qu'à partir de la précieuse découverte du vaccin que la population a commencé à prendre son développement. Personne n'hésitera donc plus, j'en suis bien certain, à accorder à la vache le titre de bienfaitrice du genre humain que nous lui donnions en commençant.

Enfin, à la différence des autres espèces de mammifères chez lesquels la sécrétion du lait commence à l'époque de la parturition, et ne dure que le temps nécessaire pour satisfaire aux besoins du premier âge des nouveaux-nés, la vache donne pendant toute sa vie son lait; elle le produit évidemment pour l'homme, et semble par ce motif devoir lui être encore plus chère que les autres animaux que Dieu lui a soumis. L'abondance et la qualité de son lait est proportionnée à l'abondance et à la qualité de sa nourriture. Il est à regretter que l'homme, qui se laisse aller si facilement à tous les abus, augmente le nombre des traites, épuise ces utiles animaux et les expose, par suite, à périr d'une maladie connue sous le nom de pommelière, qu'engendre toujours cet épuisement. Tel est l'ordre admirable de la Providence que, d'après la loi qu'il leur a imposée, les animaux créés pour nous s'alimentent de plantes différentes, afin que tout s'harmonise avec la loi de l'assolement, et que nous puissions ainsi entretenir toutes les variétés plus facilement sur la même exploitation. Le cheval se nourrit de préférence d'aliments secs, fermes et nutritifs, sous un petit volume. L'espèce bovine, de son côté, s'accommode mieux des plantes molles et aqueuses.

Quelques cultivateurs l'attèlent et l'emploient à l'exécution de leurs travaux. Elle donne alors, et cela se conçoit, une moins grande quantité de lait, mais elle procure une grande économie au laboureur qui sait ménager les forces de son auxiliaire. Elles le dispensent d'entretenir, en dehors des temps de travail, des animaux improductifs.

Dans quelques contrées de la France, le paysan que ses économies ont mis à lieu d'acquérir quelques hectares de lande, commence par acheter deux ânes qu'il attèle pour ses premiers défrichements. Aussitôt que ses ressources le lui permettent, il remplace ses ânes par deux vaches qui labourent et transportent ses fumiers, et enfin, si le succès continue à couronner ses efforts, il se défait de ses ânes et renforce son attelage de deux bœufs.

Nous nous étendrons peu sur les qualités des différentes races ; celle du Cotentin étant la plus forte exige, par ce motif, une plus grande abondance d'herbages pour son entretien. Viennent ensuite les races charolaise et mancelle, et enfin la précieuse race bretonne que M. Bellamy, inspecteur d'agriculture pour le département d'Ille-et-Vilaine, nomme la *Providence du pauvre*, tout en constatant les services qu'elle rend aux riches. Nous vous engageons à vous procurer l'ouvrage spécial dans lequel il traite de la vache bretonne. Il établit que cette excellente espèce donne un litre de lait très-butyreux pour l'équivalent d'un kilogramme de foin, tandis que le même rendement ne peut être obtenu des autres races qu'en leur donnant deux et trois kilogrammes du même foin, c'est-à-dire qu'elle donne un produit deux ou trois fois plus considérable que les autres.

Nos cultivateurs doivent considérer la production du beurre comme une des principales bases de l'industrie agricole de notre pays. Ils doivent faire tous leurs efforts pour obtenir le rendement le plus considérable et, dans ce but, cultiver les plantes fourragères et les racines , améliorer la race indigène , importer les meilleures races étrangères , rechercher les croisements les plus avantageux ; en un mot , ne négliger aucun des moyens que l'expérience indique comme propres à augmenter la production du beurre. — Cette production a déjà une telle importance que le département d'Ille-et-Vilaine a pu , l'année dernière , en dehors de sa consommation , exporter pour une valeur de plus de quinze millions de kilogrammes de beurre.

Nous devons aussi nous appliquer à conserver à cette denrée les qualités qui la font rechercher et surtout , par la loyauté apportée dans toutes nos transactions , rester dignes de la confiance des étrangers : l'honneur et l'intérêt l'exigent.

On distingue parmi les races bovines les suivantes :

En France , les races mancelle et charolaise , cotentinaise et bretonne ; à l'étranger , les races anglaises durham et jerseyaise , écossaise , suisse et hollandaise.

L'observation a conduit M. Guénon à reconnaître , à l'existence de certains signes sur la vache , son aptitude à produire le lait et à déterminer les qualités plus ou moins butyreuses de ce lait.

La connaissance de cette méthode est très-importante , puisqu'elle permet de reconnaître sur les élèves les qualités qui doivent les faire préférer , et peut amener le cultivateur à faire le choix de ceux qu'il doit conserver et de ceux qu'il doit , au contraire , livrer à la boucherie.

A l'aide de cette méthode , on peut prédire d'une manière sûre et précise la qualité de lait et de beurre que doit produire chaque sujet.

Nous ne saurions trop encourager le cultivateur à acquérir les connaissances nécessaires pour se guider dans l'achat et dans l'élevage de ces animaux.

Les Anglais se sont appliqués à créer des races qui ont les os fort petits, prennent un développement rapide et s'engraissent même pendant leur croissance; ces races ont spécialement pour but la production de la viande.

L'importance des races, pour l'espèce bovine comme pour l'espèce chevaline, est telle que depuis longtemps il est d'usage en Angleterre, usage établi aujourd'hui en France, de tenir sous le nom de *herd-book* des registres généalogiques de ces animaux.

Au nombre des formes que vous devez rechercher dans toutes les races, nous croyons devoir vous indiquer :

Une oreille velue, un regard doux, une peau souple, une tête fine, un poitrail développé, les reins larges, droits, de beaux muscles, un jarret fort, une jambe bien faite.

Les races s'améliorent par de judicieux croisements ou par voie d'élection, c'est-à-dire en choisissant dans les mêmes races les meilleurs sujets pour la reproduction.

L'agriculture offre un domaine infini d'études et d'observations au cultivateur intelligent qui peut rendre par ses découvertes d'immenses services à la société tout entière.

L'abondance et la qualité des aliments ont la plus grande influence sur l'amélioration et le développement des races. Ainsi, les animaux d'un fort volume ne peuvent vivre dans les terrains maigres ni dans les landes, sur lesquels vivent les petites races. Afin que l'homme pût étendre sur toutes les parties du globe, en quelque sorte, son empire, Dieu a créé pour chaque pays et pour chaque climat des animaux utiles. Les petites vaches et les petits chevaux bretons en sont la preuve. Il a créé la chèvre destinée à remplacer la vache pour les classes pauvres, et l'âne pour lui tenir lieu du cheval. Ces deux espèces rendent à l'homme des services dans des lieux et des conditions où, avant toute culture et tout progrès

agricoles, les chevaux et les vaches dépériraient et ne pourraient être que d'une faible utilité. On se sent heureux de
retrouver ainsi partout la manifestation des bienfaits de la
Providence. L'homme achève l'œuvre dont tous les éléments
lui sont fournis en faisant prospérer, en améliorant et en
développant pour son avantage et pour son agrément les
différentes races d'animaux.

Entrez résolûment dans les desseins qui ont présidé à la
création. Je vais continuer cette causerie par la reproduction
d'une pièce de vers dus à la plume d'un de nos poètes
populaires :

LA VACHE.

Connaissez-vous ma vache blanche?
Elle est plus blanche que son lait,
Elle broute les bouts de branche,
L'herbe fine et le serpolet.
Tous les printemps elle est génisse,
Tous les hivers a deux jumeaux,
Toute l'année elle est nourrice
De la ville et de vos hameaux.

> Sa mamelle est une rivière,
> Une rivière de bon lait.
> Elle connaît ma voix légère
> Et me laisse la traire
> Quand je le veux, quand il me plaît.

Elle a jambe de demoiselle,
Large flanc, regard caressant;
Comme la lune encor nouvelle,
Ses cornes forment un croissant;
A son fanon pend une cloche
Qu'on entend d'une lieue au loin.
Dès qu'elle flaire mon approche,
Elle bondit comme un poulain.

> Sa mamelle est une rivière, etc.

Je veux encore vous faire connaître une charmante fable qui vous corrigera, je l'espère, au besoin, de la tentation de refuser à ces animaux si précieux les aliments qui leur sont nécessaires et de mériter le reproche d'ingratitude :

LE FERMIER ET LA VACHE.

Pierre, le lourd fermier, possédait une vache
Qui sans murmurer lui donnait
Tout son lait.
L'animal était maigre et toujours à l'attache,
« Peu donner, disait Pierre, et beaucoup recevoir,
C'est le moyen d'augmenter son avoir. »
Un jour, tenant en main quelques brins d'herbe fraîche,
Il gagne l'étable et la crèche
Où la vache se meurt de langueur et de faim;
Il l'embrasse et lui dit : ô ma belle! ô ma chère!
A l'avenir, crois-moi, tu feras bonne chère!...
L'autre, de l'écouter se lassant à la fin,
Lui dit : « Trêve de flatteries,
De promesses en l'air et de cajoleries!
C'est mon lait que tu veux; prends donc, et, par pitié,
Que je n'entende plus tes serments d'amitié! »

Rappelez-vous, mes chers amis, que tout animal ne rend qu'en raison des bons aliments qu'il reçoit de nos mains.

Je pourrais, sans doute, terminer ici notre entretien. Je vous ai donné sur le sujet qui nous occupe de nombreux enseignements, et, tout en vous démontrant l'utilité de la vache, je vous ai indiqué, en empruntant le langage de la fable afin de moins vous fatiguer, tous les soins que, par devoir autant que par intérêt, vous devez lui prodiguer. Et, cependant, je ne me sentirais point entièrement satisfait,

si je ne mettais sous vos yeux une scène de la vie des
champs, qu'embellit un trait d'une bonté et d'une simplicité
évangéliques.

Cette scène, dans laquelle tous les personnages sont mus
par les sentiments du cœur, emprunte un charme inexpri-
mable sous la plume d'Andrieux.

Il s'agit de la peine éprouvée par une famille de cultivateurs à la suite de la perte d'une vache qu'ils aimaient, comme
je voudrais vous voir aimer les vôtres, et du dévoûment du
pieux archevêque de Cambrai envers ses inférieurs, dévoûment qui devrait servir d'exemple à tous les hommes qui
occupent les positions les plus élevées de la société. Ce récit,
qui figure à si juste titre dans tous les recueils des morceaux
choisis de notre littérature, laissera chez vous de bonnes
impressions; il est de nature à faire naître les meilleurs
sentiments. Vous me saurez gré de vous le faire connaître.

BRUNON.

Parler de Fénelon, c'est un titre pour plaire.
Trop heureux si mes vers emportent ce salaire,
Si de ce nom chéri le puissant intérêt
Me fait obtenir grâce et vaincre mon sujet.

Le sujet, je l'avoue, est un rien, peu de chose,
Un fait que j'aurais peine à bien conter en prose,
Tant l'histoire en est simple; et je l'essaye en vers.
Hélas! par ce récit, un ami des plus chers
Me fit, il m'en souvient, verser de douces larmes;
Aura-t-il dans ma bouche aujourd'hui mêmes charmes?
Il n'y faut pas compter; mais encore une fois,
Sur tous les tendres cœurs Fénelon a des droits.

Victime de l'intrigue et de la calomnie,
Et par un noble exil expiant son génie,
Fénelon, dans Cambrai, regrettant peu la cour,
Répandait les bienfaits et recueillait l'amour,

Instruisait, consolait, donnait à tous l'exemple.
Son peuple, pour l'entendre, accourait dans le temple.
Il parlait, et les cœurs s'entr'ouvraient à sa voix.
Quand du saint ministère ayant porté le poids,
Il cherchait vers le soir le repos, la retraite,
Alors aux champs aimés du sage et du poète,
Solitaire et rêveur il allait s'égarer.
De quel charme à leur vue il se sent pénétrer !
Il médite, il compose, et son âme l'inspire ;
Jamais un vain orgueil ne le presse d'écrire ;
Sa gloire est d'être utile : heureux quand il a pu
Montrer la vérité, faire aimer la vertu.
Ses regards, animés d'une flamme céleste,
Relèvent de ses traits la majesté modeste ;
Sa taille est haute et noble ; un bâton à la main,
Seul, sans faste et sans crainte, il poursuit son chemin,
Contemple la nature et jouit de Dieu même.
Il visite souvent le villageois qu'il aime ;
Et chez ces bonnes gens, de le voir tout joyeux,
Vient sans être attendu, s'assied au milieu d'eux,
Écoute le récit des peines qu'il soulage,
Joue avec les enfants et goûte le laitage.

Un jour, loin de la ville, ayant longtemps erré,
Il arrive aux confins d'un hameau retiré ;
Et, sous un toit de chaume, indigente demeure,
La pitié le conduit : une famille y pleure ;
Il entre, et sur le champ, faisant place au respect,
La douleur, un moment, se tait à son aspect :
O ciel ! c'est monseigneur ! On se lève, on s'empresse ;
Il voit avec plaisir éclater leur tendresse.
Qu'avez-vous, mes enfants? D'où naît votre chagrin ?
Ne puis-je le calmer ? Versez-le dans mon sein ;
Je n'abuserai point de votre confiance.
On s'enhardit alors, et la mère commence :

« Pardonnez, monseigneur, mais vous n'y pouvez rien ;
Ce que nous regrettons, c'était tout notre bien ;

Nous n'avions qu'une vache !... Hélas ! elle est perdue ;
Depuis trois jours entiers nous ne l'avons point vue !
Notre pauvre Brunon !... nous l'attendons en vain !
Les loups l'auront mangée , et nous mourrons de faim.
Peut-il être un malheur au nôtre comparable ? »
— Ce malheur , mes amis , est-il irréparable ?
Dit le prélat ; et moi, ne puis-je vous offrir,
Touché de vos regrets , de quoi les adoucir ?
En place de Brunon si j'en trouvais une autre ?
— « L'aimerions-nous autant que nous aimions la nôtre !
Pour oublier Brunon , il faudrait bien du temps ;
Eh ! comment l'oublier ? ni nous , ni nos enfants,
Nous ne serons ingrats !... c'était nôtre nourrice !
Nous l'avions achetée étant encor génisse !
Accoutumée à nous , elle nous entendait ;
Et même à sa manière elle nous répondait ;
Son poil était si beau ! d'une couleur si noire !
Trois marques seulement plus blanches que l'ivoire,
Ornaient son large front et ses pieds de devant.
Avec mon petit Claude elle jouait souvent ;
Il montait sur son dos , elle le laissait faire.
Je riais ; à présent nous pleurons , au contraire.
Non , monseigneur, jamais , il n'y faut plus penser.
Une autre ne pourra chez nous la remplacer. »
Fénelon écoutait cette plainte naïve ;
Mais pendant l'entretien , soudain le soir arrive.
Quand on est occupé de sujets importants ,
On ne s'aperçoit pas de la fuite du temps.
Il promet , en partant , de revoir la famille.
« Ah ! monseigneur, lui dit la plus petite fille ,
Si vous vouliez pour nous la demander à Dieu ,
Nous la retrouverons. » — Ne pleurez pas , adieu.
Il reprend son chemin , il reprend ses pensées,
Achève en son esprit des pages commencées,
Il marche , mais déjà l'ombre croît, le jour fuit ;
Ce reste de clarté qui devance la nuit
Guide encore ses pas à travers les prairies,
Et le calme du soir nourrit ses rêveries.

Tout à coup à ses yeux un objet s'est montré :
Il regarde,... il croit voir,... Il distingue en un pré,
Seule, errante et sans guide, une vache ; c'est elle
Dont on lui fit tantôt un portrait si fidèle ;
Il ne peut s'y tromper ! Et soudain, empressé,
Il court dans l'herbe humide, il franchit un fossé,
Arrive haletant : et Brunon complaisante,
Loin de s'enfuir, vers lui s'avance et se présente.
Lui-même, satisfait, la flatte de la main.
Mais que faire ? Va-t-il poursuivre son chemin ?
Retourner sur ses pas, ou regagner la ville ?
Déjà pour revenir il a fait plus d'un mille.
Ils l'auront dès ce soir, dit-il, et par mes soins,
Elle leur coûtera quelques larmes de moins.
Il saisit à ces mots la corde qu'elle traine ;
Et, marchant lentement, derrière lui l'emmène.
Venez, mortels si fiers d'un vain, d'un faux éclat,
Voyez en ce moment ce digne et saint prélat,
Que son nom, son génie et son titre décore,
Mais que tant de bonté relève plus encore :
Ce qui fait votre orgueil vaut-il un trait si beau ?

Le voilà fatigué, de retour au hameau,
Hélas ! à la clarté d'une faible lumière,
On veille, on pleure encor dans la triste chaumière ;
Il arrive à la porte : « Ouvrez-moi, mes enfants,
Ouvrez-moi, c'est Brunon, Brunon que je vous rends. »
On accourt ; ô surprise ! ô joie ! ô doux spectacle !
La fille croit que Dieu fait pour eux ce miracle.
— « Ce n'est point monseigneur, c'est un ange des cieux
Qui, sous ses traits chéris, se présente à nos yeux !
Pour nous faire plaisir il a pris sa figure,
Aussi n'ai-je pas peur, oh ! non, je vous assure ;
Bon ange !... » En ce moment, de leurs larmes noyés,
Père, mère et enfants sont tombés à ses piés.
— « Levez-vous, mes amis ; mais quelle erreur étrange !
Je suis votre archevêque, et ne suis point un ange ;
J'ai retrouvé Brunon, et, pour vous consoler,

Je revenais vers vous; que n'ai-je pu voler!
Reprenez-la, je suis heureux de vous la rendre.
— Quoi! tant de peine! ô ciel! vous avez pu la prendre,
Et vous même! » Il reçoit leurs respects, leur amour;
Mais il faut bien aussi que Brunon ait son tour.
On lui parle : « C'est donc ainsi que tu nous laisses!
Mais te voilà! » Je donne à penser les caresses!
Brunon paraît sensible à l'accueil qu'on lui fait.
Tel au retour d'Ulysse, Argus le reconnaît.
— « Il faut, dit Fénelon, que je reparte encore,
A peine dans Cambrai serai-je avant l'aurore;
Je crains d'inquiéter mes amis, ma maison. »
— « Oui, dit le villageois, oui, vous avez raison;
On pleurerait ailleurs quand vous séchez nos larmes!
Vous êtes tant aimé! prévenez leurs alarmes!
Mais comment retourner? car vous êtes bien las!
Monseigneur, permettez,... nous vous offrons nos bras;
Oui, sans vous fatiguer, vous ferez le voyage. »
D'un peuplier voisin on abat le branchage.
Mais le bruit au hameau s'est déjà répandu :
Monseigneur est ici! Chacun est accouru,
Chacun veut le servir : de bois et de ramée
Une civière agreste est aussitôt formée,
Qu'on tapisse partout de fleurs, d'herbages frais.
Des branches au-dessus s'arrondissent en dais.
Le bon prélat s'y place, et mille cris de joie
Volent au loin, l'écho les double et les renvoie.
Il part; tout le hameau l'environne et le suit!
La clarté des flambeaux brille à travers la nuit;
Le cortége bruyant, qu'égaye un chant rustique,
Marche... Honneurs inconnus, et gloire pacifique!
Ainsi par leur amour Fénelon escorté
Jusque dans son palais en triomphe est porté.

VINGT-CINQUIÈME LEÇON.

LE BŒUF

> Avec courage et patience, on vient à bout de tout.
>
> Où il n'y a pas de bœufs, la grange est vide.   (*Salomon*, ch. 14, v. 4.)
>
> Celui qui laboure sa terre sera rassasié de pain; mais celui qui aime à ne rien faire est très-insensé.
>
> (*Salomon*, 10.)

En parlant de la vache, nous vous avons appris que quelques peuples avaient fait du bœuf un dieu qu'ils adoraient sous le nom d'Apis. Souvent, aussi, il jouait le rôle de victime; il était sacrifié et offert par ces peuples à la divinité.

Dans d'autres contrées, en Espagne notamment, les taureaux sont appelés à lutter contre des hommes, dans des fêtes publiques. On enferme ces hommes que l'on nomme torreadors avec les taureaux dans une arène, au milieu d'une foule composée de toutes les classes de la société, qui assistent à ce cruel spectacle.

10

Le torreador excite l'animal et le rend furieux en agitant des banderolles d'étoffes rouges, et alors une lutte dans laquelle l'homme ou l'animal doivent succomber s'engage entre eux. L'adresse du torreador consiste à éviter le choc du taureau, à s'esquiver ou à l'attendre, et à se faire enlever par lui en plaçant un pied sur sa tête, entre les cornes, à l'instant où il va en être atteint, à se retourner promptement et à tuer l'animal à l'aide d'une dague dont il est armé. Tôt ou tard, ces malheureux tombent victimes de la fureur des taureaux, sous les yeux de la foule accourue à ce spectacle barbare. Si ces animaux étaient en liberté, l'issue de ces combats ne serait jamais douteuse.

> Leurs cornes menacent le ciel
> Et perceraient d'un coup mortel,
> En rase campagne,
> Le plus vaillant torreador,
> Qui moissonne la gloire et l'or
> Aux cirques d'Espagne.

La civilisation fera un jour justice de cet usage, comme elle a mis fin aux combats de coqs, de chiens et d'autres animaux.

Nous sommes, sous ce rapport, plus avancés que les Anglais, qui conservent la coutume de faire combattre des coqs, et d'engager des sommes considérables et des fortunes entières sur l'issue de batailles entre des gallinacées.

Enfin, le bœuf, si lourd et si lent dans son allure habituelle, aurait été employé, si l'on en croit Boileau, à promener dans Paris les rois connus sous le nom de Rois fainéants :

> Quatre bœufs attelés, d'un pas paisible et lent,
> Promenaient dans Paris le monarque indolent.

Nous sommes loin de ce vieux temps. Aujourd'hui, pour quelques centimes, on peut traverser tout Paris dans de superbes *omnibus*, bien préférables à tous nos chars primitifs, et il n'est pas de petit commerçant dont la voiture suspendue n'eût fait autrefois le bonheur de nos rois. Que dirions-nous si nous parlions des avantages que la vapeur offre à notre siècle ? Que de progrès accomplis !

Le bœuf a cessé d'être un dieu ; il a cessé d'être adoré, ou d'être offert comme victime à d'autres divinités. Il n'a même plus la gloire de promener les rois.

Il est utilisé seulement pour nos labours et pour notre alimentation.

Il possède une force puissante, et la régularité de sa marche fait préférer son emploi à celui du cheval, moins paisible pour le labourage.

Il coûte moins à élever que ce dernier animal ; il est exposé à moins de maladies, et n'a pas besoin de grains pour sa nourriture. En cas d'accident, il peut être tué et, dans ce cas, sa chair peut être utilisée pour la nourriture de l'homme. Le bœuf conserve, même lorsqu'il cesse de pouvoir travailler, de la valeur pour la boucherie. Son emploi offre donc de grands avantages au laboureur, sous tous les rapports.

Il s'accommode, comme la vache, des plantes molles et plus aqueuses, que refuserait le cheval. Nous ne pouvons qu'admirer de nouveau la sagesse et la bonté de la Providence qui, par ces différences, a permis à l'homme de tout utiliser, de varier et de multiplier les sources de ses richesses. Je n'insisterai pas davantage sur ce sujet. Je préfère mettre sous vos yeux le chant qu'il a inspiré à l'un de nos poètes populaires :

> J'ai deux grands bœufs dans mon étable,
> Deux grands bœufs blancs marqués de roux ;
> La charrue est en bois d'érable,
> L'aiguillon en branche de houx.
> C'est par leurs soins qu'on voit la plaine
> Verte l'hiver, jaune l'été :
> Ils m'ont gagné dans une semaine
> Plus d'argent qu'ils n'en ont coûté.

> Les voyez-vous, les belles bêtes,
> Creuser profond et tracer droit,
> Bravant la pluie et les tempêtes,
> Qu'il fasse chaud, qu'il fasse froid ?
> Lorsque je fais halte pour boire,
> Un brouillard sort de leurs naseaux,
> Et je vois sur leur corne noire
> Se poser les petits oiseaux.

> Ils sont forts comme un pressoir d'huile,
> Ils sont doux comme des moutons ;
> Tous les ans on vient de la ville
> Les marchander dans nos cantons
> Pour les mener aux Tuileries,
> Au mardi gras, devant le roi,
> Et puis les vendre aux boucheries ;
> Je ne veux pas, ils sont à moi.

> Quand notre fille sera grande,
> Si le fils de notre régent
> En mariage la demande,
> Je lui promets tout mon argent :
> Mais, si pour dot il veut qu'on donne
> Les grands bœufs blancs marqués de roux,
> Ma fille laissons la couronne,
> Et ramenons les bœufs chez nous.

Il était impossible de peindre avec plus de naturel l'association du bœuf aux travaux du laboureur.

Vous me saurez gré, j'en suis convaincu, de vous avoir fait connaître cette poésie pastorale.

VINGT-SIXIÈME LEÇON.

LE COCHON.

> N'y a-t-il pas injustice de la part
> de l'homme à accuser d'égoïsme les
> animaux dont il n'entretient la vie
> qu'en vue de son propre intérêt.

Je vais bien vous étonner, mes jeunes amis, en vous disant que le cochon est un des animaux les plus propres. A l'état sauvage, son type, le sanglier, n'est jamais couvert d'ordure, et dans sa bauge il ne souffre aucune saleté. Le porc, dans le refuge que nous lui donnons, prend soin d'aller déposer ses excréments à l'endroit de sa loge le plus éloigné de celui où il se tient couché. Il aime à se frotter pour se débarrasser de la saleté dans laquelle nous l'entretenons; il se lave tout le corps aussi souvent qu'il le peut faire.

Combien y a-t-il de gens qui considèrent le cochon comme un animal sale et immonde?

Et cependant il a tellement besoin de propreté que, si on ne renouvelle pas sa litière, il dépérit. Il ne se vautre que pour se rafraîchir, comme le cerf, et pour se débarrasser de la vermine.

Les plus belles races de cochon sont le grand verrat normand, le verrat craonnais, le verrat anglo-chinois, le verrat yorskire.

Les croisements de ces races ont produit des espèces excellentes.

Les Anglais se sont appliqués surtout à obtenir des espèces qui ont de forts petits os, et s'engraissent facilement, même dans la jeunesse.

La Bretagne a de bien grands progrès à faire dans le choix et l'éducation de ces animaux.

Il semble que nous ayons perdu de vue que le cochon doit donner le plus prompt et le plus grand rendement possible en chair et en graisse, et que nous nous soyons appliqués à créer et à conserver une race élevée sur des jambes fines, ayant le flanc étroit, le dos mince, et n'ayant en quelque sorte d'autre poids que celui de sa peau et de ses os. Ces animaux, dont la croissance est lente, n'engraissent que difficilement; et lorsque cette croissance est terminée, ils demandent pour leur engraissement une nourriture plus dispendieuse que celle à l'aide de laquelle on obtient ce résultat de races à jambes courtes, au dos large et épais, à bonnes proportions.

On ne peut que difficilement apprécier l'étendue du préjudice que cause l'entêtement de nos cultivateurs à conserver la plus mauvaise des races que l'on connaisse.

Le cochon est omnivore; il s'accommode sans difficulté de tous les aliments : luzerne, vesce, trèfle, pois, maïs, orge, avoine, glands, faines, châtaignes, légumes et fruits de toute espèce, chair, poisson, eaux grasses et débris de cuisine, tout lui convient.

L'usage du lard était défendu autrefois chez les Juifs et les Mahométans, à cause de la fréquence d'une maladie contagieuse dont le porc est atteint en Orient, et qui est connue sous le nom de ladrerie.

La chair du cochon ladre surnage sur l'eau et ne peut se conserver. Cette maladie est engendrée quelquefois par la malpropreté et l'humidité dans lesquelles on force les porcs à vivre. — C'est une nouvelle considération à joindre à celles que nous avons placées en tête de ce chapitre, pour vous engager à renouveler souvent la litière de ces animaux, et à les entretenir dans un état de propreté convenable. Cet animal n'est pas moins utile que les autres pour l'homme. Il a rendu et il rend encore d'immenses services pour l'alimentation de nos marins dans leurs voyages. Sa chair prend mieux le sel et se conserve plus facilement. Les relations entre les peuples ont pu devenir plus fréquentes, grâce à cette ressource. Il est encore la base de la nourriture des habitants de la campagne. En le créant pour l'homme, Dieu l'a comblé d'un bienfait. Le cochon mange ce qui serait délaissé souvent par les autres animaux.

Vous serez non moins surpris que vous ne l'avez été quand je vous ai dit, en commençant, que le cochon était un des animaux les plus propres, lorsque vous saurez que le même poète qui a chanté le bœuf et la vache ne l'a pas trouvé indigne de ses vers. Je crois devoir les reproduire pour vous prouver que ces animaux méritent tous vos soins :

> Entrons dans cette chaumière
> D'où sort la bonne odeur du lard !
> La soupe aux choux à sa manière
> Fait les doux yeux : prenons-y part.
> Le pauvre que nourrit sa graisse,
> Du cochon ne parle point mal ;
> Laissons l'orgueil et la paresse
> Insulter ce noble animal.

Le cochon n'est pas difficile ;
Dans le fumier, dans les égouts,
La nourriture la plus vile
Ne répugne point à ses goûts ;
Mais en philosophe il préfère
Le gland, le fruit du châtaignier,
La pomme de terre et l'eau claire
A la fange du bourbier.

Un bon porcher jamais ne laisse
Les verrats pourrir sous leurs toits.
En pleine terre il les engraisse
Et dans les vieux fournils des bois,
Dans la grande mare il les baigne,
Les frotte avec du romarin ;
Quand ils sont malades, les saigne,
Et leur fait boire un coup de vin.

Le porc flaire la truffe noire
Comme un chien d'arrêts la perdrix ;
D'aucuns sont vendus à la foire,
Les autres salés au logis.
Sur les feux de réjouissance,
Comme on saute à califourchon,
Dans nos vieux villages de France,
Quand on saigne et brûle un cochon !

C'est toujours aux veilles des fêtes
Qu'on tue un beau périgourdin ;
Il est bon des pieds à la tête :
D'abord on mange le boudin.
Si la fête est carillonnée,
On décroche le vieux jambon
Qui s'enfume à la cheminée ;
Le vin blanc le fait trouver bon.

Notre spirituel conteur, Perrault, nous rapporte, à propos
de boudin, le souhait formé par un mari en châtiment de

la gourmandise de sa femme. Je ne puis oublier que je parle à de jeunes élèves, et que, si je dois les instruire, je dois aussi les amuser. On me pardonnera donc de donner ici place à l'anecdote suivante :

> Pendant que nous avons une si bonne braise,
> Qu'une aune de boudin viendrait bien à propos !
> A peine elle achevait de prononcer ces mots,
> Que la femme aperçut, grandement étonnée,
> Un boudin fort long, qui, partant
> D'un des coins de la cheminée,
> S'approchait d'elle en serpentant.
> Peste soit du boudin ! et du boudin encore !
> Plût à Dieu, maudite pécore,
> Qu'il te pendît au bout du nez !
> La prière aussitôt du ciel fut exaucée,
> Et, dès que le mari la parole lâcha,
> Au nez de l'épouse irritée
> L'aune de boudin s'attacha.

La graisse du porc se nomme axonge ou saindoux. Elle sert comme condiment en cuisine, et en médecine elle est la base des pommades. On l'emploie dans les vis pour diminuer le frottement des machines et en faciliter la marche. Certains peuples du Nord s'oignent le corps de cette graisse pour se préserver de la vermine et de l'intensité du froid.

VINGT-SEPTIÈME LEÇON.

—

MOUTONS.

> Remarquez avec soin l'état de vos brebis et considérez vos troupeaux,
>
> (*Job.*)
>
> La brebis fournit à l'homme tout à la fois de quoi se nourrir et se vêtir.
>
> L'humble douceur est la vertu des vertus. (*S. François de Salles.*)
>
> L'esprit de douceur est l'esprit propre de Dieu. (*Eccl.*, XXIV, 2.)

Qui de vous, mes chers amis, ne connaît le mouton?

Vous savez tous qu'il est l'emblème de la douceur.

Vous savez aussi que cet animal est un des plus utiles pour l'homme ; il lui fournit la chair dont il se nourrit et la laine dont il forme ses vêtements. La peau du mouton est recherchée dans la mégisserie, son lait sert à fabriquer des fromages, sa chair est succulente ; les médecins en recommandent l'usage aux personnes d'un tempérament lymphatique.

Cet animal, dont l'instinct semble borné, vit en troupeaux. Dès qu'un mouton passe quelque part, tous les autres suivent. Sous ce rapport, combien d'hommes qui, sans se rendre compte de ce qu'ils font, imitent les actions des autres et sont de véritables moutons? Cet animal n'a pas la prévoyance des dangers.

Le mouton est organisé de manière à pouvoir saisir avec les dents les herbes les plus petites, et à les couper rez terre. Il peut vivre dans les lieux où les autres animaux ne trouveraient point une nourriture suffisante.

Le nom générique *mouton* vient de l'italien *montone*, qui lui-même dérive de *mont*, parce que ces animaux, à l'état sauvage, se tiennent sur les lieux élevés. Dieu a donc créé des lieux pour chaque espèce, et des espèces pour chaque lieu. Il a établi une admirable harmonie entre chaque animal et chaque plante qu'il a destinée à sa nourriture.

Les races de moutons, comme celles de tous les animaux, s'améliorent par les soins, la qualité et l'abondance de la nourriture. On peut avec avantage importer d'un sol d'une qualité inférieure les moutons dans une terre de meilleure qualité. Mais, au contraire, on verrait les animaux dépérir, mourir même si l'on transportait des races de pays riches et fertiles dans des lieux maigres et arides. Cette règle s'applique à tous les animaux domestiques.

Nos races les plus renommées sont celles des Ardennes, de la Sologne, du Berry et de la Beauce.

Vers la fin du xviii⁰ siècle, en 1786, sur la proposition de M. d'Angivilliers, surintendant des bâtiments de Louis XVI, on importa d'Espagne en France la race des mérinos. Ce mot signifie *d'outre-mer*, et il a été donné à cette espèce parce que les Espagnols ont eux-mêmes créé cette variété à l'aide du croisement de béliers d'Afrique et de brebis de leur pays.

La laine du mérinos sert, en France, à fabriquer un tissu connu sous le même nom. Nul autre pays ne peut rivaliser avec le nôtre pour la supériorité de cette étoffe.

Les Anglais, qui font un plus grand usage de nourriture animale que nous, ont créé des espèces de moutons riches de chair et d'une admirable précocité.

Des types de ces nouvelles espèces ont été importés chez nous. Ils ont donné d'excellents résultats, et servi à d'utiles croisements.

On doit bien se garder de conduire les moutons dans des pâturages humides de leur nature, ou même dans des pâturages secs, au moment où l'herbe est mouillée.

La parcage des moutons procure de grands avantages au cultivateur intelligent.

Les Egyptiens rendaient un culte à la brebis.

Les Romains sacrifiaient une brebis de deux ans pour purifier les lieux frappés de la foudre. S'ils pensaient à cette époque reculée que l'emblème de la douceur devait apaiser le maître du tonnerre, à plus forte raison devons-nous croire que cette vertu peut arrêter bien des fureurs.

Et, quant à nous, mes chers amis, sachons reconnaître une fois de plus que la Providence, en nous donnant ces animaux, nous a accordé un bienfait; en suivant ses desseins, sachons nous montrer reconnaissants.

Nous avons, à chacun de nos chapitres sur les animaux domestiques, emprunté à des fables dans lesquelles ils jouent les principaux rôles, des enseignements moraux; je veux terminer celui-ci en vous en récitant deux dont, je n'en doute pas, vous saurez tirer profit.

LA BREBIS ET LE CHIEN.

La brebis et le chien, de tous les temps amis,
Se racontaient un jour leur vie infortunée.
Ah! disait la brebis, je pleure et je frémis
Quand je songe aux malheurs de notre destinée.
Toi, l'esclave de l'homme, adorant des ingrats,
Toujours soumis, tendre et fidèle,
Tu reçois, pour prix de ton zèle,
Des coups et souvent le trépas.
Moi qui tous les ans les habille,
Qui leur donne du lait et qui fume leurs champs,
Je vois chaque matin quelqu'un de ma famille
Assassiné par ces méchants.
Leurs confrères les loups dévorent ce qui reste.
Victimes de ces inhumains,
Travailler pour eux seuls, et mourir par leurs mains,
Voilà notre destin funeste!
Il est vrai, dit le chien : mais crois-tu plus heureux
Les auteurs de notre misère?
Va, ma sœur, il vaut encore mieux
Souffrir le mal que de le faire.

Le chien avait raison, mes chers amis, et celui qui, avec
une bonne conscience, sait supporter les maux auxquels il
ne peut se soustraire, est plus heureux que le méchant qui
les inflige.

LA BREBIS ET LES GRENOUILLES.

Un jour une brebis tomba dans un étang.
Croyant voir arriver un nouvel habitant,
Grenouilles aussitôt vinrent lui faire fête
Et vanter de ces lieux les rares agréments.
Mais à pareil séjour notre brebis peu faite
Sortit, leur adressant mille remerciments.

La candide vertu peut, d'une âme novice,
Tremper sa robe blanche aux souillures du vice.
N'espérez pas la retenir
Dans votre impur limon, noirs enfants de l'abîme ;
Elle saura bientôt, par un effort sublime,
Loin de vous s'élancer... pour n'y plus revenir.

Si l'habitude de la vie la plus vertueuse ne met pas l'homme à l'abri de toute chute, elle lui donne la force et le courage de se relever pour marcher plus ferme que jamais dans le vrai sentier.

VINGT-HUITIÈME LEÇON.

LE JARDIN.

Puisse cette enceinte tranquille
A l'amitié servir souvent d'asile,
Et devenir pour vous un gracieux séjour!
Que jamais le bonheur n'en sorte!
Que l'innocente joie y demeure toujours!
Que le chagrin reste à la porte.

Le jardin est le complément nécessaire de toute habitation à la campagne. C'est le lieu où l'on cultive les légumes et les fruits pour l'utilité du ménage. En général, les jardins, dans notre pays, sont laissés dans le plus triste abandon. La bonne tenue des jardins est l'indice presque toujours certain de l'ordre chez le cultivateur.

L'importance des ressources pour l'alimentation que l'on peut retirer des jardins n'est pas suffisamment comprise. Il fournit constamment, et pour toutes les saisons, des aliments utiles. L'horticulture est une véritable science. Aux chefs-lieux des départements et de quelques arrondissements, des sociétés se sont organisées pour répandre les connaissances utiles et propager les plantes de nécessité ou d'agrément.

On distingue le potager, dans lequel on cultive les légumes, et le jardin d'agrément. Le premier est le seul qui doive être l'objet des soins des cultivateurs, en conservant quelques plate-bandes pour les fleurs; le second est, sous les noms de jardins anglais, jardins paysagers, l'appendice des châteaux. Nous avons aussi les jardins publics, les jardins botaniques, et, depuis quelques années, les *squares* dans l'intérieur des villes et aux abords des chemins de fer. Toutes les classes de la société jouissent de ces jardins. Mais ces jouissances, qui se bornent à la vue et à la promenade, ne peuvent remplacer celles que l'on éprouve à cultiver un petit coin de terre, à semer, à voir pousser, végéter des plantes dont on est le maître. Tel est l'attrait qu'offre la possession et la culture d'un jardin que, pour tous les habitants des villes, cette possession est l'objet de leurs plus vifs désirs. Ceux-là même qui ne peuvent se procurer un jardin cultivent, sur les fenêtres de leurs appartements, des plantes dans des pots ou dans des caisses. Les pauvres malheureuses sont emprisonnées dans ces étroites limites, et souvent privées, comme leurs propriétaires, d'air et de lumière.

Les classes ouvrières des villes n'ont pas de plus grand bonheur que de quitter les murs pour aller, les jours fériés, se reposer aux champs. A ces moments les routes, aux abords des villes, sont toutes remplies par les émigrants des cités. Ils cèdent à de pressantes sollicitations. Quand on veut s'éloigner de la nature, on y est ramené irrésistiblement. Les hommes cherchent à l'imiter et à s'en procurer fictivement les jouissances. Ainsi ils rassemblent des oiseaux dans des volières; ils achètent au poids de l'or les tableaux qui rappellent le mieux les scènes de la nature, et ils en décorent leurs appartements. — Les habitants des villes ont l'image, l'ombre des biens, et ceux des champs les possèdent en réalité. — L'homme ne comprend bien toute l'étendue de son bonheur qu'après l'avoir perdu.

Un jardin bien tenu est le lieu le plus agréable et celui qui procure les plus douces jouissances.

Il s'établit entre nous et les choses de la nature que nous possédons les relations les plus intimes. Nous vivons en elles par l'espèce de maternité que réclament de nous les plantes que nous élevons et que nous cultivons. Nous sentons si bien que Dieu les a créées et animées pour nous, que nous leur prêtons nos sentiments :

> Mon jardin veut me faire fête,
> Et, quand je reviens pour les voir,
> Mes arbres, chargés jusqu'au faîte,
> Sont parés pour me recevoir.

Et, de notre côté, ne semblons-nous pas dire :

> Arbres et fleurs, prodiguez vite
> L'ombre et les parfums en ce lieu;
> Oiselets qu'une feuille abrite,
> Célébrez la bonté de Dieu.

Chaque plante semble, en effet, nous parler et vivre pour nous. D'un seul coup d'œil nous voyons si elle souffre, si elle est bien portante, si elle croît, si elle dépérit, quelle est la situation de son existence. Nous consultons les espérances qui doivent avoir une réalisation prochaine, et nous scrutons celles de l'avenir.

Les arbres sont comme des courtisans qui, échelonnés auprès de nous, nous rappellent sans cesse que leur vie tout entière et leurs produits n'ont d'autre but que la satisfaction de nos besoins et de nos plaisirs.

Les riches les placent en avenue à l'entrée de leurs châteaux, et semblent leur donner pour mission d'annoncer la fortune et les jouissances de la vie de leur maître. L'histoire nous a transmis les noms de personnages qui possédèrent de magnifiques jardins.

Lucullus donna à Rome le modèle d'un jardin à l'asiatique. Les jardins d'Epicure, de Cimon et d'Académus, en Grèce, ont eu la plus grande célébrité.

A toutes les époques, il a existé des dessinateurs pour les jardins. Lenôtre, en France, est cité pour ses jardins réguliers.

Les rois et les empereurs ont voulu toujours posséder des jardins admirables. Louis XIV a créé les superbes jardins des Tuileries et une partie des jardins de Versailles.

Dans ces jardins, on imite la nature. On la torture souvent par mille caprices. L'homme est toujours le même dans tous les temps. Homère chante les jardins d'Alcinoüs. On cite au nombre des merveilles du monde les jardins suspendus de Sémiramis. En Perse, ils portent le nom de *Paradis*.

On leur a donné, sans doute, ce nom en souvenir du jardin délicieux nommé l'Eden ou paradis terrestre, dans lequel Dieu, dans son amour, avait placé l'homme.

De nombreux ouvrages ont traité de l'art de créer les jardins, et de l'horticulture.

Quant à vous, mes chers amis, les beautés de la nature charmeront vos yeux sans avoir besoin des ressources de l'art rassemblées dans un petit espace. Vous jouirez de ces beautés telles que Dieu les a faites.

Si vous assujétissez la nature à quelques règles dans vos jardins, ce sera pour développer et enrichir ses productions. Si vous possédez auprès de votre habitation un champ d'une étendue proportionnée à vos besoins, entourez-le d'une bonne clôture formée de murs, de haies vives ou de fossés, suivant que les circonstances et vos ressources le permettront; disposez-le en carrés divisés par des allées, et séparés des allées par des plates-bandes. Défoncez le sol; engraissez-le avec soin; plantez-y les meilleures espèces d'arbres fruitiers; apprenez à opérer la taille de ces arbres de manière à les rendre productifs, et si vous n'avez pas les connaissances nécessaires, appelez un jardinier et gardez-vous, ennemi de vous-même, de mutiler, de couper les branches à fruit.

Procurez-vous toutes les variétés de légumes; cultivez-les en abondance. Le superflu de vos besoins sera utilisé pour ceux de la basse-cour. Aménagez vos cultures avec l'art du maraîcher, pour que le terrain soit toujours occupé et que les récoltes se succèdent les unes aux autres. Conservez des porte-graines; recueillez vous-même vos graines; vous éviterez d'être la dupe de fraudes coupables. Rappelez-vous que les légumes économisent le grain; ils améliorent les préparations culinaires, servent de condiment, composent des mets excellents et varient utilement l'alimentation. C'est surtout à ce point de vue que vous devez vous occuper de vos jardins. Nulle partie de votre exploitation ne vous récompensera mieux de vos soins.

Je voudrais pouvoir vous entretenir de la culture de chaque légume, de son produit; mais alors je ne pourrais éviter de longs détails, et j'outrepasserais le but que je me suis proposé. Je veux causer avec vous intimement et vous apprendre à aimer tout ce qui vous entoure et à apprécier votre bonheur. Avec ces dispositions, vous chercherez à connaître et vous saurez bientôt tout ce qu'il faut savoir pour la bonne culture du jardin. Ne négligez pas de planter des fleurs. Dieu en a parsemé la nature, et vous iriez contre ses desseins si vous n'en plantiez pas quelques-unes dans vos jardins. La culture et la vue des fleurs procurent des jouissances si simples et si pures que je ne saurais trop vous engager à les rechercher. Les fleurs sont l'ornement de nos fêtes : il ne faut pas se dérober le bonheur de pouvoir en offrir quelquefois.

Le jardin sera pour vous un lieu de repos et de délassement dans la belle saison, de promenade avec vos amis lorsqu'ils viendront vous visiter.

C'est dans le jardin que le vieillard peut, sans trop de fatigues, s'occuper de mille travaux, qu'il peut se promener et se récréer.

> Sous sa main qu'un râteau se place,
> Le sol s'enrichit de présents.
> De ce coin Dieu veut que l'on fasse
> Le paradis de ses vieux ans.

C'est dans ce même lieu qu'il peut être témoin des premiers pas de ses petits enfants, de leurs jeunes efforts et de leurs jeux. Dans la belle saison, le jardin réunira les deux points extrêmes de notre vie. Nous ne saurions trop l'embellir.

C'est là que la famille peut aussi se rassembler le soir au milieu des plantes, des fleurs, des fruits, présents de Dieu, et y attendre en paix l'instant où la nuit s'abaisse sur la terre, l'enserre de toutes parts, fait disparaître l'espace qui la sépare des astres, donne à l'homme le sentiment de son impuissance. A ce moment où l'homme se sent confondu dans l'ensemble de la création, où s'accomplit si merveilleusement le passage du jour à la nuit, de l'activité au repos, il comprend mieux qu'il est dans la main de Dieu. Les sentiments du devoir, sous ces impressions, sont ramenés à l'esprit par l'éloquence de la nature, et ils affaiblissent chez le maître l'idée de son pouvoir et de son autorité, et celle d'exigence et d'indépendance déplacées chez le serviteur, pour y substituer les pensées d'une protection affectueuse et d'un respectueux dévoûment, qui doivent toujours guider les maîtres et les domestiques dans leurs rapports.

> Enfants! aimez les champs, les vallons, les fontaines,
> Les chemins que le soir emplit de voix lointaines,
> Et l'onde et le sillon, ...
> Où germe la pensée à côté de l'épi.
> Prenez-vous par la main et marchez dans les herbes,
> Regardez ceux qui vont liant les blondes gerbes ;
> Epelez dans le ciel plein de lettres de feu,
> Et quand un oiseau chante, écoutez parler Dieu.
> Que tout chant, que tout bruit et tout vague murmure
> Vous apprenne à bénir l'auteur de la nature !

> Aux dons que sa bonté mesure
> Tout l'univers est convié,
> Nul insecte n'est oublié
> A ce festin de la nature.

> Oui, mon Dieu, c'est toi qui produis
> Les fleurs dont le jardin se pare ;
> Mon Dieu! sans toi, toujours avare,
> Le verger n'aurait point de fruits.

VINGT-NEUVIÈME LEÇON.

DES ABEILLES.

> L'abeille s'approvisionne pour le temps où elle ne peut travailler.
>
> Fais comme elle, amasse pour les temps de chômage, de maladie, et pour la vieillesse.

Dieu a multiplié à l'infini les sources de bien-être pour l'homme, et, pour l'y laisser puiser, il ne lui demande qu'un peu de soin et de travail.

Il a créé même, dans son inépuisable bonté, des insectes dont l'existence tout entière se passe à notre profit.

Ils travaillent sans être guidés par nous ; ils n'ont point besoin d'être mis à la tâche ; leur activité n'est jamais en défaut ; ils ne se rendent coupables d'aucune négligence ; ils obéissent, sans jamais transgresser la loi qui leur a été imposée.

Ces petits êtres ne sont-ils pas dignes de nous servir de modèles ?

Je serais tenté de croire que Dieu les a créés dans ce but moral autant qu'en vue de nos besoins physiques.

Je veux vous parler des abeilles.

Je ne sais pourquoi on s'est plu, dans tous les temps, à comparer le gouvernement des abeilles à une république.

Leur chef n'est point électif ; elles obéissent, au contraire, à une reine qui remplit ses fonctions par droit de naissance ; leur gouvernement est donc monarchique, comme l'indique le nom du chef de l'État.

Quoi qu'il en soit, il serait à désirer que, sous tous les gouvernements, quelle que fût du reste leur forme, chefs et sujets fussent aussi dévoués les uns aux autres et aussi pénétrés du sentiment de leurs devoirs.

Laissons ces comparaisons trop philosophiques, pour en faire une plus à votre portée :

> L'abeille industrieuse
> Qui, sur toutes les fleurs, cueille un miel abondant,
> N'est-ce pas l'écolier prudent
> Qui, puisant dans l'étude une douce ambrosie,
> Préfère le savoir à vaine fantaisie ?

N'est-il pas merveilleux de voir les abeilles, réunies par milliers dans la ruche que nous leur donnons, s'y partager les travaux, construire des cellules d'une architecture admirable, aller chercher au loin le suc des plantes qui doit être transformé par leurs soins en cire et en miel ?

> Peuple aimable de sœurs ! oui, vos soins assidus,
> Oui, vos travaux semblent me dire :
> Chacun doit ici-bas produire,
> Nous le doux miel des fleurs, vous celui des vertus.

Elles vont ainsi à des distances fort éloignées, et, sans jamais s'égarer, reviennent au domicile commun.

De jardin en jardin, de verger en verger,
L'abeille, en bourdonnant, poursuit son vol léger.

Dans le nombre prodigieux de leurs petites chambres, chaque mouche reconnaît la sienne, et, bien que réunies en quantité innombrable dans un étroit espace, travaillant et vivant en communauté, jamais aucune querelle ne s'élève entre elles, et point n'est besoin de justice ni de tribunaux.

Elles ne pensent qu'à l'intérêt général.

Chacune d'elles remplit à son tour les fonctions d'une vigilante sentinelle à l'entrée de la ruche; elle n'y laisse pénétrer aucune étrangère, ni aucun ennemi; si elle n'est pas assez forte pour combattre seule, elle appelle par un bruit de guerre ses compagnes à son secours, et bientôt l'ennemi vaincu succombe sous les nombreuses blessures de dards acérés.

Leur courage militaire égale leur courage civil. Elles ne s'arrêtent ni devant la force de l'ennemi, ni devant l'étendue du danger.

Le plus souvent elles combattent avec une telle violence, elles enfoncent si profondément dans le corps de leurs adversaires le dard dont elles sont armées, qu'il devient impossible de l'arracher, et qu'elles l'abandonnent avec une petite partie d'elles-mêmes à laquelle il est attaché. Elles périssent alors victimes de leur vengeance.

Cet acte serait sublime s'il était libre et réfléchi comme les nôtres, et si, en donnant leur vie, ces insectes comprenaient qu'en effet la vie n'a pas de valeur par sa durée, mais par l'accomplissement du devoir et par le dévoûment.

Il n'est pas moins merveilleux de les voir partir aussitôt que le soleil a dissipé la rosée, se plonger dans le calice des fleurs, en pomper le suc avec leur petite trompe, l'attacher à leurs pattes, retourner en toute hâte à la ruche chargée de butin pour repartir à tire d'ailes en chercher un nouveau. Leur vie se passe dans une activité incessante pendant la belle saison.

Elles opèrent leurs travaux avec tant d'habileté et de délicatesse qu'elles n'empruntent aux fleurs que le superflu, sans jamais les ternir.

Elles prévoient les orages, rentrent au logis avant qu'ils n'éclatent, et elles servent au cultivateur d'indice infaillible pour les variations de la température.

Les abeilles se reproduisent, forment de nouveaux essaims que le cultivateur abrite dans de nouvelles ruches.

L'homme devrait se faire le protecteur de ces insectes si industrieux; il le devrait par reconnaissance d'abord, et aussi par intérêt.

Cependant telle n'est pas sa conduite : il pousse la cruauté jusqu'à les faire périr, afin de s'approprier avec plus de sécurité la cire et le miel, fruits de leurs travaux de toute une année; et, lorsqu'il devrait les conserver et les multiplier, il tarit lui-même la source de nouveaux essaims.

Une société s'est formée à Paris pour favoriser l'éducation des abeilles. Cette association d'hommes dévoués à l'intérêt public recommande de suivre les méthodes qui permettent d'obtenir, sans détruire les mouches, le miel qui n'est point nécessaire à l'alimentation des abeilles pendant l'hiver.

Les abeilles commencent leur approvisionnement par le haut de la ruche et continuent de la remplir de cire et de miel en descendant au fur et à mesure vers la base. Cette observation a conduit des agriculteurs intelligents à construire des ruches composées de deux compartiments superposés et divisés par une cloison au milieu de laquelle se trouve un trou pour le passage des abeilles. Lorsque la partie supérieure ou chapiteau est pleine, les abeilles se trouvent dans la partie basse de la ruche; on peut alors enlever le chapiteau plein de cire et de miel sans déranger les abeilles, le vider, le replacer sur sa base, afin que les abeilles le remplissent de rechef.

D'autres ruches ont été inventées pour offrir les mêmes avantages et recueillir en outre les essaims dont on prévient le départ.

Les sociétés d'agriculture devraient donner en primes des ruches perfectionnées. Ces modèles répandus permettraient de sauver la vie, chaque année, à des millions de ces utiles insectes. Le commerce de la cire et du miel, déjà si important, augmenterait progressivement. M. Moreau Jonnès estimait à 1,668,643 le nombre des ruches, en France, en 1848; ce nombre a bien augmenté, et leur produit peut être évalué aujourd'hui à plus de 100,000,000 de fr.

Comme tous les êtres réunis en agglomérations considérables, les abeilles sont exposées à des épidémies. La dyssenterie est la plus fréquente; on les guérit de cette maladie en mettant du vin et du sucre à leur proximité.

Il faut veiller, pendant l'hiver, à leur approvisionnement avec une active sollicitude.

Le rucher doit être abrité et disposé au levant, sur un terrain sec et enclos. Il est bien important que les autres animaux ne puissent pas en approcher; ils seraient exposés, en ce cas, à heurter contre les ruches ou à les renverser, et leur vie serait mise en danger par la piqûre des abeilles.

On ne doit souffrir aucune herbe au pied des ruches. Il faut en éloigner avec soin les animaux qui pourraient faire la guerre aux abeilles, tels que les fourmis, les mulots, etc.

Préservez-les de toute embûche
D'oiseaux, frélons et papillons ;
Car c'est un trésor, une ruche
Pleine de ses fauves rayons ;
Si le vin pur nous fortifie,
Le miel contient un doux esprit
Qui, bien portants, nous purifie,
Et qui, malades, nous guérit !

Il convient de placer dans les environs des ruchers du thym, du laurier, du romarin et les autres plantes aromatiques que les abeilles recherchent et qui sont utiles à leur santé.

Souvenez-vous que sans soin et sans vigilance on n'obtient aucun résultat utile.

L'abeille a été l'objet des études d'Aristote, de Pline, du philosophe Aristomachus. Elle a été chantée par Virgile. Des rois, des empereurs, un pape, ont pris l'abeille pour blason. Louis XII entra dans Gênes vêtu d'un habit blanc parsemé d'abeilles d'or. Le pape Urbain VIII portait des abeilles dans ses armes.

Le plus grand capitaine des temps modernes, Napoléon Ier, admirait les abeilles ; il les considérait comme l'emblème de l'activité, du courage, de l'ordre et de la prévoyance. Il les choisit pour ses armes. La pourpre impériale se couvrit d'abeilles, comme pour rappeler au chef de l'Etat et au peuple les nobles vertus qui font la grandeur et la prospérité d'un pays.

S. M. Napoléon III a conservé les abeilles dans les armes impériales.

M. de La Landelle a chanté les abeilles dans les strophes suivantes :

Brillantes merveilles,
Peuple diligent,
Gentilles abeilles
Aux ailes d'argent,
A la taille fluette,
Au corsage d'or,
Pour votre cueillette
Prenez votre essor.

Sous la marjolaine
J'entends le grillon.
Les bœufs dans la plaine
Creusent le sillon.
Agneaux et bergères
Sortent du bercail,
Voletez légères
A votre travail.

A la picorée
Cherchez le butin,
Sur la fleur dorée
Le lys et le thym,
Braves ouvrières,
. . . .
Donnez aux chaumières
La cire et le miel.

Abeilles bénies
Qu'on aime en tout lieu,
Sœurs toujours unies
Dans la main de Dieu.
A voir votre ouvrage
Le sage se plaît :
Pour lui c'est l'image
D'un ordre parfait.

D'après la légende,
Un ange du ciel,

Par signe commande
Aux mouches à miel.
Si, comme l'abeille,
Aux ordres des cieux
Nous prêtions l'oreille,
Nous serions heureux.

Terminons ce chapitre par une observation d'un savant naturaliste au sujet de l'aiguillon d'une abeille, considéré au microscope, et comparé à une aiguille à coudre, la plus fine que l'on puisse trouver : « Celui-là, dit-il, est du plus beau poli, et la pointe en échappe à la vue ; celle-ci, vue au microscope, paraît émoussée, toute raboteuse, et semblable à une barre de fer qui sort de la forge d'un serrurier. »

C'est la même chose partout. Dans ce que l'homme fait vous ne verrez qu'inégalités, que crevasses, que rudesses ; tout s'y ressent des bornes de son industrie et de la grossièreté des instruments qu'il emploie ; tout y paraît fait avec la serpe ou la truelle ; tout y décèle un artisan malhabile, qui ne connaît pas la matière qu'il met en œuvre.

Au contraire, les ouvrages de Dieu sont parfaits. Dans l'intérieur, vous trouverez partout une liberté, une souplesse et des ressorts dont la structure, l'artifice et l'entretien sont connus de lui seul. Dans le dehors, vous trouverez partout de la magnificence, de la symétrie, de la finesse et des grâces.

L'art est toujours grossier auprès de la nature.

TRENTIÈME LEÇON.

DES VERS A SOIE.

> Remplissez vos devoirs dans le milieu où Dieu vous a placés.
>
> Vous ne pouvez rien ajouter à votre taille, mais vous pouvez, chaque jour, développer votre intelligence et votre cœur, et devenir meilleurs.

En étudiant, dans la précédente leçon, les mœurs des abeilles, nous nous sommes sentis pépétrés d'une profonde reconnaissance envers Dieu. Notre admiration était sans bornes en constatant que de simples mouches avaient été chargées de nous approvisionner d'un sucre utile comme aliment, et plus utile encore comme remède dans nos maladies ; indispensable, lorsque la science n'avait point encore appris à créer le sucre, dont le Gouvernement cherche, par l'abaissement des droits qui l'ont frappé jusqu'ici, à répandre l'usage chez les classes les moins aisées ; indispensable, avant que l'art de la navigation eût permis le transport de cette richesse du nouveau continent dans nos contrées, et que la chimie nous eût appris à extraire la substance saccharine des plantes qui croissent sous nos climats.

Nous ne pouvons comprendre encore comment ces petits chimistes de la nature peuvent fabriquer ce sucre si précieux et la cire si utile. Cette dernière matière, avant l'emploi du gaz, donnait la lumière la plus pure. Elle sert encore à composer les cierges que l'on brûle dans nos temples. La cire est d'un usage fréquent, sous forme de cérat, pour le pansement de nos blessures. Enfin, vos mères et vos sœurs l'emploient, dans un but de propreté bien louable et d'un luxe bien permis, à vernir et lustrer leurs meubles et leurs ménages.

> Du miel la liqueur parfumée
> Calme la soif et la douleur ;
> La cire, en flambeau transformée,
> Des ténèbres chasse l'horreur.

Il est merveilleux de voir des mouches chargées de pourvoir à des besoins si multipliés.

Vous éprouvez un égal étonnement en apprenant que Dieu a confié à d'autres insectes le soin de tisser les fils les plus fins, les plus solides, les plus brillants, pour que nous en puissions fabriquer les plus riches et les plus belles étoffes.

Des vers passent leur vie à nous tisser ces fils, comme les abeilles consacrent leur existence à nous faire de la cire et du miel. Ces vers, qui n'ont ni les formes gracieuses, ni l'agilité des abeilles, n'en sont pas moins utiles pour nous.

> O ver, à qui je dois mes nobles vêtements,
> De tes travaux si courts que les fruits sont charmants !
> Ton ouvrage achevé, ta carrière est finie ;
> N'est-ce donc que pour moi que tu reçois la vie ?

Si l'abeille est le premier chimiste, le ver à soie est le premier filateur. L'homme, dans ces deux arts, ne marche qu'après ces insectes.

Si cette comparaison vous blesse et vous humilie, vous vous en consolerez bientôt en pensant que, quelle que soit leur habileté, ces petits êtres n'ont pas fait le moindre progrès. Ils font ce qu'ils faisaient il y a six mille ans : ils obéissent irrésistiblement à la loi de leur création dans le cercle que Dieu leur a toujours tracé.

L'homme, au contraire, intelligent et libre, change, progresse, perfectionne. Ces animaux n'ont que l'instinct en partage. L'homme a la raison et la liberté, ces précieux priviléges qui font sa supériorité sur tout ce qui existe, et qui font aussi peser sur lui la responsabilité de toutes ses actions.

Mais revenons à notre sujet. On a peine à comprendre comment ces animaux si petits peuvent tisser assez de matières pour occuper des millions de bras, former la principale industrie de plusieurs départements, et faire la base d'un commerce qui s'étend dans l'univers entier.

La soie compose les plus beaux ornements du culte religieux; elle forme les plus riches ameublements. Les femmes de toutes les classes de la société, et même dans les hameaux les plus reculés, possèdent des vêtements ou parties de vêtement de soie pure ou mélangée.

Vous pouvez, d'après ces renseignements, apprécier vous-même les produits de ces petits vers, l'importance de la fabrication et du commerce qu'ils alimentent. La France seule possède 150,000 métiers à tisser la soie. Lyon en possède la moitié.

Il n'en a pas toujours été ainsi. Il y a moins d'un siècle, les classes aisées seules faisaient usage d'étoffes de laine, et un habit de drap était chose si précieuse, qu'il était conservé pendant plusieurs lustres dans la même famille. Les étoffes de soie étaient réservées pour les personnes les plus favorisées de la fortune. — Il est utile de se reporter quelquefois vers les époques précédentes, pour juger combien sont mal fondées les récriminations de ceux qui se plaignent toujours de leur position, bien que plus heureux cependant que ne l'étaient autrefois les hommes d'une classe bien plus élevée, et pour reconnaître que ces mécontents ont des jouissances multipliées, des secours nombreux, un bien-être qui étaient alors inconnus. Ces gens, qui rêvent toujours un ordre de choses qu'ils seraient incapables d'organiser, devraient rechercher dans le travail et une sage économie le bien-être qu'ils anéantissent par leur oisiveté et leurs folies.

L'homme sensé jouit des progrès que chaque âge apporte avec lui, sans demander l'impossible, sans chercher le bonheur dans des sources impures. Il le demande au travail, qui, pour toutes les positions sociales, sans exception, est la plus sûre garantie de ce bonheur objet de nos désirs à tous, comme la source des plus sérieux progrès. — Il respecte chez les autres la richesse avec ses jouissances, sachant bien qu'elle est le fruit du travail personnel de ceux qui la possèdent ou du travail de leurs parents. Il s'efforce, sans jalousie, de l'acquérir pour en jouir et pour la transmettre à ses héritiers; il sait que le principe du respect du droit d'autrui lui assure le respect de son propre droit, et que c'est sur ce principe que repose l'ordre social tout entier.

J'ai été heureux de saisir l'occasion de vous entretenir de ces lois, et de vous donner des idées d'une saine morale, tout en vous instruisant sur des objets matériels. Je ne pouvais oublier que votre éducation morale est le plus important de vos intérêts.

Je me hâte de terminer cette longue leçon par quelques notions spéciales sur le ver à soie qui nous occupe.

Cet insecte est le produit de l'œuf d'un papillon. Ces œufs se nomment graines de ver à soie. Chaque femelle pond cinq cents œufs environ. Quinze à vingt grammes d'œufs produisent quinze à vingt mille vers à soie, un gramme de graine peut donner un mille de ces insectes. Au moment de l'éclosion, la larve a la forme d'un petit ver. Au bout d'une trentaine de jours, son développement est complet, il se met alors au travail et forme une pelotte de fils admirables que l'on nomme cocon. Il demeure quelque temps à l'état de chrysalide, ramollit ensuite le cocon, à l'une de ses extrémités, à l'aide d'une liqueur corrosive qu'il répand.

Le ver à soie, originaire des pays chauds, vit des feuilles du mûrier qui croît dans ces pays.

Une société séricole existe depuis bien des années à Paris; elle s'occupe à développer les progrès de l'éducation des vers à soie.

Le mûrier n'est plus le seul arbre qui fournisse des feuilles pour la nourriture des vers à soie; on y applique les feuilles d'arbres plus rustiques qui peuvent mieux végéter sous notre température et nous permettre de créer une nouvelle branche de prospérité pour l'agriculture et l'industrie de notre pays. La sériculture comprend particulièrement la culture du mûrier et de ses succédanés, l'éducation des vers à soie, la filature, le dévidage, le moulinage et le tissage. Le commerce s'occupe ensuite de la vente des produits, tant en France qu'à l'étranger. La sériculture et l'industrie qui s'y rattache permettant d'utiliser les bras des femmes, des vieillards et des enfants, il serait important de tenter l'éducation des vers à soie dans notre pays. Un propriétaire dévoué aux intérêts de la Bretagne pourrait tenter des plantations de mûrier ou des succédanés rustiques de cet arbre, et, si les plantations réussissaient, faire quelques essais d'éducation de ces utiles insectes.

En terminant notre article de 1861 par ces vœux, nous étions loin de penser que ces essais étaient tentés avec succès à Saint-Brieuc, par M. Hamon, vétérinaire. Voici ce qu'il dit à ce sujet dans un rapport adressé, l'an dernier, à M. Coste, membre de l'Institut :

« J'ai successivement fait de petites éducations de vers à » soie, en rapport avec le développement de mes arbres.

» Elles commencèrent en 1859 à prendre un caractère » industriel. Éclos du 5 au 8 juin, les vers ont mis trente- » trois à trente-cinq jours à accomplir les diverses phases » de leur existence, qui s'est passée, dans la suite, avec » beaucoup de régularité.

» L'état sanitaire des vers a été bon ; je ne connais que » de nom la muscardine et la gattine ; quelques vers gras » ont seuls offert des cas de mortalité.

» La beauté des cocons s'est toujours maintenue. La » moyenne en poids a été, depuis le commencement, de » 512 au kilogramme.

» Quant à la qualité de la soie, voici un extrait d'une » lettre écrite par un filateur de Saint-Vallier (Drôme), qui » m'a acheté ma récolte de 1858 :

« J'ai examiné et essayé avec soin les cocons jaunes et » blancs que vous m'avez vendus, provenant de votre récolte » de 1858.

» Le résultat a parfaitement répondu à mon attente et à » la bonne opinion que j'avais eue à première vue.

» L'échantillon de leurs produits que je vous ai adressé » réunit les qualités désirables : belle couleur, élasticité et » netteté.

» Pour ma fabrication, je n'en ferais pas de différence
» avec les bons cocons ordinaires que produisent nos dé-
» partements du Midi, et je les considère comme étant bien
» supérieurs aux cocons du Levant et de Chine. »

En 1859, **M.** Hamon a vendu sa graine de vers à soie
au prix de 12 fr. l'once.

En 1860, il n'a pu fournir à toutes les demandes qui lui
ont été faites.

Les efforts qu'il a tentés, dit-il, ne sont pas restés sans
écho, et les plantations se multiplient en vue de l'éducation
du ver à soie.

S. A. Madame la princesse Baciocchi, qui s'occupe avec
tant de dévoûment des intérêts de la Bretagne, qu'elle a
adoptée pour sa nouvelle patrie, a voulu doter cette partie
de la France de l'industrie séricicole. Elle a fait, dans ce
but, sur sa propriété de Corn-Hoët, des plantations d'ailante, ou faux vernis du Japon. Cette plante rustique, qui
croît dans les sols les plus arides, et dont les racines très-
courtes servent à consolider les sables et les dunes, sert
aussi à nourrir une variété de vers à soie. M. Guérin-
Méneville, chargé par le Ministre de visiter les plantations,
constate dans son rapport qu'il a vu, les 26 et 27 janvier
derniers, les nombreux vers à soie de l'ailante couvrir les
plantations de plusieurs hectares, occupés à filer leurs cocons
malgré les pluies froides et les vents de cette saison exceptionnelle.

Les mêmes essais ont été faits dans le département d'Indre-
et-Loire, et, comme ceux-ci, ils ont parfaitement réussi.

Je ne m'étendrai pas sur les avantages de la soie. Vous
les connaissez tous. Les vêtements qu'elle compose offrent
solidité, légèreté et beauté. Espérons qu'elle en aura bientôt
une quatrième, celle du bon marché.

Le ver à soie est originaire de l'Inde. Il a été introduit en Asie d'où il a été importé en Europe. Je serais heureux de vous rapporter à ce sujet une nouvelle intitulée *Djedda, ou l'importation des vers à soie en Europe*, histoire indienne; mais les limites assignées à notre travail ne nous permettent pas de vous la reproduire dans son entier, et je me vois, à mon grand regret, obligé de vous en donner une courte analyse. L'auteur de cette nouvelle, après nous avoir dit que la contrée, célèbre entre toutes, par ses richesses inouïes, son industrie, ses croyances mystérieuses, les dangers dont elle semble entourer tous ceux qui sont étrangers à son sol; où la terre recèle des pierreries et produit mille plantes précieuses; où l'on trouve l'or et l'ivoire; a découvert et tissé la soie, ce trésor qui représente le travail, et, par conséquent, l'existence de tant de millions d'hommes, raconte comment deux missionnaires s'introduisirent dans ce pays, comment ils parvinrent à convertir à la religion chrétienne Djedda, épouse d'un brahmine, l'un des plus riches et plus puissants de l'Inde, et comment ce brahmine mourut. A sa mort, Djedda, sa femme, pour obéir aux lois du pays, devait être brûlée sur un bûcher avec le corps de son mari, lorsqu'après mille dangers ils réussirent à la sauver.

Les pieux missionnaires durent eux-mêmes songer à leur salut.

L'orsqu'ils arrivèrent à Constantinople, cette ville célébrait le retour de Bélisaire victorieux; la joie éclatait sur tous les visages; les rues étaient bordées de palmes, les cloches sonnaient à pleines volées, et, sur la place principale de la ville s'élevait un trône magnifique sur lequel siégeait Justinien, prêt à accueillir tous ceux qui avaient une demande à lui adresser.

Le plus âgé des deux missionnaires s'approcha du trône.

Mes yeux ne me trompent-ils point, dit l'empereur, en apercevant le vieillard. Serais-tu Anastase, le missionnaire courageux ? Dieu a-t-il béni tes efforts ? Oui, sire, car il nous a conduit au travers de mille dangers ; il s'est servi de nous pour une œuvre qui, je l'espère, sera grande et féconde, et nous venons déposer à vos pieds notre offrande. A ce moment, il présenta une corbeille en forme de coupe, contenant un superbe tissu de soie. Le pèlerin raconta l'histoire de son voyage dans l'Inde, et dit comment son compagnon et lui étaient parvenus à apporter dans des bâtons creux des œux du ver à soie, précieux insecte que, par une surveillance sévère, les Indiens et les Chinois empêchaient de se répandre dans d'autres pays, voulant conserver le monopole de cette précieuse industrie.

L'empereur, ravi, remercia le pieux Anastase du service qu'il avait rendu en portant les bienfaits d'une religion éclairée chez une nation plongée dans l'idolâtrie, et de celui qu'il rendait à l'empire par l'importation du ver à soie, destiné à devenir une source de prospérité, à donner du travail à des milliers d'hommes, et de les mettre à même de conquérir l'indépendance, la dignité et la moralité.

Les mystères de la nature sont impénétrables. Qui pourra, en effet, expliquer comment, en broutant une feuille, le ver à soie peut parvenir à produire ces fils si merveilleux ? Inclinons-nous devant la puissance du Créateur, montrons-lui notre reconnaissance, et donnons à ces petits insectes, suivant chaque espèce, les feuilles du mûrier, du ricin, de l'ailante ou du chêne, afin que, cédant à leur émulation, ils puissent, comme à l'envi les uns des autres, nous fournir en abondance la matière propre à fabriquer nos vêtements les plus légers, les plus chauds et les plus beaux.

Je ne saurais mieux terminer ce chapitre qu'en vous

faisant connaître une fable ayant pour titre *le Ver à soie et le Papillon*.

LE VER À SOIE ET LE PAPILLON.

Qu'as-tu, beau papillon, disait le ver à soie;
Quel nuage sinistre a dissipé ta joie?
    Qui peut ainsi faire couler tes pleurs?
      — Avec l'abeille, au sein de la prairie,
        Je folâtrais parmi les fleurs.
C'était de tous mes jeux la compagne chérie;
      Mais elle vient de me quitter
Pour regagner sa ruche où le travail l'appelle.
Je la hais, l'inconstante, à mes désirs rebelle....
— Ami, reprend le ver, tu devrais imiter
      L'abeille si laborieuse.
      Mais vois, elle revient, heureuse,
      Te consacrer tout son loisir,
Car, après le travail, plus doux est le plaisir.

Je vous dirai comme lui, mes petits amis, travaillez si vous voulez être heureux.

TRENTE-UNIÈME LEÇON.

—

PÉPINIÈRE.

> Que votre cœur soit la pépinière de toutes les vertus.
>
> La branche ne peut porter de fruits si elle ne reste attachée à la vigne. *(Ev. S. Jean.)*

Toute plante, en naissant, déjà renferme en elle
D'enfants qui la suivront une race immortelle.

C'est toujours à l'étude, à la science et au travail que l'homme est redevable des fruits de l'intelligence et des meilleurs produits de la terre.

C'est en semant, en plantant, en greffant qu'il obtient ces fruits délicieux qui nous nourrissent et flattent agréablement nos palais.

Chaque ferme doit posséder une pépinière, afin de pouvoir remplacer, au fur et à mesure qu'ils disparaissent par vétusté ou par accident, les arbres à fruits, et de pouvoir en planter, au besoin, un plus grand nombre.

Le sol que vous destinerez à former une pépinière doit être défoncé le plus profondément possible et convenablement ameudé. Il doit être aéré et de nature sablo-argileuse. Ombragé, vos jeunes plants ne prendraient aucune vigueur. Dans une terre trop légère, les racines manqueraient de fraîcheur; dans une terre trop forte, les racines ne pourraient se multiplier ni développer ces radicules que l'on nomme chevelus, et qui sont la source de la végétation; enfin elles pourriraient dans une terre trop humide. Il faut les placer au milieu des conditions que nous avons indiquées dans nos premiers chapitres. Les plants doivent être espacés, afin qu'ils puissent se développer sous l'influence bienfaisante de l'air et du soleil. Il faut toujours recourir à l'application des premières règles que nous avons posées.

Il convient de greffer et d'écussonner les sujets en pépinière, et de ne les planter dans les lieux qui leur sont définivement destinés, que lorsqu'ils sont assez forts pour résister aux vents et pour n'être point atteints dans les champs par les bestiaux.

Le soleil exerce une telle puissance sur la végétation, que l'écorce du côté aspecté au midi est différente de celle du côté nord. Il suffit pour redresser un jeune arbre de le placer, en le plantant, de manière que la partie puissante de la courbure soit au midi; il se redressera peu à peu. — Il suffit aussi, bien souvent, de l'influence d'un honnête homme pour nous faire perdre nos mauvais plis et nous ramener dans la ligne droite, surtout quand nous sommes encore jeunes.

La végétation est une des œuvres les plus merveilleuses de la nature. Bien que plantés dans le même sol, nourris du même engrais, les arbres diffèrent, poussent, fleurissent et donnent des fruits selon leur espèce. Le rosier produira invariablement des roses. Les plantes herbacées ne prendront point les dimensions du chêne. Chaque végétal obéit invariablement aux lois de sa création.

Recueille-t-on des raisins sur des épines et des figues sur des ronces? (*S. Mathieu.*)

Comment se fait l'élaboration de la sève des plantes pour donner, bien que la même à nos yeux, des produits si divers? des couleurs si variées? des feuilles si dissemblables? des fruits de mille formes et de mille goûts? Ce travail est un mystère; mais un mystère qui met en lumière la main de Dieu : Quelle merveille que cette vie de la plante! Qui pourrait expliquer la circulation de la sève!

> Le suc, dans la racine à peine répandu,
> Du tronc qui le reçoit à la branche est rendu;
> La feuille le demande, et la branche fidèle,
> Prodigue de son bien, le partage avec elle.

Le suc s'élabore, forme les boutons, les fleurs et les fruits; il compose l'aubier qui, l'année suivante, se durcit, se change en bois ferme et est recouvert d'aubier à son tour. Quelle harmonie dans toutes les phases de la végétation, dans ses arrêts et ses retours périodiques, suivant la marche et les époques des saisons! Quels liens dans cet ensemble de l'univers! Tout est fait et conduit par le même maître, la racine, la branche, les fruits : les principes et les conséquences.

C'est par la culture, par la greffe et par l'écusson que les espèces se sont améliorées. Chaque bienfait doit être obtenu par l'homme en se soumettant à la loi du travail. Les richesses intellectuelles ne lui sont accordées qu'au même prix.

Delille, dans ses vers, décrit ainsi la manière d'écussonner et de greffer :

> Cet art a deux secrets dont l'effet est pareil :
> Tantôt dans l'endroit même où le bouton vermeil
> Déjà laisse échapper la feuille prisonnière,
> On fait avec l'acier une fente légère ;
> Là d'un arbre fertile on insère un bouton,
> De l'arbre qui l'adopte utile nourrisson ;
> Tantôt des coins aigus entrouvent avec force
> Un tronc dont aucun nœud ne hérisse l'écorce ;
> A ses branches succède un rameau plantureux,
> Bientôt ce tronc s'élève en arbre vigoureux !

On ne peut greffer ou écussonner les uns sur les autres que les arbres de la même famille.

Les greffes doivent être proportionnées aux sujets qui les reçoivent.

De la parfaite coïncidence des mêmes parties de la greffe et du sujet dépend le succès de l'opération ; les bords de la peau de l'un doivent être placés sur les bords de l'écorce de l'autre, de manière à se souder et à permettre au filet ligneux qui doit faire l'union de se former.

> Mais comment de la greffe expliquer le mystère ?
> Comment l'arbre, adoptant une plante étrangère,
> Peut-il, fertilisé par ces heureux liens,
> Former des fleurs, des fruits qui ne sont pas les siens ?

Pour expliquer ce phénomène, on prétend que l'amélioration provient de la différence entre le sujet greffé et l'arbre qui porte la greffe. On est disposé à attribuer à la greffe le retard de la végétation, et à penser que la sève, au lieu de se répandre en branche, contribue davantage à former les fruits.

Nous sommes porté à croire que par la greffe on diminue la vigueur de l'arbre (les arbres greffés n'atteignent jamais les dimensions des arbres francs de même espèce), et qu'un temps d'arrêt et de travail de la sève est déterminé par la greffe, à l'endroit où cette opération a été faite; que par suite l'existence de l'arbre se trouve abrégée et modifiée, et qu'ayant perdu l'excès de sa sève et de sa vigueur, il produit plus tôt et donne de meilleurs fruits. On améliore les sujets en les corrigeant ainsi de leurs défauts.

Nous y voyons encore particulièrement une récompense accordée par Dieu au travail et aux recherches de l'homme.

On écussonne à la pousse, à œil dormant. On greffe en couronne, en flûte, en fente, en approche.

On forme des pépinières avec certains arbres et arbustes à l'aide de boutures.

Les boutures sont tout simplement des branches que l'on place en terre où elles prennent racine pour donner des arbres ensuite.

Les boutures doivent être vigoureuses, unies, droites, longues de 33 à 45 centimètres. On les met dans un terrain bien bêché et labouré, ayant eu soin de tailler en pied de biche le bout qui doit être sous la terre. Elles doivent être plantées à une profondeur de 18 centimètres, et les rangs doivent être espacés suffisamment pour qu'on puisse passer pour arroser, sarcler et tailler. Tous les arbres ne se multiplient pas au moyen de boutures.

On obtient aussi la reproduction de certains arbres par marcottes. Ce procédé consiste à faire prendre racine à une branche sans la détacher complétement de l'arbre auquel elle appartient.

Nous pouvons, à l'aide de tous ces moyens réunis, nous procurer, sans beaucoup de dépense, les arbres qui donnent les meilleurs fruits.

Je vous engage à créer des pépinières, et à vous exercer à écussonner et à greffer. Vous pourrez facilement apprendre en opérant d'abord sur les sujets les moins précieux.

TRENTE-DEUXIÈME LEÇON.

DU VERGER.

> Les arbres de vos vergers s'efforcent à produire, suivant les lois de leur création, des fleurs et des fruits.
>
> Que chacune de vos actions soit conforme à vos destinées et soit utile à vos semblables.

> Et, simples dans vos goûts, heureux d'être chéris,
> Toujours de vos vergers que vos cœurs soient épris.

Le cultivateur doit produire toutes les choses nécessaires à son alimentation. Il doit planter des pommiers pour obtenir la boisson dont il a besoin et pour vendre du cidre.

Le pommier se plante ordinairement, dans ce pays, à des distances de vingt à trente mètres, dans les champs destinés à la culture des céréales, des racines et des fourrages. Ce n'est qu'exceptionnellement que l'on rencontre quelques vergers.

La formation des vergers offre cependant de grands

avantages sur la plantation des pommiers dans les pièces livrées à la culture.

Nous savons, en effet, que la végétation des récoltes, pour être vigoureuse, a besoin d'air et de soleil ; qu'elle languit le long des clôtures en masse de terre plantées d'arbres épais et élevés, et que sous les pommiers et aux environs de chaque arbre, à une certaine distance, les récoltes ne remboursent pas la valeur des frais de culture, d'engrais, de moisson, ni même souvent le montant de l'impôt qui frappe le sol.

On persiste cependant, surtout en Bretagne, à multiplier les clôtures et à planter de pommiers le milieu des champs.

Vous savez, mes jeunes amis, que l'on ne peut obtenir à la fois du même sol deux récoltes différentes. On ne peut lui faire produire des pommes et des céréales satisfaisantes.

Les pays de plaine (la Beauce et la Normandie) sont les plus fertiles en grains de belle qualité, parce que dans ces plaines aucun arbre n'intercepte, par son ombrage, l'air et la chaleur, et n'absorbe, par ses racines, l'engrais nécessaire à la production des grains.

Les cultivateurs intelligents de ces belles contrées ont été conduits, par l'expérience et par le raisonnement, à ne point planter d'arbres dans les pièces en culture et à rassembler, au contraire, leurs pommiers dans des enclos qu'ils nomment vergers.

Ces arbres, par leur rapprochement, se protégent les uns les autres, lors de la floraison, contre les frimas et les gelées, et même, sous une température bien moins favorable que la nôtre, ils produisent tous les ans des fruits abondants.

Les cultivateurs normands utilisent encore leurs vergers en y envoyant, sans craindre les dommages, les oiseaux de la basse-cour qui y trouvent presque exclusivement leur nourriture. Ils placent aussi dans ces vergers, bien clos et attenants aux bâtiments de leur exploitation, leurs jeunes animaux. Sous les yeux du maître et sans dangers, les bestiaux y prennent le mouvement propre à développer leur croissance.

Les vergers se couvrent au printemps de fleurs roses, et à l'automne de fruits dorés. Ils forment alors les plus riants paysages.

Je vous conseille de diminuer le nombre de vos clôtures, d'abandonner les plantations de pommiers dans les pièces de terre, d'embellir vos habitations et de vous assurer vos approvisionnements de cidre en plantant des vergers.

Les propriétaires qui n'exploitent pas leurs terres par leurs mains peuvent, au fur et à mesure du renouvellement des baux de chaque ferme, stipuler que, dès la première année de jouissance, un verger sera créé dans la pièce la plus voisine de la ferme. Les considérations que j'ai indiquées justifient le choix de cet emplacement. Je dois ajouter que le voisinage des bâtiments aidera à préserver le verger contre les coups de vent.

Enfin, je vous engage à ne planter que des pommiers de premier choix, à défoncer le sol, à le remuer sur une certaine étendue à chaque point de la plantation, afin que les racines plongent plus facilement dans un terrain bêché et amélioré. — On ne saurait apporter trop de soins à la création des vergers.

TRENTE-TROISIÈME LEÇON.

DU CIDRE.

> Par les abus l'homme se rend
> indigne des bienfaits de la Provi-
> dence.
>
> Use, mais n'abuse jamais.

Les qualités du cidre dépendent surtout du choix des fruits, du degré de leur maturité, de la propreté du glui, du nettoyage des fûts.

La fabrication du cidre, dans notre pays, laisse beaucoup à désirer.

Les pommes, sans distinction des espèces, sans égard à leur degré de maturité, sont entassées ensemble et exposées aux pluies, aux gelées, et, sous ces influences et par la fermentation qui se développe dans le monceau, perdent leur arôme, se détériorent et ne produisent qu'un cidre de qualité inférieure.

Souvent les cultivateurs, contrairement aux indications du simple bon sens, emploient des eaux de mares fétides et malsaines qui seules suffisent pour gâter les boissons.

Les fûts conservés dans des caves privées d'air et humides se ressentent de ce défaut de soins, et le liquide qu'ils renferment ensuite ne peut que blesser le goût et l'odorat.

Fabriqué dans de telles conditions, le cidre n'a point de valeur commerciale, se décompose promptement et reste sans prix entre les mains du cultivateur, justement puni de sa négligence et de son incurie.

Les fruits devraient être récoltés à un degré de maturité convenable et après le développement entier du principe sucré, qui doit se changer par la fermentation en alcool et donner la force au cidre. Ils devraient ensuite être déposés à l'abri de la pluie, des gelées, sons des hangars. Les pommes conserveraient leur parfum et donneraient un excellent bouquet au cidre. Les tas ne devraient pas être considérables, afin d'éviter une fermentation trop forte qui enlèverait une partie des qualités qu'il importe de faire passer dans le liquide. Le glui, les fûts, les ustensiles du pressoir ne doivent avoir aucune odeur. Il est indispensable de n'employer que les eaux les plus pures.

Les cidres de garde doivent être transvasés et débarrassés de leurs lies peu de temps après la fermentation.

Le cidre fabriqué avec ces soins peut se conserver plusieurs années. Mis en bouteille au mois de mars, il devient mousseux et forme une boisson aussi saine qu'agréable, et que nous servons avec plaisir sur nos tables aux repas de famille et aux jours de fête.

La valeur réelle des produits bien fabriqués permet de les vendre un bon prix et de réaliser de beaux bénéfices.

Au nombre des améliorations dont la fabrication du cidre est susceptible, je dois indiquer l'emploi de presses hydrauliques assez puissantes pour extraire tout le jus des fruits. Je vous engage à faire usage de vastes cuves pour recevoir à la sortie de la presse le premier marc. Vous le mettrez à macérer pour qu'il abandonne le sucre qu'il n'a pu céder à l'action du pressoir. Vous vous servirez ensuite, au lieu d'eau pure, de l'eau de ces cuves chargée des principes sucrés, pour arroser les marcs lors du pressurage des pommes. Par ce procédé, vous obtiendrez une plus grande quantité de cidre d'une qualité supérieure.

Notre savant chimiste, M. Malaguti, estime à la moitié la perte du jus des fruits qu'occasionne le procédé habituel du pilage. Il conseille d'employer les râpes comme pouvant donner un résultat plus satisfaisant. En parlant de la maturité des fruits, il dit que, s'il importe que les fruits ne soient pas verts, il importe également qu'ils ne soient pas trop mûrs, parce que dans les deux cas ils sont moins riches en matière sucrée, et que la maturité moyenne est celle qui convient le mieux. — (V. leçons de chimie par Malaguti, 2e partie, page 81.) — Nous ne saurions trop vous engager à lire les ouvrages de ce savant professeur.

Les boissons que l'on extrait tous les jours d'un tonneau pour les besoins du ménage et de l'exploitation, par l'effet de l'air qui s'introduit dans le tonneau, s'éventent, deviennent plates et finissent par aigrir. En cet état, la boisson est désagréable et nuisible à la santé.

Je crois donc vous rendre service en vous signalant un instrument qui, sous le nom de *fausset hydraulique*, prévient les inconvénients que nous venons de signaler. Cette invention, due à M. Béliçard, a été récompensée par douze médailles et trois mentions honorables. Cet instrument, dont l'usage se répand tous les jours, se trouve chez tous les quincailliers de Rennes.

La fabrication du cidre est de huit millions d'hectolitres, évalués à soixante millions de francs.

Je viens de vous entretenir des avantages qu'offre la plantation des vergers et la fabrication du cidre.

Je me demande, en vous donnant ces notions importantes, si, au lieu de vous parler favorablement du pommier, je n'aurais pas dû, au contraire, le maudire.

Cet arbre n'est-il pas la cause de la désobéissance de nos premiers parents ? N'occasionne-t-il pas la perte de la santé et de l'intelligence de bien des hommes, et la ruine de nombreuses familles ? N'est-il pas la cause d'accidents graves, mortels quelquefois ? Enfin, n'est-il pas la cause de crimes ?

La perte du temps, le plus précieux des trésors, *n'est-elle pas occasionnée par le vin ?*

La valeur des bestiaux, des champs même, n'est-elle pas dévorée en petits verres ?

La paresse et ses conséquences pernicieuses *ne prend-elle pas sa source dans l'ivrognerie ?*

La déconsidération, l'abaissement moral, la perte des joies si douces et si saintes de la famille, *n'est-ce pas le cabaret qui les cause trop souvent ?*

N'est-ce pas assez, enfin, pour faire couper et jeter au feu un arbre cause de tant de maux ?

Mais non, ce n'est pas l'arbre que nous devons maudire, pas plus que son produit, c'est notre pauvre faiblesse humaine ; car les boissons fermentées sont nécessaires surtout pour réparer les forces de l'homme qui travaille.

> Le vin qui pris à flots peut rendre l'homme vil,
> Du sage embellit l'existence,
> Et le poison le plus subtil
> Est salutaire et doux versé par la prudence.

C'est donc l'homme qu'il faut blâmer et maudire ; c'est lui qu'il faut surtout corriger, en lui rappelant souvent que

De tous les animaux l'homme a le plus de pente
A se jeter dans les excès ;
Qu'il faudrait faire le procès
Aux petits comme aux grands ; qu'il n'est âme vivante
Qui ne pèche en ceci : Rien de trop est un point
Dont on parle sans cesse, et qu'on n'observe point.

L'histoire nous apprend que , afin d'inspirer à la jeunesse une répulsion profonde pour les excès du vin, les Romains faisaient promener devant elle des esclaves en état d'ivresse.

Chaque jour nous voyons , non pas des esclaves tels que ceux de l'ancienne Rome (pour être libre, ne suffit-il pas de toucher le sol français ?) mais nos semblables, rivés aux chaines des plus hideuses passions, se plonger dans le vin et dans la débauche, oubliant que

Pour un excès, un seul, ils sont en butte
Au mépris, à l'outrage, et sont dans l'abandon.
Ces hommes, dans le vin, en noyant leur raison,
Se placent tous les jours au-dessous de la brute.

Il est pénible de penser que la classe ouvrière dépense à s'enivrer le quart du salaire dont l'économie suffirait pour la préserver de la misère.

Quant à vous, mes chers amis, avertis par ces exemples, vous saurez vous préserver de ces excès et des malheurs qu'ils occasionnent. Vos vergers et leurs produits ne seront, pour vous et pour vos familles, que des sources de bien-être, d'aisance et de prospérité. Vous n'oublierez pas que

Les suppôts de Bacchus
Altèrent leur santé, leur esprit et leur bourse ;
Que ces gens n'ont pas fait la moitié de leur course
Qu'ils sont au bout de leurs écus.

Rappelez-vous aussi que le plus grand ennemi du bonheur est l'abus du vin.

> L'homme perd, en buvant, et son temps et son bien.
> Sans argent, sans habit, et ne gagnant plus rien,
> Il est bientôt réduit, de chagrin accablé,
> A recourir pour vivre à la mendicité ;
> Puis, n'ayant plus de lit, le malheureux, le hère,
> Dans un coin isolé expire de misère.

En parlant d'un ivrogne qu'il nomme Michel, M. Achille Millien dit :

> Il a, je gagerais, vidé son escarcelle !
> Son rire est aviné, son œil est larmoyant ;
> Il voudrait affermir son genou qui chancelle.....
> Tous les enfants du bourg l'escortent en criant.
>
> Il marche à petits pas, fait des haltes fréquentes
> Pour sonder le terrain de son bâton d'aubier ;
> Bat les murs, s'interpelle en phrases éloquentes,
> Et parmi les canards s'en va droit au bourbier.
>
> Un rire frénétique éclate à son passage ;
> Chacun à la rumeur autrefois accourait.
> Quoi donc ? le loup..... le feu serait-il au village ?
> Ce n'était que Michel sortant du cabaret.

Un grand nombre d'hommes, dit La Bruyère, emploie la meilleure partie de leur vie à rendre l'autre misérable.

> En suivant des plaisirs le chemin si battu,
> Vers le bonheur j'arriverai sans doute ?.....
> Pour trouver le bonheur, change, change de route,
> Suis le chemin de la vertu.

Enfin, mes chers amis, pour mieux graver dans vos jeunes intelligences ces préceptes si sages, je vais avoir recours à une fable qui peint admirablement un des épisodes trop fréquents de la vie des buveurs.

LES BONS AMIS.

Dès le matin, se trouvant déjà pris,
Plusieurs buveurs s'en retournaient au gîte :
Mais en quittant la table, ils avaient tous promis,
Foi d'ivrognes et foi d'amis,
De se rejoindre encor le jour même au plus vite.
De plus en plus s'égare la raison,
En cherchant le logis ils perdent l'unisson,
Et non sans peine, enfin, la troupe se divise.
Chacun alors s'emportant à sa guise,
Et par malheur à soi-même livré,
Fait en public mainte sottise.
Celui-ci veut se battre, un autre scandalise
Les badauds curieux dont il est entouré ;
Le guet en arrête un ; déjà l'autre est coffré ;
Tous ont le même sort, sans qu'aucun d'eux se doute
Qu'on fait à ses amis prendre la même route.
Ainsi, ce qui fut dit fut fait ;
Et trop fidèles, en effet,
Aux paroles qu'ils se donnèrent,
Avant dîner, au Châtelet,
Ces bons amis se retrouvèrent.

TRENTE-QUATRIÈME LEÇON.

DE LA BASSE-COUR.

> Dieu a mis un juste rapport dans toutes les parties des ouvrages de ses mains.
>
> Il n'en est pas un seul, une seule plante, un seul arbre, un seul animal dont l'espèce soit défectueuse dans quelqu'une de ses parties. Il leur a donné tout ce qui leur est nécessaire et il ne leur a rien donné d'inutile.
>
> Il a gradué les formes avec intelligence et sagesse, et sa Providence perpétue les espèces.

Dans une de ses leçons, pour démontrer par des faits les avantages que l'on peut retirer d'une basse-cour, le savant doyen de la Faculté des sciences de Rennes, **M. Malaguti**, rapporte qu'un gentilhomme émigré, de retour en Bretagne après les tourmentes révolutionnaires, se livra à l'éducation des oiseaux de basse-cour, et se procura ainsi une honnête aisance.

D'autres exemples pourraient être cités. Et vous savez déjà que dans nos fermes les oiseaux abandonnés à l'aventure produisent, malgré le défaut de soins, l'argent nécessaire à la maîtresse pour acheter les menues denrées telles que sel, poivre, savon. Mais ce résultat ne peut être comparé à celui qu'un cultivateur obtiendrait des soins donnés à une basse-cour.

Il convient de choisir tout d'abord les espèces les plus vigoureuses et les plus faciles à élever et à nourrir, et de songer ensuite à diminuer la dépense pour réaliser un bénéfice plus considérable. On peut économiser les frais d'entretien en se servant des racines qui ont moins de valeur que les grains, et n'employer, parmi ces derniers, que les grains d'une qualité inférieure. Il convient encore, pour disposer d'une alimentation abondante et économique, de faire germer ou bouillir les grains avant de les distribuer aux volailles.

On doit, autant que possible, varier leur nourriture suivant les besoins et les saisons. L'avoine et le chenevis constituent une nourriture échauffante; leur usage hâte la ponte. Le son, les tourteaux de graines oléagineuses, les choux, la chicorée sauvage et les autres salades hachées et mêlées aux laitages, composent une excellente alimentation.

Plusieurs auteurs nous conseillent, comme moyen d'entretenir à peu de frais un nombreux poulailler, de créer des vermillères. On forme ces vermillères en creusant des fosses que l'on remplit de couches alternatives de crotin, de paille, de son, de sang, de débris de cuisine que l'on tasse ensemble fortement et que l'on arrose avec des eaux grasses. La fermentation s'établit promptement dans ces fosses et les vers s'y développent en abondance. Il est important de régler le nombre et la capacité de ces fosses, et de les renouveler de manière à pouvoir y puiser successivement et sans interruption la nourriture dont vous pouvez avoir besoin.

Il vous suffira de réfléchir un peu pour reconnaître que la basse-cour doit être placée loin des étables, afin que les plumes ne puissent se mêler aux aliments des bestiaux et occasionner les plus graves accidents. La disposition qui me semble offrir le plus d'avantages consisterait à établir le poulailler au milieu d'un enclos divisé en divers compartiments, avec des portes accédant du poulailler dans chacun de ces compartiments séparés les uns des autres par des clôtures. On pourrait, avec cet aménagement, livrer successivement aux volailles chaque portion du terrain divisé. Elles mangeraient l'herbe qui repousserait au fur et à mesure après leur retrait de chaque petit parc. Je vous conseille de disposer les lieux de manière que, après leur retrait, ces animaux, qui aiment à prendre leurs ébats au soleil, puissent en jouir dans chaque partie de l'enclos, et d'y planter des arbres pour qu'ils puissent y trouver de l'ombrage au besoin. Enfin, pour compléter ces dispositions, vous pouvez établir une vermillère dans chaque division de terrain. L'intérieur du poulailler devra contenir un nombre de juchoirs et de nids suffisant pour que les volailles ne puissent se gêner les unes les autres ; il conviendra de le nettoyer fréquemment et de tenir toujours de la paille sèche sur le sol.

A l'aide de cet aménagement, de ces soins principaux, de ceux que l'expérience indiquera, nous pourrons espérer voir la réalisation du vœu de Henri IV, et je puis, sans crainte de me tromper,

> Prédire aux laboureurs dont je suis le suppôt
> Qu'ils pourront plus souvent mettre la poule au pot.

Les oiseaux de basse-cour sont aussi une source d'agrément. Ils récréent par leurs mœurs, leur agitation continuelle, leurs cris, la variété de leurs formes et de leurs couleurs.

N'avez-vous pas remarqué, comme moi, la différence dans l'expression de leurs cris, suivant que la crainte ou le plaisir les anime? Le gloussement de la poule appelant ses petits et se faisant suivre par eux ; le changement de ton et sa précipitation quand elle a trouvé quelque vermisseau qu'elle saisit dans son bec et qu'elle laisse retomber pour le reprendre, le lâcher de nouveau et le diviser enfin entre ses poussins, et les piaulements de ceux-ci ? N'avez-vous pas remarqué aussi sa colère et son courage lorsque ses petits encourent quelque danger. Ordinairement si faible et si craintive, elle n'a plus peur, rien ne l'effraie. Elle devient énergique, violente ; elle remplit son devoir de protectrice et de mère avec une ardeur, une vaillance, un dévoûment dignes de nous servir de modèle dans ses vertus. Elle se précipite sans hésiter sur l'homme qui lui inspire ces craintes pour ses petits, sur les chiens, sur les animaux devant lesquels elle a l'habitude de fuir, et les chasse et les poursuit, tellement la puissance et le respect qu'inspire ce dévoûment ont d'empire ; l'amour fait des miracles. Quelle reconnaissance pourrait payer tant de soins, tant de crainte et tant d'amour !

N'avez-vous pas remarqué avec quelles précautions minutieuses elle s'abaisse, ouvre les plumes dont l'a pourvue la Providence qui veille à tout ; comment les petits se glissent au milieu du duvet, se mettent à l'abri de toutes parts, et reçoivent l'influence bienfaisante de cette protection et de la chaleur de cette pauvre mère, qui se condamne pour eux à l'inaction et se prive de nourriture ?

Je désire bien que de tels spectacles puissent vous inspirer des sentiments d'une profonde reconnaissance pour vos parents, et vous faire comprendre l'étendue de leurs craintes, de leurs soucis inspirés par une tendresse qui ne peut s'exprimer. Puissiez-vous être frappé de ces exemples, comme le fut un jeune enfant dont parle cette fable :

LES DEUX POULES.

Maman, disait un jeune enfant,
Dans une basse-cour où, conduit par sa mère,
Il la questionnait presque à chaque moment :
Je vois deux poules là, dont l'une ne fait guère
Que manger, caqueter, gratter gaiement la terre,
Et dont l'autre à l'écart vit tout différemment ;
Celle-ci se hérisse, a le regard ardent,
Traîne l'aile et chante avec peine.
Elle est malade, assurément ;
Il faudrait la soigner ; qu'en dites-vous, maman ?
Je vais avertir Madeleine
(L'emploi de Madeleine était de surveiller
La cuisine et le poulailler).
Il n'est question de maladie,
Répond la mère en souriant ;
Du moins, mon fils, et croyez-m'en,
Ce n'est point de ces maux auxquels l'on remédie ;
La bonne n'y peut rien ; ne la dérangez pas.
Tout à l'heure, au surplus, vous en perdrez l'envie ;
Suivez encore quelques pas.
L'enfant suit, et bientôt voit la poule souffrante
D'une voix enrouée appelant ses petits,
Se montrer auprès d'eux active, vigilante,
Sensible au froid, au chaud, à l'approche apparente
De quelques oiseaux ennemis ;
En un mot, pleine de soucis ;
Tandis que sans enfant, à tout indifférente,
L'autre gaillardement suivait ses appétits.
Eh ! mon fils, vous voyez ? L'enfant verse des larmes,
Saute au cou de sa mère, et sent de quel retour,

Pour ses soins empressés, pour ses vives alarmes,
On doit payer le maternel amour.
La mère aussi pleurait; et je crois qu'à mon tour
A pleurer avec eux j'aurais trouvé des charmes.

Afin de guider les amateurs et les cultivateurs dans leurs choix, nous donnons ci-dessous une nomenclature des poules françaises et étrangères, avec l'indication de leurs qualités et de leurs défauts.

1º *Poules et coq ordinaires.*

Rustiques, faciles à élever et à nourrir sans frais, en liberté, dans les cours des fermes.

2º *Coq et poules du Gange.*

Type primitif de l'espèce commune, en a les qualités.

3º *Poules anglaises.*

Une des meilleures espèces, bien que ses œufs soient petits; chair délicate et succulente.

4º *Race de Bentham.*

Charmante petite espèce digne de l'attention des amateurs, peu productive.

5º *Brahma-Poutra.*

Ne s'engraisse facilement et ne donne une bonne viande qu'étant jeune.

6º *Bréda.*

Bonne pour volière, délicate, craint l'humidité.

7º *Brésilienne.*

Magnifique oiseau de basse-cour, volume énorme, œufs très-gros, chair moins succulente que celle de la race ordinaire.

8° De Combat.

Mérite être adoptée par les amateurs comme par les agriculteurs pour son produit.

9° Crèvecœur.

S'engraisse facilement, est bonne pondeuse, offre une chair excellente.

10° Dorking.

Ne convient qu'aux amateurs.

11° Hollandaise.

S'accommode des soins ordinaires, en la préservant toutefois de l'humidité; viande délicate.

12° De Gueldre.

Assez bonne, n'offre aucune qualité particulière; il convient de la posséder comme variété.

13° Cochinchinoise.

Est la meilleure pondeuse, œufs moyens, jaunes volumineux et d'un goût exquis; chair laissant à désirer.

14° Espagnole.

Excellente sous tous rapports.

15° De Hambourg.

Trop délicate, bonne pour les amateurs seulement.

16° De Houdan.

Une des meilleures races.

17° De Padoue.

Produits presque nuls, oiseau charmant pour amateur.

18° *Nègre.*

Espèce curieuse, chair et os noirs; chair laisse à désirer.

19° *De Nankin.*

Chair délicate.

20° *Normande.*

Belle et bonne espèce.

21° *Du Mans.*

Ne saurait être trop propagée.

22° *De Janzé.*

Excellente, mérite d'être mieux appréciée.

23° *De Java.*

Bonne.

24° *De Buttonbays.*

Excellente.

25° *Turquoise.*

Mérite d'être recommandée.

Les races d'Autriche, de Jérusalem, du Sénégal, de la Chine, offrent des variétés dont la grosseur se rapproche de celle de la caille et de la perdrix. Les petits œufs qu'elles produisent, même en hiver, sont excellents.

Vous ne comprendrez bien toute l'importance de l'éducation des oiseaux de basse-cour que lorsque vous saurez que chaque année, en France, on consomme neuf milliards trois cents millions d'œufs, ce qui, au prix de 5 centimes l'œuf, représente une valeur de 465 millions de francs, et que, du 1er janvier 1860 au 30 avril suivant, la France a exporté en Angleterre 63,554,640 œufs, et que les droits perçus à la sortie de cette marchandise s'élèvent à près de 100,000 fr.

Au point de vue de la production des œufs seulement, l'éducation des gallinacées ne saurait être trop encouragée.

Elle doit l'être encore doublement sous le rapport de la production de la viande, qui doit être appelée par nos efforts constants à occuper une plus large part dans l'alimentation.

Pour vivre heureux à la campagne, il faut s'attacher à toutes les personnes et à tous les êtres qui nous entourent :

> Imitez mère Jeanne,
> Comme elle, aimez vos nourrissons,
> Vos cochons, vos taureaux, votre âne,
> Vaches, poulets.......................
> ....
> De notre chère paysanne
> Suivez l'exemple et les leçons.

Je vous vois rire parce que je vous engage à imiter une digne paysanne. Aimez-vous mieux imiter un illustre savant? Sachez donc que Broussais, le célèbre physiologiste qui menait une vie de luttes scientifiques, de luttes morales et de luttes intestines, oubliait toutes ses préoccupations quand il pouvait s'occuper quelques minutes d'une basse-cour située sous les fenêtres même de son cabinet de travail.

Il quittait son bureau, laissait là ses travaux les plus graves et les plus urgents, et se penchait sur le balcon pour assister à un combat de coqs ou pour contempler une poule qui conduisait ses petits à la picorée. La main qui a écrit, d'un style si relevé, tant d'admirables livres sur la philosophie médicale, jetait complaisamment des poignées de graines à ses volailles et se réjouissait de les voir accourir à ses pieds. Ce grand esprit éprouvait une joie d'enfant lorsqu'une des poules, née dans la basse-cour, levait la tête à la voix de son maître et répondait par un gloussement amical au nom qu'elle en avait reçu.

Au nombre de ses favoris se trouvait un superbe coq de

race cochinchinoise qu'il avait nommé *Sangrado*. Broussais s'approchait-il de la fenêtre, sans même l'ouvrir, aussitôt le coq accourait, la crête droite, les ailes au vent et la queue redressée. Sa poitrine dilatée sonnait une fanfare en l'honneur de son maître, et il fallait que celui-ci, bon gré malgré, se penchât pour faire accueil à *Sangrado*. Afin de mieux recevoir les caresses de son maître, il sautait sur une borne accolée au mur. Alors sa voix, qui naguère eût étouffé le chant d'un saxhorn, devenait douce et tendre; il jetait de petits cris de bonheur et tremblait de tout son corps; il se pâmait, il entrouvait le bec, et on avait beau lui jeter de pleines poignées de provendes, il n'en ramassait pas un grain tant que Broussais promenait sa main blanche et forte sur le dos du bel oiseau.

Mais ces tableaux, quelque touchants qu'ils soient, sont loin de me charmer comme ceux que représente l'association de ces gallinacées à l'existence de pauvres gens dans leurs tristes chaumières. Elles les animent, elles en distraient les habitants, et une pauvre vieille femme n'a souvent dans son asile en ruine que la société d'une poule pour l'aider à couler des jours occupés à filer au pied d'un rouet. Sa poule va, vient, tourne autour d'elle, partage les miettes de son repas et perche pour dormir en face de la couche de sa pauvre maîtresse, se réveille à la pointe du jour et recommence le lendemain la vie de la veille, sans que jamais cette fidèle compagne songe un seul instant à s'éloigner.

Dieu l'a créée pour être utile à toutes les classes de la société; mais, ne l'eût-il faite que pour donner quelque secours et quelque douce jouissance aux malheureux déshérités de tous les biens de ce monde, nous lui devrions encore toute notre reconnaissance.

TRENTE-CINQUIÈME LEÇON.

DES SOINS ET DE L'ALIMENTATION DES ANIMAUX.

> Le pain ou la subsistance n'est pas pour l'homme le bien suprême, car autrement son sort serait plus dur que celui des animaux, pour lesquels la nature sert une table et tisse un vêtement sans qu'ils s'en occupent.
>
> En prodiguant nos soins aux êtres qui sont dans notre dépendance et en leur donnant une bonne alimentation, nous répondons aux desseins de la Providence qui a voulu que rien ne leur manquât.
>
> Le bœuf mugit lorsqu'il est devant une auge vide.
>
> (*Prov. Salomon.*)

Vous avez appris que le sol, reconnaissant des soins et des engrais qu'on lui donne, rend en proportion de ce qu'il reçoit.

Je vous ai conseillé de créer des aliments pour les bestiaux qui doivent produire les engrais nécessaires et vous aider dans les travaux exigés pour la culture de vos champs.

Je vais compléter ces enseignements en vous disant quelques mots sur le rôle des animaux domestiques dans votre exploitation, et sur les soins qu'ils ont droit d'attendre de vous.

L'Écriture sainte nous enseigne que Dieu, après la création de toutes choses, fit l'homme et qu'il le fit roi de la nature. Cette autorité lui impose deux devoirs, le premier est de ne point abuser de sa puissance; le second de prendre soin de tous les êtres placés sous sa dépendance et de les protéger. Son propre intérêt lui rend même ces devoirs impérieux.

Les animaux domestiques sont doués d'organes comme nous. Comme nous, ils naissent, croissent et meurent : ils veillent, travaillent, se reposent et sont soumis aux mêmes lois que nous.

> Mais, lorsque de l'instinct la brute tributaire
> Courbe une tête esclave et regarde la terre,
> Doué de la raison, et presque égal aux dieux,
> L'homme lève un front noble et regarde les cieux.

L'intelligence et le sentiment du devoir seuls établissent entre eux et nous une grande différence; aussi a-t-on défini l'homme un animal raisonnable. Si, par ce précieux privilége de la raison, il a sur tout ce qui existe une supériorité incontestable, il doit, comme une seconde Providence, veiller et pourvoir aux besoins des êtres qui sont placés dans sa dépendance.

Vous êtes conduits, par ces considérations, à reconnaître que le devoir vous oblige à loger vos animaux dans des lieux éclairés et aérés, suivant les principes de l'hygiène; à faciliter leur repos à l'aide de litières sèches et abondantes, à leur fournir une bonne nourriture, et enfin à ne jamais leur demander de travaux au-delà de leurs forces.

Toute autre conduite de votre part constituerait une ingratitude envers Dieu, qui vous a donné ces éléments de prospérité. Ce manquement au premier des devoirs ne tarderait pas à être suivi d'un juste châtiment. Vos animaux, faute de soins, d'aliments, ou par l'abus des mauvais traitements, maigriraient, tomberaient malades, périraient et vous occasionneraient des pertes considérables. C'est donc avec raison que je vous disais, à l'instant, que votre propre intérêt exige que vous preniez soin de vos animaux et que vous ne les épuisiez pas par des fatigues excessives.

Tous ces animaux qui peuplent vos fermes vivent pour vous. Le chien, à l'entrée de votre cour, veille jour et nuit sur tout ce qui vous appartient; il se fait, à votre gré, le gardien de vos troupeaux, le camarade de jeu de vos enfants et votre compagnon de voyage.

Vos chats, de tous les animaux les plus indépendants, vous débarrassent d'ennemis que, sans eux, vous ne sauriez atteindre; ils ne quittent pas votre maison et ses dépendances, et, si vous leur donnez quelques caresses, ils seront jaloux de revenir vous les redemander.

Le coq de votre basse-cour indique l'heure pendant la nuit, et le lever du soleil qui rappelle au travail les hommes et les animaux faits pour les seconder.

Vos poules, dès le matin, vous paient, par leurs œufs, le double de leur nourriture.

Vos vaches, avant de recevoir leurs aliments, vous récompensent de vos soins en vous livrant leur lait, et vous donnent encore le soir une nouvelle traite.

Vos chevaux et vos bœufs, après le repos que vous leur avez procuré, attendent dans leurs gîtes vos ordres pour se laisser atteler, pour traîner vos fardeaux, labourer vos sillons. Malgré la puissance de leurs forces, ils se soumettent à la voix même des femmes ou des enfants.

Les autres animaux croissent ou engraissent jusqu'à ce que vous jugiez utile de les vendre pour en avoir le prix, ou que vous les fassiez servir à votre alimentation.

Vous n'aviez jamais pensé à ce spectacle, mes chers amis, et cependant combien il est merveilleux!!!

Chaque ferme compose comme un petit monde, comme un empire. Tout obéit au même chef. Il n'y a pas de danger que vos sujets fomentent contre vous des sociétés secrètes pour renverser votre pouvoir. Vous jouissez en paix, sans craindre aucune révolution.

Gardez-vous bien de croire, chers enfants, que ces animaux, qu'avec raison vous considérez comme occupant un degré inférieur au nôtre dans la création, soient moins reconnaissants que nous. Tous s'attachent à l'homme qui s'occupe d'eux, ils lui savent gré de ses bienfaits, et même des plus simples soins qu'il leur accorde.

Ils reconnaissent les pas de leur bienfaiteur, ils le sentent, ou le suivent, ou arrivent à sa voix et témoignent de mille manières, et comme ils le peuvent, leur gratitude.

Il semble que l'oubli, si odieux cependant aux yeux de tous, ait chez l'homme seul trouvé accès. Je le confesse à la honte de l'espèce humaine.

Aussi sommes-nous allés chez les animaux chercher les symboles de nos plus beaux sentiments! Le chien rappelle la fidélité; l'agneau exprime la douceur; le bœuf la force et la soumission; la poule, dont le dévoûment pour ses petits n'a point de limites, est la figure de l'amour maternel.

Malgré tous ces enseignements, l'homme oublie souvent ses devoirs ; il tombe même quelquefois si bas qu'il se dégrade au-dessous de la brute. La raison et l'intelligence cessent de diriger ses actions ; il frappe et maltraite sans sujet les animaux que Dieu a mis sous sa puissance, et par cela même sous sa protection. Il ne consulte plus ses intérêts, il demande l'impossible. Lorsqu'il ne devrait s'en prendre qu'à lui-même, il se fâche et s'emporte contre ces animaux paisibles, dociles et obéissants à ses ordres, et les frappe dans sa folle colère sans aucune mesure.

La Fontaine nous représente, sous la forme de la fable et avec une vérité saisissante, une de ces scènes.

Pour mieux la graver dans vos jeunes intelligences, je vais vous réciter cette fable. Je vous engage à la copier sur vos cahiers, afin de la lire quelquefois.

LE CHARTIER EMBOURBÉ.

Le Phaéton (1) d'une voiture à foin
Vit son char embourbé. Le pauvre homme était loin
De tout humain secours : c'était à la campagne,
Près d'un certain canton de la Basse-Bretagne
Appelé Quimper-Corentin.
On sait assez que le Destin
Adresse là les gens quand il veut qu'on enrage.
Dieu nous préserve du voyage !
Pour venir au chartier embourbé dans ces lieux,
Le voilà qui déteste et jure de son mieux,
Pestant, en sa fureur extrême,
Tantôt contre les trous, puis contre ses chevaux,
Contre son char, contre lui-même.
Il invoque à la fin le dieu dont les travaux

(1) Phaéton, fils du soleil, voulut conduire le char de son père, et personne n'ignore quel fut le succès d'une entreprise si téméraire.

Sont si célèbres dans le monde :
Hercule, lui dit-il, aide-moi ; si ton dos
A porté la machine ronde,
Ton bras peut me tirer d'ici.
Sa prière étant faite, il entend dans la nue
Une voix qui lui parle ainsi :
Hercule veut qu'on se remue ;
Puis il aide les gens. Regarde d'où provient
L'achoppement qui te retient ;
Ote d'autour de chaque roue
Ce malheureux mortier, cette maudite boue
Qui jusqu'à l'essieu les enduit ;
Prends ton pic et me romps ce caillou qui te nuit ;
Comble-moi cette ornière. As-tu fait ? Oui, dit l'homme.
Or, bien, je vais t'aider, dit la voix : Prends ton fouet.
Je l'ai pris.... Qu'est-ceci ? mon char marche à souhait !
Hercule en soit loué ! Lors la voix : Tu vois comme
Tes chevaux aisément se sont tirés de là.
Aide-toi, le ciel t'aidera.

Pour faire cesser ces mauvais traitements envers les animaux, le législateur punit d'amende et même d'emprisonnement celui qui les commet. Cette loi existe, elle est même nécessaire, c'est un aveu pénible à faire.

Quant à vous, mes chers amis, je vois à l'expression de vos visages qu'il n'en est aucun parmi vous qui ne rougirait d'une pareille conduite. Vous ne vous oublierez jamais à un tel point, parce que vous avez tous du cœur et que vous comprenez l'étendue de vos devoirs. Que le sentiment de vos obligations et la bonté de votre cœur soient le mobile de toutes vos actions, et vous n'aurez aucun châtiment à craindre ni des hommes ni de Dieu.

Comprenez bien la destination de tous ces êtres. Ils ont été faits pour vous. Prenez-en soin, aimez-les, protégez-les, pour prouver à Dieu votre reconnaissance.

Donnez à vos animaux les soins de propreté qui entretiennent la santé et préviennent les maladies. Procurez-leur des logements bien aérés, bien éclairés et assez vastes pour qu'ils y soient à l'aise. Dieu a donné l'air et la lumière pour que tous les êtres en jouissent.

Fournissez-leur des aliments sains et abondants pour les faire croître, maintenir les autres en bon état, ou les engraisser. Mettez à leur disposition les eaux les plus pures et gardez-vous bien de suivre l'exemple barbare des cultivateurs qui entretiennent des mares alimentées en partie par les égoûts des étables, et contraignent leurs animaux excédés par la soif à l'étancher dans des eaux bourbeuses mélangées d'urine.

Ménagez-leur des litières suffisantes pour assurer un bon repos, et gardez-vous de les forcer à se coucher dans l'humidité et sur leurs excréments.

Proportionnez la durée des travaux à leur âge et à leur force. Ne les maltraitez jamais par colère; ne leur demandez pas l'impossible. Comme à l'homme, aux animaux s'applique l'axiôme : « A l'impossible nul n'est tenu. »

En observant bien ces règles, vous aurez peu d'animaux méchants. Ils ne le deviennent le plus souvent que pour se défendre de la méchanceté des hommes. Ils seront rarement malades; ils prospèreront au contraire chez vous, et par leur croît et leurs produits ils ajouteront chaque jour à votre aisance.

TRENTE-SIXIÈME LEÇON.

DES SOINS A DONNER AUX ANIMAUX MALADES.

> Le pouvoir oblige à protéger. —
> Le devoir et l'intérêt commandent
> de prendre soin des animaux.
>
> Une voix intérieure, la voix du
> devoir, enjoint plus ou moins clai-
> rement à chaque homme de res-
> pecter et de pratiquer la justice et
> la bienveillance universelle.
>
> Ce principe, que nous appelons
> conscience, sens, faculté morale,
> est au fond de la nature humaine.
>
> Le juste se met en peine de la
> nourriture et de l'état de santé des
> bêtes qui sont à lui ; mais les en-
> trailles de l'homme injuste sont
> cruelles.   (*Prov. Salomon.*)

Si vous devez prodiguer des soins à vos animaux pour
leur conserver la santé, à plus forte raison devez-vous les
soigner dans leurs maladies, pour la leur faire recouvrer.

C'est le même devoir, c'est le même intérêt qui dictent votre conduite envers ces compagnons, ces aides si puissants et si dévoués de vos travaux.

Les médecins les plus habiles se trompent quelquefois dans le traitement des maladies des hommes. La science n'est point infaillible. Mais le médecin, qui a fait des études spéciales, offre des garanties que ne peut donner celui qui n'a point étudié, et, qui, sans examen, sans diplôme, se déclare, de sa propre autorité, maître dans l'art si difficile de guérir.

Telle est la folie des hommes qu'il faut l'intervention des lois pour les empêcher de confier le soin de leur santé (le bien le plus précieux) aux empiriques. La peine de l'emprisonnement peut être prononcée contre tout individu qui, sans études et sans diplôme, se livre à l'exercice de la médecine.

L'intérêt de la santé des animaux est moins important que celui de la santé des hommes; mais il est assez grave pour nécessiter une mesure qui mette fin aux abus des empiriques.

Les savants sans science, les médecins improvisés, ces hommes éhontés qui exploitent la bêtise humaine, changent ordinairement les plus simples indispositions en maladies graves, et, en appliquant au hasard les remèdes le plus souvent contraires, prolongent les souffrances des animaux et les font fréquemment périr. Ils ne savent distinguer aucune maladie, ne peuvent déterminer un traitement rationnel, ne connaissent que les noms de quelques remèdes, sans en connaître les effets, et ils les ordonnent successivement, et dans tous les cas.

Au lieu de livrer ainsi au hasard la santé et la vie de vos animaux, mieux vaudrait seconder par le repos, la diète, les eaux blanches et rafraîchissantes, les efforts de la nature.

Vous n'auriez à redouter que la maladie, sans la complication d'un traitement barbare ou au moins presque toujours nuisible. La nature, la force de l'animal, aidées des soins que j'ai indiqués, suffiront plus sûrement à produire la guérison.

Ne faites donc jamais médicamenter aveuglément vos animaux par des empiriques dont la vie se passe dans une ivresse qu'ils vous sauraient mauvais gré de ne pas entretenir.

Bornez-vous tout d'abord aux premiers soins que j'indique, et si l'indisposition augmente, appelez dès le second jour le vétérinaire diplômé le plus voisin.

Vous aurez fait ainsi tout ce que la sagesse et la raison vous ordonnent de faire, et, quel que soit le résultat, vous n'aurez rien à vous reprocher.

Je dois vous faire connaître qu'en cas de pertes de bestiaux, vous pourrez obtenir un secours du Gouvernement en produisant, à l'appui de votre demande, le certificat d'un vétérinaire pourvu de diplôme, constatant l'étendue de votre perte et la nature de la maladie qui l'a occasionnée. La production de cette pièce est indispensable.

Cette considération devrait vous faire repousser les services des empiriques que le Gouvernement considère avec raison comme incapables d'avoir donné les soins exigés, et dont il repousse les attestations comme n'offrant aucune garantie.

Cette mesure est encore insuffisante, et il est à regretter que le Gouvernement laisse ces hommes abuser de la crédulité des gens de la campagne, les tromper sur l'étendue de leur savoir, usurper sur les fonctions et les droits des vétérinaires dont les études et la capacité sont constatées par un titre légal.

Je sais que, dans l'état actuel, le nombre des médecins-vétérinaires est insuffisant; mais ce nombre n'augmentera pas tant que la concurrence des empiriques fera obstacle à ce que les hommes de l'art, dignes de la confiance publique, puissent trouver des moyens d'existence honorables dans l'exercice de leur profession.

Dans la séance du Sénat du 20 avril 1861, Son Eminence le cardinal Donnet a demandé, pour combattre ces abus, le concours du Ministre de la justice par les Juges de paix, celui du Ministre de l'intérieur par les Préfets et par les Maires, et dans cette réclamation il qualifiait les empiriques de fléaux de la société.

Le Sénat s'est associé à sa demande; il a ordonné le renvoi au Ministre de l'agriculture et du commerce, et au Ministre de l'intérieur.

Vous comprendrez toute l'importance de cette question quand vous saurez qu'elle porte, dans le département d'Ille-et-Vilaine seulement, sur une valeur de 58 millions, représentée par 471,000 têtes de gros bétail et d'animaux domestiques (Rapport du Préfet au Conseil général à la session de 1861). Ce chiffre vous permet d'apprécier approximativement quelle est la valeur totale de ces animaux pour toute la France.

Nous touchons sans doute au terme des dangers contre lesquels ma sollicitude m'engage à vous prémunir.

Avant de finir notre entretien, je dois vous faire observer, mes chers petits amis, qu'il est des cas où la maladie ne laisse point au cultivateur le temps nécessaire pour aller chercher à la ville le vétérinaire diplômé. Il en est ainsi lorsque l'animal est atteint d'un coup de sang (congestion cérébrale) ou de la météorisation.

Dans le premier cas, il faut pratiquer de suite une saignée. Il est donc fort utile d'apprendre à faire cette opération. On peut y suppléer en coupant quelques nœuds de la queue de l'animal. On arrête le cours du sang par une forte ligature ou au moyen de la cautérisation.

Enfin, lorsque les animaux sont météorisés, ce qui arrive presque toujours si on leur fait manger des trèfles mouillés par les pluies ou par la rosée, il suffit de leur faire avaler quelques gouttes d'ammoniaque liquide dans de l'eau. Il convient donc de posséder une quantité suffisante de ce médicament en réserve à votre ferme. Il est des circonstances dans lesquelles la ponction est indispensable. Apprenez aussi à faire au besoin cette opération.

Toutes les fois que la maladie vous le permettra, appelez un vétérinaire diplômé et suivez les conseils contenus dans ce chapitre, si vous voulez éviter que l'on vous place

> Au nombre des gens qu'on entend
> Gémir, se plaindre amèrement
> De malheurs qui sont leurs ouvrages,
> Jurant trop tard d'être plus sages.

TRENTE-SEPTIÈME LEÇON.

DES INSTRUMENTS PERFECTIONNÉS.

> Le temps présent est la transition
> d'un passé moins bon à un avenir
> meilleur.
>
> Tout instrument nouveau qui di-
> minue le labeur de l'homme des
> champs, est un bienfait pour la
> société tout entière.
>
> L'agriculture perfectionnée exige
> que le cultivateur soit instruit.
>
> Il ne suffit pas que l'homme ait
> pour but unique le savoir, il doit
> acquérir avec la science et la puis-
> sance qu'il donne les principes qui
> seuls en font un bien.

Nous nous sommes occupés, dans nos précédentes causeries, de la culture du sol et des animaux; il me reste à vous parler des instruments agricoles.

Je vous ai fait remarquer, dès la première leçon, que les objets au milieu desquels nous vivons depuis notre enfance, et que nous avons l'habitude de voir, n'appellent point notre attention.

Il semble que les choses ont dû toujours être dans le même état, et la plupart des hommes, dominés par ce sentiment et aussi par la puissance de l'habitude, ne veulent entendre parler d'aucun changement. Ce sentiment augmente avec les années. L'habitude, dit-on, est une seconde nature. Les vieillards se comparent à de vieux arbres, et prétendent que, comme eux, ils ne peuvent être déplacés sans périr.

Dieu le veut ainsi. Il restreint, pour ainsi dire, le cercle dans lequel nous devons trouver nos jouissances à mesure que la diminution de nos forces nous empêche de les chercher plus loin ; il les concentre autour de nous, et les place en quelque sorte sous nos yeux et dans nos mains. Je suis loin, mes petits amis, de blâmer ces sentiments qui, contribuant à nous faire trouver bien où nous sommes, nous font désirer de ne point changer notre manière d'être.

Conservez l'affection des lieux de votre enfance ; conservez le souvenir de vos joies de famille, des relations du voisinage, des jeux, des chagrins, des plaisirs qui auront rempli vos jeunes années. Attachez-vous à tout ce que vous possédez ; ces sentiments, se fortifiant avec l'âge, vous feront apprécier tous les éléments de bonheur qui sont autour de vous.

Ces habitudes font le bonheur de vos parents. Respectez-les, et, par cet exemple, apprenez à vos enfants à les respecter chez vous.

> Enfant, crains d'être ingrat, sois soumis, doux, sincère ;
> Obéis, si tu veux qu'on t'obéisse un jour ;
> Vois un Dieu dans ton père ; un Dieu veut ton amour ;
> Que celui qui t'instruit te soit un nouveau père.

Honorez votre père et votre mère, afin que vous viviez longtemps sur la terre que le Seigneur votre Dieu vous donnera *(Exode, ch. XX, v. 12)*.

Gardez-vous de cette impatience fiévreuse, de tout réformer instantanément et de conquérir prématurément la terre promise; marcher trop vite dans la voie des réformes, c'est le moyen de reculer. Il faut savoir y entrer d'un pas ferme et éclairé, s'avancer avec prudence, et surtout avec persévérance.

J'avais besoin de développer ces considérations générales, pour modérer les dispositions trop faciles de la jeunesse à critiquer, sans ménagements, la résistance des vieillards à entrer dans ce que nous appelons la voie du progrès.

En vous parlant d'instruments, je vais me mettre au niveau de vos jeunes intelligences, et me faire enfant avec vous.

Au nombre des instruments, il en est un qui a été l'objet de vos premières convoitises, que vous serrez avec soin dans vos poches, qui ne vous quitte jamais; cet instrument est votre couteau. Et telle est déjà la puissance de l'habitude, que chacun de vous aime mieux faire usage du sien que de se servir du couteau d'un parent ou d'un ami. Lequel de vous aussi n'a ressenti un de ces vifs et premiers chagrins après l'avoir égaré ou perdu?

Eh bien! mes chers élèves, le couteau est un instrument perfectionné comme tous ceux dont vous vous servez.

Il a fallu fouiller la terre pour avoir le minerai, le fondre pour avoir le fer, le forger pour faire la lame, avoir la lime pour la façonner, la meule pour l'aiguiser. Que de progrès l'homme a dû faire pour obtenir ce simple instrument!!!

Avant qu'il eût progressé dans les arts et dans les sciences, avant qu'il eût pu jouir des connaissances des nombreuses générations antérieures qui lui ont légué les fruits de leur expérience, l'homme était réduit à ses simples forces.

Ses mains étaient ses seules ressources. Elles durent appeler

à leur aide un caillou tranchant pour détacher de l'arbre le
bâton qui lui servit de première arme pour se défendre et
pour tuer les animaux destinés à le nourrir de leur chair et
à le vêtir de leur peau. — L'arc fut un instrument perfectionné. La première demeure fut une cabane formée de
branches et de plantes superposées, une caverne ou un tronc
d'arbre.

Tel est l'homme à l'état sauvage; plus tard il se construit
une maison; il abrite les animaux qu'il réunit en troupeaux
et qu'il nourrit autour de son domicile.

Il plante, il cultive près de son habitation quelques arbres
et quelques légumes, et finit, avec les progrès de la civilisation, par être agriculteur, commerçant et industriel.

Pour arriver là, les hommes se groupent par familles, par
peuplades, par peuples, et se divisent la terre. La nécessité
de leur conservation, la défense du territoire donne la
direction au plus fort ou au plus intelligent, et ensuite ce
pouvoir devient ordinairement héréditaire. Des lois appliquées
par des juges assurent l'inviolabilité des propriétés et des
personnes, fixent l'état des familles, la transmission des biens,
l'ordre des successions.

Tel est l'état actuel de la société. Nous jouissons des
progrès des sciences, des arts, de tous les fruits d'une
expérience de six mille ans.

En considérant ainsi le point de départ et celui où nous
sommes arrivés, nous acquérons la preuve qu'autour de nous
tout est perfectionnement.

Chaque génération profite des efforts, des progrès des
générations précédentes.

L'agriculture, qui nous occupe plus particulièrement,
s'est trouvée successivement dotée des divers instruments en
usage en ce moment, et, grâce aux progrès de notre siècle,

nous léguerons, à notre tour, aux siècles qui suivront, de nombreux outils perfectionnés et les plus importantes découvertes.

Avec l'emploi de ces instruments, on abrége et facilite les travaux; par suite, on obtient à moins de frais les produits de l'agriculture. Ainsi, non seulement le cultivateur profite, mais la société tout entière peut, à un moindre prix, jouir de toutes les ressources nécessaires à l'alimentation publique.

Vous combattrez l'ignorance et les préjugés qui s'opposent à l'introduction des nouveaux moyens de travail d'une utilité constatée. Demandez à vos parents de vous conduire aux concours destinés à mettre en évidence les avantages de ces instruments et surtout dans les fermes-modèles où l'on en fait usage, et ils seront les premiers, j'espère, à vous proposer de vous y conduire. En constatant les résultats obtenus, ils s'empresseront de vous les procurer; ils arriveront d'eux-mêmes, en obéissant à la puissance de l'exemple, à faire les changements auxquels s'oppose la force de l'habitude que vous vous garderez bien de critiquer sans réserve ni mesure.

En conservant ainsi toutes les délicatesses du cœur, vous n'en serez pas moins des hommes de progrès.

Ce sujet est tellement important que je ne puis le quitter sans entrer avec vous dans de nouvelles considérations que je désire graver dans vos jeunes intelligences. Ces considérations, du reste, ne sont que le développement des principes que nous avons posés dans nos premières leçons.

Mais je veux auparavant vous rapporter l'opinion d'un illustre guerrier breton concernant l'importance de l'agriculture. Duguesclin, sauveur de la France au XIVe siècle, venait d'expulser du Poitou les derniers Anglais, et, suivi d'un seul écuyer, regagnait, par des chemins de traverse,

son vieux château de Broons, dans sa chère Bretagne,
lorsque, passant de très-grand matin près d'un champ, il
aperçut plusieurs paysans qui se disposaient à travailler. —
Eh! mes amis, qu'allez-vous faire dans ce champ? leur cria
le connétable. — Monseigneur, nous allons semer du froment,
répondirent les villageois. — Par la croix d'Auray! vous
ferez bien, mes enfants, répondit Duguesclin; *travaillez,
travaillez, n'oubliez pas que c'est la fertilité qui fait les fortes
races et les bons soldats.*

Ce souvenir breton vous fera plaisir, et avec lui se gravera
dans votre mémoire cette vérité, que de la prospérité de
l'agriculture dépendent le bonheur et la gloire de notre
pays.

Oui, mes chers amis, ce qui était vrai alors l'est encore
aujourd'hui, et la supériorité de la France sur les autres
nations ne peut se maintenir que par les progrès agricoles.
La prospérité et la richesse ne peuvent appartenir exclusivement à l'industrie et au commerce. Le sol déserté ne produirait plus les choses nécessaires à l'existence de tous les
membres de la société. Le commerce et l'industrie, qui
s'alimentent eux-mêmes des produits de toute nature que
l'agriculture leur fournit, verraient bientôt tarir les sources
où elles puisent leur vitalité; mais, Dieu merci, dans cette
époque de merveille pour les sciences, les arts et l'industrie,
dans ce temps où se réalisent les choses que l'on n'aurait
pas osé rêver il y a quelques années, et qui fait dire qu'il
n'y a plus de limites aux investigations de l'esprit humain,
l'agriculture redouble d'efforts, entre résolûment dans la
lutte, prend sa place dans le mouvement et use à son tour
des précieuses découvertes des temps modernes.

Les ateliers de l'industrie ne voient pas seuls toute chose
se transformer à souhait, comme sous l'empire de la baguette

des fées. L'agriculture soumet à ses besoins les mêmes forces que l'industrie sait utiliser. La vapeur lui obéit, elle creuse ses sillons, moissonne et bat ses récoltes, et les chemins de fer eux-mêmes sont, pour ses engrais et pour ses produits de toute espèce, des instruments de transport perfectionnés.

La chimie, cette science dont l'application toute nouvelle aux choses agricoles a fait tant de progrès, éclaire ses pas. Les maîtres les plus distingués font des cours spéciaux pour l'agriculteur. Ils lui dévoilent les secrets de l'alimentation des hommes et des animaux, lui enseignent les conditions de prospérité des uns et des autres, la manière de tout utiliser autour de lui, et de tirer de l'or (passez-moi l'expression) du fumier. Ils lui apprennent comment chaque chose est organisée, quand et comment elle se décompose, change de nature, se transforme, et ils lui révèlent la raison des merveilles qui l'entourent.

L'agriculture a son Ministère au sein du Gouvernement. Elle possède des établissements d'expérimentation, des écoles, des fermes-modèles où l'on enseigne la théorie et la pratique.

Rien n'est donc négligé pour développer les progrès de l'agriculture.

Le plus puissant de tous ces moyens, c'est de déterminer le plus grand nombre possible d'élèves à passer dans les écoles d'agriculture assez de temps pour acquérir toutes les connaissances qu'un excellent agriculteur doit posséder.

Je vous conseille, mes chers amis, de n'entreprendre aucune exploitation sans avoir acquis préalablement la science et l'expérience nécessaires pour la diriger avec un succès assuré.

Sillonnez nos plaines fertiles,
Soyez heureux, bons laboureurs !

Dans nos landes, jadis stériles,
Moissonnez des fruits et des fleurs!

Je désire bien vivement qu'on puisse un jour dire de chacun de vous, mes chers amis,

Il laboure le champ que labourait son père ;
Il ne s'informe point de ce qu'on délibère
Dans ces graves conseils d'affaires accablés.
Il voit sans intérêt la mer grosse d'orages,
Et n'observe des vents les sinistres présages
Que pour le soin qu'il prend du salut de ses blés.

Roi de ses passions, il a ce qu'il désire :
Son fertile domaine est son petit empire,
Sa cabane est son Louvre et son Fontainebleau,
Ses champs et ses jardins sont autant de provinces,
Et, sans porter envie à la pourpre des princes,
Il est content chez lui de les voir en tableau.

Il voit de toutes parts combler d'heur sa famille,
Sa javelle à pleins bras tomber sous sa faucille,
Le vendangeur ployer sous le faix des paniers.
Il semble qu'à l'envi les fertiles montagnes,
Les humides vallons et les grasses campagnes,
S'efforcent à remplir sa cave et ses greniers.

TRENTE-HUITIÈME LEÇON.

DE LA COMPTABILITÉ.

> La comptabilité est le miroir exact de ta situation financière.
>
> Sans comptabilité tu ignores à quelles conditions tu produis, comment tu distribues et consommes les richesses.
>
> Dans l'ordre moral il n'est pas moins important de se rendre compte de la valeur et des résultats de tes actes.
>
> Celui qui emprunte est l'esclave de celui qui prête. (*Salomon.*)
>
> Celui qui n'amasse point avec moi dissipe. (*Luc, xi, v. 23.*)

Le mot comptabilité signifie l'état détaillé et général des recettes et des dépenses faites par jour, par mois et par année, et se terminant par le tableau résumé de la situation que l'on dresse à la fin de chaque année et que l'on nomme inventaire.

Pour obtenir une comptabilité régulière, il est nécessaire

d'avoir des livres ou registres sur lesquels on prend note de toutes ses opérations.

Elles donnent lieu à deux résultats, suivant que l'on achète ou que l'on vend, que l'on reçoit ou que l'on dépense.

Il faut donc, pour base de toute comptabilité, deux livres, le livre des recettes et le livre des dépenses. Il est indispensable d'en avoir un troisième, présentant l'ensemble des recettes et des dépenses et la balance des comptes.

Tout commerçant est obligé de tenir une comptabilité régulière, son propre intérêt l'exige; et, d'un autre côté, comme le commerçant jouit d'un crédit public, qu'il est en compte courant avec d'autres commerçants, il importe qu'il ne puisse abuser de leur bonne foi ou faire disparaître des valeurs sans qu'elles laissent de traces. Le législateur, qui a pitié d'un négociant malheureux, punit celui qui trompe ou établit des comptes simulés et fait perdre ses créanciers pour s'enrichir à leurs dépens.

La loi, dans un intérêt public que vous comprenez, soumet le commerçant à la tenue d'une comptabilité régulière, et les investigations de la justice y trouvent les preuves de la bonne ou de la mauvaise foi du commerçant qui cesse ses paiements.

La mesure obligatoire de la tenue des livres ne s'applique pas aux cultivateurs parce que, bien qu'ils vendent et qu'ils achètent, ils ne le font pas aussi fréquemment, et leurs opérations ont lieu ordinairement au comptant, directement, avec des personnes du pays fort bien connues. Le commerçant, au contraire, fait chaque jour des opérations multipliées qui changent sa situation, traite souvent par correspondance et avec des personnes inconnues.

Mais, si l'intérêt général ne réclame pas qu'il soit obligé

à la tenue de livres réguliers, son intérêt privé l'exige impérieusement. Par les explications qui précèdent, vous devez comprendre que, sans comptes, il ne peut savoir ce qu'il possède, ce qu'il doit, et quel est le résultat définitif de chacune de ses opérations. La meilleure mémoire ne saurait y suffire.

A la fin de chaque jour, tout cultivateur doit mettre en règle sa comptabilité. Le temps qu'il emploiera à ce travail sera celui qu'il aura passé le plus utilement dans la journée.

On peut tenir une comptabilité pour une exploitation agricole en suivant la méthode du commerce et celle de toutes les entreprises.

Les cultivateurs de notre pays ne possèdent pas les connaissances nécessaires pour tenir ainsi des écritures qui constatent leurs opérations.

Dans quelques contrées, en Toscane notamment, les cultivateurs tiennent parfaitement leur comptabilité, et cette mesure, qui chez nous est exceptionnellement adoptée, constitue un usage général dans cette partie de l'Italie.

Pour être complète et régulière, la comptabilité d'une exploitation devrait contenir de nombreux chapitres.

Chaque champ devrait avoir son chapitre spécial, car, dans l'ensemble de l'exploitation, il est à lui seul l'objet d'une entreprise; il devrait donc avoir un compte particulier. Chaque animal domestique doit aussi avoir un chapitre. La même règle s'applique à la basse-cour, au jardin, aux prés, aux bois, au ménage, au personnel de la ferme, etc. On comprend toutes les difficultés que doit offrir la tenue d'une pareille comptabilité.

Son adoption générale aiderait puissamment les progrès agricoles. Les cultivateurs, amenés à se rendre compte de leurs opérations, en distinguant celles qui auraient produit des résultats avantageux, reconnaîtraient les causes des succès et des pertes, et seraient éclairés dans leur marche.

On ne s'est point assez préoccupé de l'importance de cette mesure et des moyens d'en répandre l'usage.

Il vous serait facile, à vous, mes chers élèves, grâce aux bienfaits de l'instruction que vous possédez déjà, de tenir des comptes réguliers, si vous aviez des registres disposés avec ordre et méthode contenant toutes les indications propres à vous guider.

Cet enseignement vous est indispensable ; priez votre maître de vouloir bien vous le donner.

Je termine en émettant le vœu qu'un concours soit établi entre tous les instituteurs primaires du département, et qu'un prix d'une valeur de deux cents francs au moins soit accordé à celui qui aura établi le mode le plus simple et le plus complet de comptabilité agricole et qui l'aura enseigné à ses élèves.

A chaque page de ce livre je m'efforce de vous indiquer les moyens les plus sûrs pour faire fortune. Mais aussi je ne veux pas me lasser de vous rappeler qu'une ambition insatiable rend malheureux.

> Soyez content du nécessaire,
> Sans jamais souhaiter de trésors superflus ;
> Il faut les redouter autant que la misère ;
> Mieux qu'elle ils chassent les vertus.
> Ambitieux, toute ta vie
> Tu poursuis de nouveaux honneurs ;
> Au poste objet de ton envie
> Tu parviens enfin,... et tu meurs.

TRENTE-NEUVIÈME LEÇON.

DURÉE DES BAUX. — CONCILIATION DES INTÉRÊTS DES PROPRIÉTAIRES
ET DES FERMIERS.

> Apportez dans le choix de vos fermiers le même discernement que dans le choix de vos amis.
>
> Faites vos efforts pour qu'ils s'attachent à votre sol et à votre famille.
>
> Le fermier ne doit jamais négliger de prouver son dévoûment et sa reconnaissance envers le propriétaire ; il doit aussi prouver son attachement au sol par des améliorations.
>
> Travailler au bonheur des autres, c'est assurer le sien.

> Écoutez, ô lecteur ! un avis salutaire
> Que maintes fois déjà vous avez entendu :
>   L'homme, de l'homme est solidaire ;
> Nul ne doit refuser un service à son frère,
> Tôt ou tard, au centuple, il vous sera rendu.

Par le contrat de louage des biens ruraux, le propriétaire se propose d'obtenir des revenus qui lui permettent de satisfaire aux besoins de la vie et aux exigences de sa position sociale.

Le renchérissement progressif de toutes choses lui fait une obligation de rechercher une augmentation de loyer en rapport avec le prix des denrées. Pour atteindre ce résultat, il ne fait que des baux de courte durée, afin d'élever le taux des fermages au renouvellement de chaque bail. Le fermier, de son côté, se propose de retirer de la terre, pendant la courte durée de sa jouissance, la plus grande quantité possible de produits, afin de payer ses fermages, de subvenir à ses besoins présents et de créer des réserves pour l'avenir de sa famille.

Il sait que l'augmentation que le maître du sol lui imposera, à l'expiration de son bail, sera calculée sur les produits de la ferme. Il craint, en outre, que la concurrence ou le caprice du propriétaire ne le prive du fruit des travaux d'amélioration qu'il aurait exécutés ou des dépenses qu'il aurait faites. Ces craintes et cette incertitude le font renoncer à tout projet, et le condamnent à ne rien entreprendre d'utile pour l'avenir. Il se borne aux travaux et aux dépenses dont il espère être rémunéré pendant la courte durée de la jouissance qui lui est assurée.

Presque tous les propriétaires et les fermiers de notre pays sont dans cette position les uns envers les autres. Les nombreux baux que nous avons eu l'occasion de lire sont tous d'une durée fort limitée. Dans quelques-uns on fixe, à la vérité, l'expiration au bout de neuf et même de douze années; mais bientôt on y trouve la clause expresse que le propriétaire pourra faire cesser la jouissance à la fin de chaque période triennale, en déclarant un an ou six mois à l'avance cette volonté. D'où il suit qu'en réalité, la jouissance certaine du fermier est fixée à trois années. — Les inconvénients que j'ai signalés ne cessent donc pas sous l'empire de ces derniers baux.

Les progrès de l'agriculture sont entravés par cet état de choses.

On accuserait, sans doute, à tort le propriétaire, malheureusement dominé par les nécessités de notre époque, de rechercher les accroissements de revenu dont il a besoin.

Mais on ne peut, non plus, reprocher au cultivateur sa prudence et sa réserve. On ne peut le blâmer de ne point entreprendre des travaux et de ne pas faire des frais dont il n'est pas assuré d'obtenir une rémunération satisfaisante.

Dans l'intérêt des maîtres et des fermiers, je dirai plus, dans l'intérêt de la société, il convient de rechercher le moyen de changer cette situation qui forme un des plus puissants obstacles au développement de la prospérité agricole.

Ce changement ne peut être obtenu qu'en conciliant les intérêts du propriétaire avec ceux du fermier, en faisant jouir le premier d'une légitime augmentation de revenus, et en assurant au second, pendant de longues années, la jouissance des biens qu'il exploite, afin qu'il s'y attache et qu'il puisse espérer être récompensé de ses travaux d'amélioration et de ses dépenses.

En fixant à dix-huit années au moins la durée des baux, et en stipulant d'une manière équitable, pour le maître et pour le fermier, un accroissement de fermages à la fin de chaque période de six années, on pourrait, semble-t-il, remédier aux inconvénients de la situation actuelle.

Cette mesure, qui satisfait aux exigences de la position respective des deux parties, pourrait être adoptée généralement.

Nous croyons devoir appeler l'attention des propriétaires qui résident sur leurs terres ou à de faibles distances, et celle des fermiers qui manquent de capitaux suffisants (telle est la position des cultivateurs en Bretagne), sur les avantages qu'ils doivent mutuellement retirer de l'adoption de longs baux à partage de fruits.

Ces traités permettent aux propriétaires et aux fermiers de profiter également de toutes les dépenses et de toutes les améliorations. Les propriétaires, plus directement intéressés au succès de l'exploitation, font de fréquentes visites sur leurs fermes ; ils sont forcés de s'en occuper, ils sont amenés à consacrer leurs capitaux aux améliorations les plus utiles. Les capitaux font défaut à l'agriculture, et c'est aussi à cette autre cause que l'on doit attribuer en partie la lenteur de ses progrès. Dans toutes les entreprises, le travail, pour être fécond, a besoin d'être aidé du capital. Le bail à portion de fruits double les forces de l'exploitation. Le concours du propriétaire et du fermier leur permet d'acheter tous les engrais nécessaires et de se procurer en quantité suffisante les meilleures espèces d'animaux.

Plus instruits généralement que les simples cultivateurs, mieux initiés aux découvertes, plus capables d'apprécier la portée des innovations utiles, les propriétaires peuvent donner à l'agriculture l'essor que réclament les besoins de notre époque.

Le bail à portion de fruits établit aussi des rapports constants entre les propriétaires et les fermiers. Il les unit par une communauté d'intérêts.

A quelque point de vue que l'on se place, cette mesure ne saurait être trop recommandée.

Dans certaines contrées, on semble considérer les fermiers comme formant une classe bien inférieure à celle des propriétaires. Cette opinion est fondée lorsque le fermier est plus ignorant, lorsqu'il a reçu moins d'éducation, lorsqu'il est moins poli et moins civilisé, car la science, l'intelligence et l'élévation des sentiments établissent, plus que la fortune ou la naissance, des différences entre les hommes. — Le titre de fermier n'a par lui-même rien de blessant. S. M. le roi de Wurtemberg s'enorgueillit du titre de premier fermier de l'Allemagne. Il a fait placer dans son palais d'Hohenheim, à l'extrémité d'une salle qui renferme une riche collection d'instruments aratoires, une charrue en bois doré sur une estrade, et au-dessus de cette charrue cette inscription, composée par le poëte Schiller :

« Qui pourrait venir, dans ce pays florissant,
» Contempler, au milieu des champs fertiles,
» Tant de villages et de villes populeuses,
» Jouissant du bonheur de la paix, sous la protection des lois,
» Sans honorer l'instrument précieux qui a produit tous ces
» biens : — la charrue ! »

Les chefs des États sages et éclairés ont toujours accordé aux fermiers la plus haute protection.

Et, pour le démontrer, je vais d'un de nos rois,
De Louis douze ici vous conter une histoire ;
De ce père du peuple on chérit la mémoire.
La bonté sur les cœurs ne perd jamais ses droits.
Il sut qu'un grand seigneur, peut-être une Excellence,
De battre un laboureur avait eu l'insolence ;
Il mande le coupable et, sans rien témoigner,
Dans son palais un jour le retient à dîner.
Par un ordre secret que le monarque explique,
On sert à ce seigneur un repas magnifique,
Tout ce que de meilleur on peut imaginer,
Hors du pain que le roi défend de lui donner.
Il s'étonne, il ne peut concevoir ce mystère ;
Le roi passe et lui dit : « Vous a-t-on fait grand'chère ?

» — On m'a bien servi, Sire, un superbe festin ;
» Mais je n'ai point dîné : Pour vivre il faut du pain.
» — Allez, répond Louis avec un front sévère,
» Comprenez la leçon que j'ai voulu vous faire ;
» Puisqu'il vous faut, monsieur, du pain pour vous nourrir,
» Songez à bien traiter ceux qui le font venir. »

Dans certaines contrées de la France (ce dont on ne se doute pas en Bretagne), on voit des fermiers riches de quinze et vingt mille francs de rente.

En Angleterre, certains fermiers possèdent assez de capitaux pour employer, outre les engrais produits sur leurs fermes, pour quatre-vingt et même cent mille francs d'engrais chaque année. L'agriculture est une industrie assimilée à toutes les autres, et une exploitation y est à juste titre considérée comme une grande fabrique de viande, de graines, de fruits et de productions de toute espèce. On traite ces fermiers de gentilshommes, *gentlemen-farmers*. Faisons des vœux pour que les propriétaires, les capitalistes, et nos gentilshommes eux-mêmes, créent en France cette classe de *gentlemen-farmers*, et la puissance et les prospérités de la France seront, sans débat, supérieures à celles des autres nations.

Que chacun de vous, mes chers amis, devienne un de ces fermiers instruits, intelligents, dévoués à leur famille et à leur pays. Nulle autre existence ne saurait vous procurer plus de bonheur.

Ne devrions-nous pas nous sentir excités par les sentiments d'une noble émulation, et même d'une rivalité bien permise en présence de l'état agricole plus prospère de la Belgique, de la Suisse, de l'Allemagne, de l'Angleterre et de l'Italie, ces pays qui touchent de si près la France?

Nous avons eu l'occasion de visiter, au mois d'août dernier, la ferme de **M. Godefroy**, cultivateur à Jersey. Nous voudrions voir nos fermiers français jouir du comfortable que nous avons remarqué dans cette habitation. Nous voudrions les voir tous posséder la même instruction, la même aisance. Appelons de tous nos vœux le moment où, grâce aux connaissances nécessaires pour que leur profession, sans offrir les mauvaises chances du commerce et de l'industrie, puisse être aussi lucrative, nos fermiers pourront, dans une honnête aisance, jouir de cette vie des champs si calme, si douce et si heureuse, et assurer l'avenir de leurs familles. — Par l'impulsion donnée à l'agriculture, par le développement des progrès de cette science, malheureusement trop ignorée, nous pouvons hâter la réalisation de ces vœux. Que tous les hommes de cœur prêtent leur concours pour atteindre un si noble but! que chacun de nous, dans son milieu, et par tous les moyens en son pouvoir, s'intéresse aux progrès de l'agriculture française!

Amis des champs, amis de la nature,
Gardez-vous bien de quitter vos vallons,
Riches des dons que le sol vous procure,
Insoucieux du terme où nous allons,
Continuez votre douce existence.
Unis, heureux, sans trouble et sans souffrance,
Laissez aux fous, habitants des cités,
Tristes plaisirs et charmes empruntés.
Utilement passant votre jeunesse,
Reposez-vous en paix dans la viellesse;
Et pleins d'espoir, quand vient l'heure, partez.

QUARANTIÈME LEÇON.

DEVOIRS DES MAITRES ET DES DOMESTIQUES.

> Les cheveux même de votre tête
> sont comptés.   (*S. Mathieu.*)
>
> Aucune action des hommes n'est
> ignorée de Dieu, et c'est lui qui
> donne les plus précieuses récom-
> penses.
>
> Le domestique n'est pas au-dessus
> du maître.
>
> Gardez-vous de mépriser un de ces
> petits.

Le titre d'homme est le premier titre de noblesse que Dieu nous ait accordé à tous sans distinction, et nous devons avant toute chose nous efforcer de le conserver intact par l'accomplissement entier de nos devoirs dans la position que nous tenons de notre naissance et dans celle que nous pouvons acquérir.

Chacun de nous a sa mission à remplir : aux yeux de Dieu ainsi qu'à ceux de l'homme civilisé, l'être qui s'acquitte le mieux de son mandat est celui qui a le plus de mérite. A chacun de nous Dieu a départi sa tâche. Un roi, un empereur, un ouvrier, n'a d'autre mérite que celui qu'il tire de l'accomplissement de ses devoirs. Aussi l'homme qui, en travaillant, quelle que soit son œuvre, s'efforce toujours de remplir parfaitement ses obligations, d'accomplir avec fidélité toute sa tâche, d'être honnête, non parce que l'honnêteté est la meilleure politique, mais par amour de la justice et pour rendre à chacun ce qui lui est dû, un tel travailleur glorifie en lui-même un des plus grands principes de la morale et de la religion. Chacun de ses travaux contribue à la perfection de la nature, au bien-être de ses semblables, de la patrie, de la famille, et à son propre bien-être.

Le domestique, en se gageant, passe un contrat par lequel il s'oblige, pour une somme d'argent, à livrer à son maître son travail pendant un temps déterminé. Il est tenu, sous peine de manquer à son devoir, de remplir parfaitement son engagement, de faire toujours de son mieux, de ne rien laisser de négligé ou d'imparfait. Il doit ennoblir sa tâche en pensant qu'elle lui vient de Dieu; il doit s'en acquitter en vue du Créateur qui la lui a imposée. Cette pensée soutiendra son courage contre les difficultés de toute nature qu'il pourra rencontrer. Il ne se rebutera plus; il ne luttera plus pour faire taire en lui le sentiment du devoir. Le commandement prendra plus d'autorité et obtiendra de sa part une plus prompte obéissance, en pensant qu'il a souscrit un contrat aux liens duquel il n'est plus libre de se soustraire, et que ce commandement est la voix de Dieu. Il n'en sera point accablé, et son orgueil n'en sera plus révolté. Il placera son bonheur dans son application à remplir ses devoirs; chaque jour il fera plus facilement les œuvres de sa profession, et il les fera avec un plaisir croissant, en proportion du degré de perfectionnement qu'il obtiendra dans son travail et du degré de son propre perfectionnement moral. Il cessera de se considérer comme une machine prise à location, ou comme un animal qui travaille un certain nombre d'heures, qui mange, boit et recommence cette série d'opérations. Il comprendra, au contraire, la dignité de son titre d'homme libre et pensant; il réfléchira à sa qualité de citoyen et aux liens qui l'unissent à Dieu, à sa famille, à ses semblables et à la patrie. Les domestiques ne répondent pas toujours à ces sentiments qui relèvent leur position, et se plaçant, au contraire, en lutte avec leur devoir, ils ne travaillent qu'à regret, font le moins qu'ils peuvent et le font encore mal, manquant à toutes leurs obligations. De là ces conflits d'intérêts froissés, d'amour-propre blessé, de propos irritants, source de procès intentés par les maîtres contre les domestiques et de ces derniers contre leurs maîtres. Ceux-ci ne voient point assez leurs semblables dans les gens à gages, et ils ne les traitent pas toujours avec une bienveillance affectueuse, si propre à maintenir entre eux l'entente la plus cordiale et à obtenir les meilleurs résultats matériels, et si propre aussi à procurer, aux uns comme aux autres, l'existence la plus douce et la plus heureuse. Les droits et les devoirs sont réciproques. Il ne faut pas que la justice et l'équité puissent être blessées; le bonheur et le succès sont à ce prix. Malheureusement, l'éducation morale n'est pas assez développée chez les populations rurales, et leurs passions, qui ont des égarements d'autant plus grands que ces populations sont moins instruites, contribuent à faire manquer à des devoirs respectifs et à faire rompre, à l'occasion des prétextes les plus futiles, les engagements les plus sérieux et dans des circonstances nuisibles aux intérêts de tous.

Pour prévenir d'aussi funestes résultats, les comices agricoles, depuis quelques années, ont voulu, par des récompenses publiques décernées aux meilleurs serviteurs, développer l'éducation morale en appelant l'attention de tous sur l'estime et la considération qui doivent entourer les domestiques dont les services, le dévoûment et la vie ont été animés par les plus louables sentiments.

Chaque concours ne dure que quelques heures, et chaque jour qui suit efface une partie du souvenir des récompenses accordées, et fait disparaître peu à peu de la mémoire les motifs qui ont guidé dans son choix le jury d'examen.

Nous nous occupons en ce moment à recueillir les noms des serviteurs récompensés, pour composer un petit livre qui puisse rappeler sans cesse les meilleurs exemples.

Si cette œuvre se généralisait dans tout l'Empire, il serait à désirer qu'un semblable recueil fût dressé dans chaque département, le Gouvernement pourrait peut-être y trouver les documents nécessaires pour décerner les prix de vertu fondés par M. de Montyon et distribués chaque année par l'Académie française, et même quelquefois pour d'autres encouragements mérités. Nous faisons des vœux pour qu'un recueil du même genre soit publié dans tous les chefs-lieux à la fin de chaque période de cinq années. Il serait comme le complément de l'action moralisatrice des comices, et la France pourrait connaître les actes de dévoûment et de vertu de ses plus humbles, mais aussi de ses plus utiles enfants. Un exemplaire pourrait être déposé au secrétariat de chaque mairie et à la bibliothèque de chaque société d'agriculture et de chaque comice, et, afin de donner la plus grande publicité à de tels exemples, ce petit livre pourrait être distribué dans tous les concours aux divers lauréats.

Nous devons tous tendre à ceux qui nous suivent la main qui doit leur faire atteindre la dignité d'homme et de citoyen.

Pratiquons l'exemple de Dieu, qui s'est rendu attentif à la prière des humbles et qui n'a pas méprisé leurs supplications (*Ps.* 101).

S'il est vrai que le maître ne peut se passer du domestique, il est vrai aussi que le domestique ne peut se passer du maître. C'est le cas d'appliquer la maxime : *Chacun a son mérite et son utilité dans l'ordre général.* Cette vérité me semble démontrée par la fable *Les jours de la Semaine et le Dimanche.*

À CHACUN SON MÉRITE ET SON UTILITÉ.

On reproche à ce siècle, avec quelque raison,
D'écouter trop souvent sa folle passion,
De ne savoir en rien garder sage mesure,
Et de n'observer point les lois de la nature.
Par orgueil, par envie ou sotte vanité,
Nous ne pouvons souffrir aucune autorité.
Sans cesse nous voulons, telle est notre folie !
Tout régler, niveler à notre fantaisie.
L'exemple est bien puissant, chacun de nous le sait,
Et pour le démontrer, j'invoque un nouveau fait.
Or, les six premiers jours composant la semaine,
Du dimanche jaloux, et cédant à leur haine,
L'accusèrent surtout de ne point travailler,
Et, sans avoir rien fait, de toujours reposer,
Et de l'égalité bravant la loi commune,
D'avoir une paresse à tous fort importune.
Le Dimanche leur dit : En qualité de jours,
Nous sommes tous égaux : c'est ainsi que toujours
On nous considéra. Vous n'avez rien à dire
A cet égard, je crois ; mais en vain on désire
Qu'en tous les autres cas, la même égalité
Se retrouve entre nous, car notre utilité

Est toute différente. A tort l'on me critique,
Ecoutez-moi, de grâce, souffrez que je m'explique :
L'homme toujours courbé sous les plus lourds fardeaux
Ne pourrait, sans repos, prolonger ses travaux ;
Mais de chacun de vous je répare la force ;
A lui faire du bien je m'empresse et m'efforce.
Je sais que tous les six vous procurez le pain,
Et qu'on doit au travail l'aliment quotidien.
Mais la manne de l'âme et de l'intelligence,
Où la trouvera-t-on, si je ne vous dispense
L'enseignement divin, sans lequel et savoir,
Et travail, et progrès, le bien et le pouvoir
Ne sauraient rendre heureux? Désormais, moins sévère,
Et sans jamais rêver en tout l'égalité,
Sachez donc accorder, sans haine et sans colère,
A chacun son mérite et son utilité.

Le chef sans serviteurs serait une tête sans corps, et les serviteurs sans chef un corps sans tête : ce qui ne peut exister. Tout être, sous peine d'introduire le désordre dans le plan divin, doit occuper la place que la Providence lui a destinée.

Les domestiques doivent donc cesser de rêver une égalité impossible. Qu'ils y pensent bien, les maîtres ont une responsabilité plus grande que la leur, mille soucis de toute nature, des inquiétudes sans nombre; ils sont chargés de les diriger et de les commander; au lieu d'élever des plaintes comme ils le font trop souvent, les domestiques devraient reconnaître, même au point de vue de leur propre intérêt, qu'ils doivent apporter le plus grand dévoûment aux affaires de leurs maîtres, les seconder dans toutes les circonstances, et ne rester étrangers à rien de ce qui touche la prospérité de la ferme. Ils doivent montrer également la plus grande reconnaissance.

Le domestique, admis a s'associer aux travaux, doit prendre part aux peines et aux joies de la famille, au foyer et à la table de laquelle il vient s'asseoir. Qu'il mérite par son dévoûment d'être considéré comme membre de la famille, afin d'être traité comme tel.

Au nombre de leurs défauts, nous devons principalement mentionner :

1° L'esprit d'indépendance et d'insubordination qui les anime trop souvent ;

2° Le regret avec lequel ils semblent remplir les devoirs de leurs fonctions et de leur position ;

3° Le peu d'empressement qu'ils apportent à se montrer dévoués aux intérêts de leurs maîtres ;

4° Leurs dispositions trop faciles à changer de maison sans motifs sérieux ;

5° Le sentiment de jalousie qu'ils laissent percer contre leurs supérieurs ;

6° La facilité trop grande qu'ils apportent à dissiper leur temps et leur argent ;

7° Leur entraînement pour le cabaret et le jeu ;

8° L'ingratitude ; cet odieux défaut, qui porte les hommes à dire du mal de leurs bienfaiteurs, est un vice assez ordinaire chez les domestiques, qui doivent toujours considérer comme des bienfaiteurs les maîtres qui les ont investis de leur confiance, les ont accueillis sous leur toit, les ont admis au foyer de la famille, en les associant ainsi à leur propre existence et leur donnant, en outre, nourriture et salaire.

Dans leur propre intérêt, sinon par devoir et par esprit des plus simples convenances, les domestiques devraient se garder de médire de leurs anciens maîtres. — La fable suivante nous démontre l'utilité de cette sage réserve :

LA SERVANTE.

Une femme eut jadis besoin d'une servante ;
    Nanette aussitôt se présente.
      — Ça, Nanette, que savez-vous ?
      — Madame, vous serez contente ;
Depuis un an je suis hors de chez nous ;
J'ai servi quatre mois, sans reproche, une dame.
    Ah ! c'était bien la plus méchante femme !...
    Elle boudait, elle grondait toujours.
      — Après, Nanette ; ce discours
    Ne m'apprend pas ce que vous savez faire.
— Ensuite, j'ai servi trois mois un procureur
    Dont la maison ne me convenait guère ;
A duper ses clients il mettait son honneur.
Quel arabe ! quel juif !... — Passons, passons, Nanette,
Que m'importe cela ? Venons au fait, enfin ;
Savez-vous acheter ? — Je quitte un médecin
Dont le triste savoir, la fatale lancette
Expédie à ravir le pauvre genre humain,
Et peuple, en un seul jour, le ténébreux empire !
De tuer tant de monde il n'avait nul souci !
    — Nanette, c'est assez, je ne veux plus m'instruire ;
      Vous n'entrerez jamais ici.
      — En quoi puis-je donc vous déplaire ?
Reprit Nanette, alors ; mon talent, le voici :
Je suis sobre, fidèle, active et ménagère ;
Je sais coudre, filer, faire de bons ragoûts ;
— Oui, mais vous jasez trop ; ce n'est point mon affaire.
Qui dit du mal d'autrui peut en dire de nous.

Quant au maître :

1° Il doit apporter les plus grands soins dans le choix de ses serviteurs ;

2° Les traiter convenablement pour le salaire et la nourriture ;

3° Ne pas oublier que les bons maîtres font les bons serviteurs;

4° Tolérer quelques défauts, personne n'étant parfait;

5° Renvoyer, sans hésitation, tout domestique coupable d'inconduite grave ou d'infidélité;

6° Donner lui-même l'exemple d'une bonne conduite, de l'ordre et de la probité;

7° Se montrer confiant envers ceux qui le méritent;

8° Sans abdiquer l'autorité, montrer de la bienveillance à ses serviteurs;

9° Commander sans dureté;

10° Etre indulgent sans faiblesse;

11° Ferme sans colère;

12° Précis dans ses ordres;

13° Maintenir l'unité du pouvoir;

14° Maintenir l'unité dans la responsabilité;

15° Donner l'exemple de l'activité, et ne souffrir aucune habitude d'insouciance ou de paresse.

Sachons tous, quelle que soit la position dans laquelle Dieu nous a placés, nous montrer remplis de l'esprit de bienveillance, de charité et de dévoûment sur lequel repose le bonheur.

> Dans nos jours passagers de peines, de misères,
> Enfants d'un même Dieu, vivons du moins en frères;
> Aidons-nous l'un et l'autre à porter nos fardeaux;
> Nous marchons tous courbés sous le poids de nos maux,
> Mille ennemis cruels assiègent notre vie,
> Toujours par nous maudite et toujours si chérie.

QUARANTE-UNIÈME LEÇON.

—

DE LA PROPRIÉTÉ.

> L'ordre peut être momentanément troublé, mais Dieu, qui l'a établi en toutes choses créées par lui, en a fait aussi la loi des sociétés.
>
> Le meilleur citoyen est celui qui respecte le mieux les lois de son pays.

L'homme est le roi de la nature, suivant le décret du Créateur : « *Benedixitque illis Deus, et ait : Crescite, et multiplicamini, et replete terram; et subjicite eam, et dominamini piscibus maris, et volatilibus cœli, et universis animantibus quæ moventur super terram.* » (*Genesis*, cap. 1, v. 28. — *Ps.* 8, v. 8 et 9.)

Mais chaque homme n'exerce cette royauté que dans le milieu où Dieu l'a placé et sur la portion de territoire qui lui appartient, ou sur les choses qui lui sont propres, ou sur celles qui n'ont point encore de maître.

Chacun de nous doit respecter le droit des autres, afin que les autres respectent les droits qui nous appartiennent à nous-mêmes.

C'est sur cette convention que reposent toutes les sociétés. Elle est la base de l'édifice social.

Vous ne pouvez vous emparer des biens d'autrui, pas plus qu'un autre ne peut s'emparer des vôtres.

La loi civile, qui puise son origine dans la loi divine, dit avec elle :

« Le bien d'autrui tu ne prendras ni retiendras à ton » escient. »

Et, si Dieu ne permet point à quiconque possède le bien des autres d'entrer dans le ciel, le législateur fournit les moyens de le faire restituer à tout détenteur, en le punissant lorsqu'il a agi de mauvaise foi.

Sans cette règle, nous reculerions dans les siècles barbares, nous serions en guerre et en luttes continuelles; et celui qui, le plus fort aujourd'hui, aurait dérobé le bien de son prochain, s'en verrait dépouillé demain. Ce serait une guerre civile permanente. La vie elle-même serait constamment en danger.

Déclarer la propriété commune serait chose pire encore. Le communisme ne serait autre chose que l'esclavage de tous, la destruction de la famille, l'aliénation de la liberté individuelle, puisque chacun serait forcé de faire, pendant le temps et aux lieux qui lui seraient assignés, le travail qui lui aurait été imposé suivant sa prétendue aptitude,.... etc.

C'est le rêve d'utopistes qui font en vain des projets impies et barbares, impies puisqu'ils tendraient à renverser la loi de Dieu, barbares puisqu'ils détruiraient la civilisation.

> .... Eh ! mon pauvre Gros-Jean,
> Si des biens de la terre, à tous les fils d'Adam,
> Dieu faisait un égal partage,
> Nul n'aurait de quoi vivre; et, maître ou serviteur,
> Tu verrais moins d'argent dans ton petit ménage

> Que n'en rapporte ton labeur.
> C'est que dans la nature, et même en république,
> L'égalité parfaite est folle et chimérique;
> C'est que jamais, sous le soleil,
> Nul être n'a vu son pareil.
> Tiens, regarde tous ces arbustes
> Qui doivent à tes soins leur céleste fraîcheur;
> Grands, petits, frêles ou robustes,
> Tout en eux est divers, le feuillage et la fleur.
> De tes dogmes sur eux tente l'expérience :
> Si, durant ce printemps, tu peux, par ta science,
> Les soumettre au même niveau,
> Je partage avec toi ma terre et mon château.

La famille, la propriété, la liberté, la religion, sont aux yeux des philosophes, des moralistes, des plus habiles écrivains, des législateurs, les principes vitaux des sociétés et la source du bonheur des peuples et des individus.

Je n'insisterai pas sur ces principes dont, Dieu merci, nos populations sont si bien pénétrées; mais, avant de terminer ce chapitre, je veux vous mettre sous les yeux le tableau que le docteur Paley fait des avantages de la propriété territoriale :

1° La propriété augmente les produits de la terre. Sous un climat tel que le nôtre, la terre produit peu sans culture, et on ne trouverait personne qui voulût cultiver le sol si d'autres étaient admis à un partage égal des productions; et il en serait de même du soin des troupeaux et de l'éducation des animaux domestiques. Des pommes sauvages et des glands, des bêtes fauves, du gibier et du poisson, voilà tout ce que nous aurions dans notre beau pays pour subsister, si nous nous bornions aux produits spontanés du sol; et les autres pays ne sont guère mieux traités. Une tribu d'Américains sauvages, consistant en deux ou trois cents individus, mourra presque de faim en occupant une étendue de territoire qui, en Europe et avec les ressources européennes, suffirait à nourrir autant de milliers d'hommes. Dans quelques terrains fertiles, avec un littoral fourni d'une grande abondance de poisson, et dans les contrées où les vêtements sont inutiles, une assez forte population peut subsister sans propriété territoriale, comme on le voit dans les îles d'Otahiti, mais dans des situations moins favorables, par exemple dans le pays de la Nouvelle-Zélande, quoique la propriété territoriale y existe jusqu'à un certain point. Les habitants, faute d'institutions plus protectrices et plus régulières, sont souvent contraints, par la disette de provisions, à se dévorer les uns les autres.

2° La propriété conserve les fruits de la terre jusqu'à maturité. Nous pouvons juger quels seraient les effets d'une communauté de droits aux productions de la terre, par le simple aperçu que nous en avons à présent. Un cerisier dans une haie, un noisetier dans un taillis, l'herbe sur un terrain de vaine pâture, profitent rarement à quelqu'un parce qu'on n'attend pas la saison convenable pour s'en servir, et, pour citer une comparaison à votre portée, un nid connu de plusieurs enfants est le plus souvent une couvée perdue, ou dénichée trop tôt pour que les petits puissent vivre. Le blé, si on en semait quelque part, ne mûrirait jamais ; les agneaux et les génisses n'arriveraient pas à leur pleine croissance, parce que la première personne qui viendrait à les rencontrer réfléchirait qu'il vaut mieux prendre ces animaux tels qu'ils sont que de les laisser à d'autres.

3° La propriété prévient les contestations.

La guerre et le pillage, le désordre et la confusion, sont inévitables et doivent se perpétuer là où il n'y a pas assez pour tous et où il n'existe point de règle pour établir le partage.

4° La propriété augmente les agréments de la vie. Elle atteint ce but de deux manières : elle permet aux hommes de se distribuer en professions distinctes , ce qui est impossible tant qu'on ne peut échanger les productions de son industrie avec les productions dont on manque soi-même ; et l'échange suppose la propriété. Cette circonstance contribue beaucoup aux avantages de la civilisation sur l'état sauvage. Quand un homme est nécessairement son propre tailleur , son architecte , son charpentier , son cuisinier, son chasseur et son pêcheur , il n'est pas probable qu'il devienne habile dans aucun de ces métiers : de là les cabanes , l'ameublement , le costume , les ustensiles grossiers des sauvages , et l'interminable perte de temps qu'exigent leurs opérations.

Elle encourage aussi les arts qui fournissent aux commodités de la vie , en assurant à l'inventeur le bénéfice de ses découvertes et de ses perfectionnements, garantie sans laquelle jamais l'intelligence ne se développera avec succès.

Sous ces différents rapports , nous pouvons affirmer sans hésitation que, même les plus pauvres et les plus mal pourvus , dans les pays où dominent la propriété et les conséquences de la propriété , sont , à peu d'exceptions près , dans une situation meilleure à l'égard de la nourriture, des vêtements, des habitations et de ce qu'on appelle les commodités de la vie , *qu'aucun individu* dans les contrées où la plupart des objets demeurent en commun.

Oui , l'homme est progressif, mais poussé par les sages,
Mais par eux éclairé. Contemplez les sauvages :
Quels progrès ont-ils fait depuis des milliers d'ans ?
Ont-ils su féconder, peupler leurs solitudes,
Créer des arts nouveaux, polir leurs habitudes ?
Là... le fils n'accroît pas le legs de ses parents.

Imprévoyant comme eux, errant de place en place,
Il ne sait recourir qu'à la pêche, à la chasse,
Pour ses besoins du jour, sans soin du lendemain ;
Et, quand sont dépeuplés ses bois et ses rivières,
La faim lui suggérant des fureurs meurtrières,
Il court anéantir quelque wigwam voisin.

Que tes progrès sont lents, ô pauvre espèce humaine !
Le bien, semé chez toi, ne grandit qu'avec peine,
Comme un arbre planté dans un sol rocailleux.
Ou soleil bienfaisant, ou fleuve qui féconde,
Le Génie, en passant, te réchauffe ou t'inonde ;
....

J'ajouterai à ces considérations si puissantes que, le droit de propriété étant une des bases les plus solides de la civilisation, toute atteinte à ce droit ébranlerait la société tout entière.

La société ne doit demander aux individus de sacrifices d'une partie de leur liberté ou de leur propriété que dans les cas d'une absolue nécessité, et dans les mesures le plus limitées possible.

C'est ainsi que nous verrons, par les exemples cités dans le chapitre suivant, qu'elle n'exige le service militaire que pour un temps spécifié, et que même cette exigence respecte, dans des cas prévus, les droits que les circonstances rendent plus impérieux pour les familles. — C'est ainsi encore que chaque membre de la société, dans la mesure de ses ressources, par les différents impôts, est appelé à fournir les sommes nécessaires pour l'entretien de l'armée, procurer des moyens d'existence au clergé, donner un traitement à la magistrature et à tous les fonctionnaires, et nécessaire encore pour l'exécution de ces grands travaux publics qui concourent si puissamment à développer la prospérité des États.

Sans contributions, point de gouvernement possible, point de société, point de peuples civilisés, point de propriétés sauvegardées. L'impôt est l'élément de vie des Etats. S'il doit être limité le plus possible, si l'ordre et le contrôle le plus rigoureux doivent présider à son emploi, vous ne devez pas moins reconnaître qu'il est nécessaire et admirer comment, à l'aide du sacrifice que vous faites d'une petite partie de vos biens, vous pouvez jouir de la liberté, user de votre fortune, du produit de vos travaux, en sécurité, ainsi que de tous les avantages inappréciables de la civilisation. Votre intérêt exige cet abandon, et vous pouvez l'ennoblir, bien qu'il vous profite et que vous profitiez des sacrifices semblables faits par chacun; en pensant que vous contribuez au maintien et à la prospérité de l'Etat, et que vous remplissez le premier des devoirs d'un bon citoyen.

QUARANTE-DEUXIÈME LEÇON.

LA FAMILLE.

> L'union dans les familles assure
> leur prospérité et leur bonheur.

Dieu a fait de la famille la base et le fondement des sociétés humaines. On nomme les liens qui unissent entre eux les parents, liens du sang ; mais on doit les appeler avec autant de raison des liens divins, parce que leur force, leur durée, leur indissolubilité viennent de Dieu. C'est lui qui, au moment de notre naissance, dépose dans notre âme ces germes de respect, d'amour et de reconnaissance, qui se développent avec l'intelligence et déterminent les actes du plus sublime dévoûment.

Un de nos meilleurs amis, qui comprend comme nous cette vie de la famille, nous racontait il y a peu de jours, d'une manière si touchante, l'action d'un de nos jeunes concitoyens ; il décrivait avec tant de vivacité le bonheur produit par le dévoûment de ce jeune homme, que nous regrettons bien de ne pouvoir comme nous le voudrions reproduire son récit,

17

et de ne pouvoir peindre comme nous les éprouvons encore,
les impressions qu'il nous a laissées.

Quoiqu'il en soit, nous allons essayer de vous raconter
cette histoire en quelques mots. La discrétion qui nous a été
imposée nous fait un devoir de n'indiquer les noms d'aucune
des personnes qui ont été intéressées plus ou moins directement dans cette affaire.

Un jeune homme des environs de Fougères, l'aîné de
plusieurs enfants, ne pouvant invoquer aucun motif d'exemp-
tion, s'est trouvé appelé cette année par le sort sous les drapeaux. Servir son pays est pour tout Français un bonheur et
un honneur. En France, on naît soldat, et, comme l'a dit
avec tant d'à propos l'Empereur, il y a quatre ans, lors de
son voyage à Rennes, cette aptitude militaire s'applique
surtout aux Bretons. Notre jeune homme, que je désignerai
désormais sous le nom d'Anatole, n'éprouvait aucune répu-
gnance à payer sa dette envers son pays; une seule pensée
l'affligeait, celle du dommage que son départ devait causer à
sa famille. Depuis quelques années son père qui, sans être infirme, ne jouit plus d'une excellente santé, et manque de cette
énergie et de cette activité qui assurent le succès, lui a confié
la direction de son exploitation; tout repose sur Anatole. Il
est entré dans la voie du progrès, et, profitant de tous les
enseignements, il a transformé la ferme paternelle qui,
sous l'empire de la routine ne donnait que de faibles
produits, en une exploitation que l'on se plaît à citer
comme modèle dans les environs. Il a remplacé l'ancien
assolement par une rotation dans laquelle les plantes fourragères et les racines occupent la plus large place. Il a
amélioré la race de ses bestiaux, donné une meilleure disposition à ses étables, fait des fosses à purin, assaini ses cours,
réparé ses chemins; et la famille comprend que, après le

départ d'Anatole, le père ne pourra continuer à maintenir l'exploitation sur le pied où elle se trouve, et que, sans ce chef intelligent et dévoué, ils doivent cesser bientôt de profiter des excellents résultats que l'on commence surtout depuis deux ans à apprécier.

Chaque membre de la famille se sent doublement affligé du départ d'Anatole.

Un seul moyen de l'empêcher de partir se présente à l'esprit : Payer le prix de l'exonération; mais le père a tenté vainement d'emprunter les 2,500 fr. fixés pour le rachat du service. D'un autre côté, Anatole ne peut souscrire à ce que sa famille, dans l'impossibilité de donner à trois autres enfants une somme semblable nécessaire pour établir entre eux l'égalité de la fortune, paie cette somme pour lui.

Stanislas, son frère, plus jeune de deux années, employé dans les bureaux d'un fonctionnaire de Fougères, et dont la carrière a été déterminée par l'impossibilité où il se trouvait pendant ses premières années, à cause de sa santé, de se livrer aux travaux des champs, suit avec un vif intérêt tout ce qui concerne sa famille. Son cœur saigne à la pensée des angoisses et du dommage que causera le départ d'Anatole. Cette situation semble inextricable.

Pendant une de ces longues nuits passées dans la plus grande agitation, soudain la pensée de partir pour son frère lui vient à l'esprit comme un moyen de salut pour toute la famille. Que ne donnerait-il pas, en ce moment, pour presser sa mère, son père, ses sœurs et son frère dans ses bras!...

Deux jours, qui sont pour lui deux siècles, le séparent du dimanche dont il profite chaque semaine pour aller à la ferme du Mesnil.

Ce congé, tant désiré, se passe dans un état de tristesse et d'abattement. Chacun des membres de la famille, dominé par la même pensée, n'ose parler de l'événement inévitable et prochain qui les accable. La pauvre mère implore avec ses filles la Providence; elle ne trouve de soulagement que dans la prière. N'est-ce pas le refuge de tous ceux qui souffrent? N'est-elle pas l'espoir d'un bonheur incertain pour ce monde, et du bonheur que Dieu accorde toujours dans l'autre vie à ceux qui se soumettent en toutes choses à sa volonté?

Stanislas, forcé par l'heure de songer à regagner la ville, fait ses adieux et quitte la ferme avec Anatole qui, selon son habitude, doit l'accompagner jusqu'à la moitié du parcours. Les deux frères trouvent à peine quelques monosyllabes à échanger pendant les premiers kilomètres; bientôt le silence le plus complet règne entre eux. Le bruit de leurs pas, à cette heure avancée, se fait seul entendre sur la route.

Aucun d'eux n'ose le premier rompre ce silence qui se fait toujours remarquer lorsque de grandes préoccupations absorbent entièrement notre âme, et lorsque, en face de grands événements, nous sommes sur le point de prendre une sérieuse détermination. Quelques pas les séparent à peine du point où ils ont coutume de se quitter lorsque Stanislas se jette dans les bras de son frère et lui dit, avec une voix qui par son agitation indique celle de son cœur : Je t'en supplie, promets-moi de m'accorder une grâce de laquelle dépend le bonheur de toute ma vie, jure-moi de me l'accorder. Et, en disant ces mots, il le tient étroitement embrassé. Anatole, gagné par l'émotion, promet, jure de tenir sa promesse, reproche à Stanislas d'avoir pu douter qu'il y eût quelque chose au monde qu'il eût pu lui refuser. Stanislas remercie son frère; il hésite et balbutie, et finit enfin par déclarer qu'il veut être son remplaçant à l'armée.

Quoi! reprend Anatole indigné, me prends-tu pour un lâche! ta proposition est une insulte! comment pourrai-je rester au pays? n'y serais-je pas l'objet des sarcasmes les plus blessants? En prononçant ces mots, Anatole rejette de la sienne la main de son frère, et le repousse avec le sentiment pénible d'un homme profondément blessé dans son honneur.

Tout le monde ne te connaît-il pas ici, Anatole? se hâte de continuer Stanislas. Qui donc ignore que tu es le plus brave du pays? ne sais-tu pas que la loi elle-même, dans certaines circonstances, s'oppose à ce que le fils aîné soit soldat? Est-ce que le fils aîné d'une veuve ne se doit pas à sa mère? est-ce que le frère aîné d'orphelins n'est pas exempté du service militaire? est-ce que le soutien de la famille n'est pas maintenu par le chef de l'Etat dans ses foyers chaque fois que cette mesure l'appelle à user de cette douce prérogative de la couronne? Crois-tu donc que tous ces jeunes gens passent pour des lâches, parce que les devoirs de la famille ont dans quelques circonstances la priorité sur ceux de l'Etat? N'es-tu pas le soutien de la nôtre, sinon dans l'acception restreinte de la loi, du moins dans le sens que leur bonheur, leur prospérité dépend de ta présence? Est-ce qu'une susceptibilité déplacée, lorsqu'il s'agit des affections les plus saintes, des devoirs les plus sacrés, t'arrêterait dans l'accomplissement de ces devoirs? Les membres de la famille ne sont-ils pas solidaires, et l'Etat peut-il demander plus d'un soldat sur deux fils? N'est-ce pas alors à nous deux seuls qu'il appartient d'apprécier quels sont les intérêts que nous avons à sauvegarder? Ne devons-nous donc pas nous entendre pour prendre toutes les mesures les plus propres à assurer le bonheur de notre père, de notre mère, de nos sœurs? Ah! celui qui s'y refuserait serait bien coupable!

Si je pouvais donc comme toi diriger les travaux, pourvoir

à tout! mais je n'ai ni tes connaissances ni ton expérience, je ne puis te remplacer à la ferme auprès de notre famille; sans cela je t'offrirais de me faire à mon tour le soutien de nos vieux parents, le protecteur de nos jeunes sœurs, d'assurer leur aisance! Tu peux seul le faire. Tu dois rester. Dans un bureau, ma vie est inutile à la famille. Pour me donner tous les soins que ma santé a nécessités, n'ai-je donc rien coûté? Pour me donner une instruction nécessaire et me faire admettre en qualité d'employé, n'ai-je pas aussi occasionné une dépense qu'aucun de vous n'a exigée? N'ai-je donc pas une dette à payer envers vous? Servons les intérêts de la famille là où Dieu nous permet de le faire et selon les moyens qu'il met en notre pouvoir. Nous n'avons pas le choix de ces moyens : acceptons les circonstances telles qu'elles se présentent et remplissons les devoirs qui en découlent. Sauvegardons les intérêts, le bonheur de tous, toi, en restant au *Mesnil*, et moi en servant sous les drapeaux. Nous remplirons à la fois nos devoirs envers notre famille et envers notre pays. O mon frère! ne sens-tu donc pas que Dieu le veut ainsi? En disant ces mots, Stanislas se précipite de nouveau dans les bras d'Anatole qu'il vient d'ébranler; il le presse, il l'embrasse, obtient qu'il ne s'opposera plus à cette mesure, à la condition toutefois que son père et sa mère y donneront leur consentement, plaçant ainsi leur volonté au-dessus de toute autre considération.

Stanislas regrette de ne pouvoir retourner à l'instant même à la ferme, et d'être obligé de se rendre à la ville où ses obligations l'appellent; il se sent néanmoins calmé par cette première victoire qui n'est à ses yeux que le présage du consentement qu'il doit obtenir de ses parents. Le lendemain, après avoir passé la journée à mettre son service en état, il demande une audience du fonctionnaire qui l'emploie dans ses bureaux, lui fait part de son projet et obtient un congé pour retourner au Mesnil.

Les luttes se renouvellent entre les deux frères, entre tous les parents; Stanislas, persuasif, caressant, ferme dans sa détermination, finit par l'emporter. Il revient joyeux et jouissant de ce bonheur intime que procure toujours une bonne action. Tout en le félicitant sur sa conduite, le magistrat qui l'occupe lui exprime les regrets de perdre un employé aussi honorable. Cette nouvelle, bientôt répandue, attire au jeune remplaçant les félicitations de tous ceux qui le connaissent. Des hommes de cœur, en mesure par leur position et par leurs relations de le seconder auprès des chefs du régiment qu'il a choisi, s'empressent de lui offrir des recommandations et profitent de cette occasion pour faire connaître dans quelles circonstances il se présente sous les drapeaux. Ce brave jeune homme s'empresse de s'instruire et de regagner dans la Ville Éternelle son bataillon de guerre. Il est heureux d'y apprendre que son dévoûment signalé à son colonel lui concilie une bienveillante protection; son excellente conduite au régiment, son intelligence et son zèle à s'acquitter de son service lui font bientôt obtenir un premier grade.

Le dévoûment du conscrit volontaire a déjà trouvé sa première et sa meilleure récompense dans le bonheur intime qu'il en éprouve; il lui a concilié, en outre, la bienveillance de ses chefs, et tout fait espérer qu'il s'est ouvert une carrière dans laquelle il trouvera une existence heureuse et honorable.

La pratique de ces devoirs de la famille n'est pas rare en Bretagne, et, peu de mois après, nous étions appelé nous-même à nous occuper des formalités nécessaires pour faire admettre sous les drapeaux le frère cadet de la famille Gesnouin, des environs de Dol, en remplacement du frère aîné appelé par le sort au service militaire. La famille Gesnouin se compose du père et de la mère et de huit enfants. Le père et le fils aîné exercent la profession de taillandiers dans le petit bourg qu'ils habitent, et font vivre cette nombreuse famille du produit de leur travail. Le cadet, ne voulant pas prendre la même profession que son aîné, et rester dans le pays à lui faire un jour une fâcheuse concurrence, s'est fait serrurier. Mais il n'a point perdu, dans son éloignement du pays, les nobles sentiments qui l'attachent à ses parents. L'époque du tirage, cet événement si grave pour toutes les familles, n'a pas cessé de le préoccuper; il a voulu être au milieu des siens dans ce moment. Les deux frères Gesnouin ont eu aussi leurs luttes de générosité. Nous avons été témoin de la joie du jeune frère en entendant M. le Préfet, président du conseil, proclamer son admission en qualité de remplaçant de l'aîné. L'attitude de ce dernier annonçait, avec le calme de la résignation, le regret de ne pas avoir lui-même le rôle de son frère à remplir.

Heureux sont les hommes doués de sentiments aussi honorables ! Heureuses sont les familles composées de tels membres! Heureux sont les Etats dont les sujets sont capables de ces dévoûments!

La Fontaine, dont nous avons eu l'occasion de vous citer souvent les fables, démontre d'une manière saisissante les avantages de l'union entre les enfants de la même famille; gravez, je vous prie, dans votre esprit et dans votre cœur l'enseignement qui résulte de ses vers et de nos récits :

Un vieillard, près d'aller où la mort l'appelait,
Mes chers enfants, dit-il (à ses fils il parlait),
Voyez si vous romprez ces dards liés ensemble :
Je vous expliquerai le nœud qui les assemble.
L'aîné les ayant pris et fait tous ses efforts,
Les rendit en disant : Je le donne aux plus forts.
Un second lui succède, et se met en posture,
Mais en vain. Un cadet tente aussi l'aventure.
Tous perdirent leur temps, le faisceau résista :
De ces dards joints ensemble un seul ne s'éclata.
Faibles gens, dit le père, il faut que je vous montre
Ce que ma force peut en semblable rencontre.
On crut qu'il se moquait, on sourit, mais à tort ;
Il sépare les dards, et les rompt sans effort.
Vous voyez, reprit-il, l'effet de la concorde :
Soyez joints, mes enfants, que l'amour vous accorde.

QUARANTE-TROISIÈME LEÇON.

—

LES PROCÈS.

> Aimez vous les uns les autres.
>
> Heureux les pacifiques ! parce qu'ils seront appelés enfants de Dieu.
>
> Vous aimerez le Seigneur votre Dieu de tout votre cœur, de toute votre âme et de tout votre esprit.
>
> Vous aimerez votre prochain comme vous-même.

Ces deux commandements renferment toute la loi et les prophètes.

Ces préceptes divins répondent aux besoins du cœur de l'homme, attiré par une double tendance vers Dieu et vers son semblable. C'est aussi ce double élément qui donne naissance à la charité, cette loi fondamentale des sociétés humaines : Les sociétés seront d'autant mieux assises que les principes de la charité seront plus développés.

La morale et la religion sont les seuls liens qui, en unissant les hommes, puissent les conduire à une ère de bonheur et de liberté.

En limitant les désirs et les passions, la morale et la religion domptent la force brutale, y substituent l'amour et la vertu qui ont plus de puissance que les lois positives.

Ce principe harmonise tout et constitue l'égalité de tous les hommes, et donne à chacun d'eux le droit d'exiger de ses semblables le respect de sa dignité morale et de ses intérêts.

Toute atteinte portée à la dignité morale et aux intérêts d'un de nos semblables constitue une injustice et une infraction au principe fondamental des sociétés.

La loi humaine, qui puise sa source dans la loi divine, n'a pas d'autre but que d'assurer ce droit, de réprimer toute atteinte qui lui est portée, et d'opérer la réparation du dommage causé.

Je suis forcé, à mon bien vif regret, par les limites assignées à ce livre, de me borner à ces énonciations générales, au lieu d'entrer dans des développements nécessaires pour vous faire mieux comprendre les bases sur lesquelles repose la justice, ainsi que l'origine et le but de la magnifique organisation de nos divers tribunaux.

Mais je ne dois point oublier que ce sont de simples causeries qui doivent avoir lieu entre nous, et qu'après l'énonciation rapide de ces grands principes, je dois rentrer dans l'appréciation pratique des procès, de leurs causes, des moyens de les prévenir et des dommages qu'ils vous occasionnent.

Descendons de suite dans un détail pratique qui vous concerne plus particulièrement, chers agriculteurs: chaque juge de paix délivre, en moyenne, mille ou douze cents avertissements pour comparution amiable, ce qui porte à deux ou trois millions le nombre des billets. Chaque cause comprend deux parties au moins, d'où il suit que le temps employé à comparaître à l'amiable s'élève à cinq ou six millions de journées enlevées en pure perte à l'agriculture.

Les comparutions sur citation en enlèvent aussi un certain nombre ; ajoutez-y les voyages pour consulter et suivre les procès auprès des divers tribunaux, ajoutez-y encore les dépenses faites pour nourriture, frais de transport, etc., etc., et vous aurez une appréciation du dommage matériel que causent les procès.

Mais si, outre les pertes réelles, les ennuis, les inquiétudes, les souffrances d'amour-propre, doivent entrer en ligne de compte, jugez de l'étendue des maux que causent les procès. Si vous voulez être heureux, vous ferez tout pour les éviter.

La première des choses pour atteindre ce but, c'est :

1° De ne léser en quoi que soit les droits et les intérêts d'autrui ;

2° Dans le cas où l'on aurait le malheur de le faire, d'offrir la réparation, même avant qu'elle ne soit demandée ;

3° S'il y a doute ou incertitude, d'invoquer la juridiction amiable du juge de paix de votre canton, de la proroger au besoin, ou de prendre pour arbitre vos voisins ou les hommes recommandables du pays ;

4° De n'intenter aucune action, ou d'abandonner toute affaire qui n'offre pas un intérêt grave et sérieux ;

5° De transiger dès que cela est possible.

N'écoutez jamais les conseils de votre passion.

> Pour se venger d'un vain outrage,
> On s'attire de vrais malheurs ;
> Et, quand on se raidit contre le badinage,
> On ne fait qu'augmenter le nombre des railleurs.

Ajournez la guerre entre vos voisins. On sait quand elle

commence et jamais quand elle finit, et le plus souvent cette
guerre fait deux victimes :

> A réparer certaine injure
> Une abeille un jour s'engagea ;
> Elle y parvint et se vengea ,
> Mais expira sur la blessure.

N'écoutez pas le premier conseil du ressentiment, et ,
lorsque vous partez pour aller commencer les premières
poursuites, dites-vous, allons ,

> ... Que vas tu faire?
> Laisse entre la colère
> Et l'orage qui suit
> L'espace d'une nuit.

Prenez, chaque fois que cela se peut, vos amis communs
pour arbitres.

Plût à Dieu qu'on réglât ainsi tous les procès, le simple
bon sens nous tiendrait lieu de Code, il ne faudrait point
tant de frais!

> Au lieu qu'on nous mange, on nous gruge,
> On nous mène par des longueurs ;
> On fait tant qu'à la fin l'huître est pour le seul juge,
> Les écailles pour le plaideur.

Vous ne sauriez trop éviter de blesser les autres dans vos
discours. Les atteintes portées à l'amour-propre se guérissent
difficilement, et il ne faut plus qu'une petite occasion ensuite
pour soulever un orage et un procès :

Ce que je sais, c'est qu'aux grosses paroles
On en vient pour un rien, plus des trois quarts du temps,
Et qu'on est emporté bientôt dans tous les sens
Par les passions les plus folles.
Garder sa langue et la régler
Est un parti fort salutaire ;
On perd souvent à trop parler,
On gagne toujours à se taire.

Dans tous les temps, le calme et la paix ont été considérés comme les plus grands biens.

Le repos, le repos, trésor si précieux,
Qu'on en faisait jadis le partage des dieux.

Une source trop féconde de procès est le défaut de loyauté que les hommes apportent dans leurs transactions, dans le but de se procurer un lucre illicite :

Ne point mentir, être content du sien,
C'est le plus sûr ; cependant on s'occupe
A dire faux pour attraper du bien.
Que sert cela ? Le bon Dieu n'est pas dupe.

L'homme juste est toujours le plus sage et le moins entêté.

Nous avons vu des exemples d'entêtements de la part des deux parties, d'entêtements les plus déraisonnables. Cette obstination a lieu le plus souvent dans les affaires d'amour-propre blessé, d'injures, de querelles dans lesquelles les partis ont, sinon des torts entièrement égaux, du moins des torts réciproques, et qui se terminent ordinairement par la répartition des dépens. Ceci nous rappelle l'exemple de deux chèvres qui se rencontrent sur le milieu d'un pont trop étroit

pour leur donner passage à toutes les deux à la fois, et qui
s'entêtent l'une et l'autre à ne pas reculer :

. . . .

> Ainsi s'avançaient pas à pas,
> Nez à nez nos aventurières
> Qui toutes deux étant fort fières,
> Vers le milieu du pont ne se voulurent pas
> L'une à l'autre céder. Elles avaient la gloire
> De compter dans leur race, à ce que dit l'histoire,
> L'une, certaine chèvre au mérite sans pair,
> Dont Polyphème fit présent à Galatée ;
> Et l'autre, la chèvre Amalthée,
> Par qui fut nourri Jupiter.
> Faute de reculer, leur chute fut commune :
> Toutes deux tombèrent dans l'eau.
> Cet accident n'est pas nouveau
> Dans le chemin de la fortune.

Cette fable peut s'appliquer à ces plaideurs obstinés qui ne
savent faire aucune concession pour éviter un procès. Ils
oublient toute considération ; ils n'écoutent plus la raison qui
leur dit que, même en gagnant, ils perdent encore leur temps
et leurs faux frais, et qu'ils sont exposés, s'ils succombent, à
perdre des sommes souvent considérables.

> Mettez ce qu'il en coûte à plaider aujourd'hui ;
> Comptez ce qu'il en coûte à beaucoup de familles,
> Vous verrez que Perrin tire l'argent à lui
> Et ne laisse au plaideur que le sac et les quilles.

Enfin, mes chers amis, je ne me lasse pas d'insister sur
ce point, et je croirais vous avoir rendu un véritable service
si je pouvais faire naître chez vous les sentiments d'une

profonde répulsion contre les procès. Les fables ont été
toujours employées pour mieux graver dans les jeunes mé-
moires les enseignements que l'on ne doit pas oublier. Je vais
terminer ce long entretien en vous reproduisant ici, non pas
la fable de l'huître et des plaideurs que vous connaissez tous,
mais une autre fable moins connue dans laquelle un de nos
animaux domestiques joue le principal rôle, et qui par ce
motif vous frappera davantage.

LA BREBIS ET LE BUISSON.

Gens de finance, gens de loi,
Ceci pour vous, écoutez-moi :
Il pleut ; un buisson voit une brebis qui passe.
Sous mes branches, dit-il, abrite-toi, de grâce.
Non ; je me garderai de m'approcher de toi,
Car la laine des miens, qu'aux épines je voi,
Me conseille de fuir ;... tes branches sont des piéges,
Et tu tonds ceux que tu protéges.

Veuillez nous permettre, mes jeunes amis, de vous donner
à notre tour l'explication de cette fable :

La pauvre laine,
C'est les écus
Qui sont perdus
Comme la peine.
Buisson de la justice,
Est la fidèle image,
Disons-le sans malice,
Mais avec vérité ;
S'en tenir écarté
Est toujours le plus sage.

Très-souvent encore on se querelle et l'on plaide pour

des choses sans valeur ou qui ne peuvent être d'aucune utilité pour les parties. C'est folie.

Vous rappellerai-je, enfin, ce vieil adage que l'on répète si souvent et que l'on met si rarement en pratique : Mauvais arrangement vaut mieux qu'un bon procès.

Et ce proverbe de Salomon :

Ne faites point sans sujet procès à un homme lorsqu'il ne vous a fait aucun tort.

Et ces maximes si sages :

> Consultez volontiers, évitez les procès.
> Où la discorde règne, apportez-y la paix.
> Aimez à vous venger par beaucoup de bienfaits.
> Soyez homme d'honneur et ne trompez personne,
> A tous ses ennemis un cœur noble pardonne.

Henri IV disait que le meilleur moyen de se défaire d'un ennemi est d'en faire un ami.

Un de nos fabulistes fait justice de la folie de ceux qui plaident sans motif sérieux , en comparant ces plaideurs à deux chauves se querellant pour un peigne :

> Un jour deux chauves, dans un coin ,
> Virent briller certain morceau d'ivoire.
> Chacun d'eux veut l'avoir , dispute à coups de poing ;
> Le vainqueur y perdit, comme vous pouvez le croire,
> Le peu de cheveux gris qui lui restaient encor.
> Un peigne était le beau trésor
> Qu'il eut pour prix de sa victoire.

Combien de plaideurs se créent mille misères pour des choses qui ne peuvent leur être d'aucun intérêt.

On n'a point honte de plaider pour une pièce de monnaie,

pour un rien. Pour une promesse légère, on ne craint point de se tourmenter jour et nuit.

D'autres se laissent aller aux excitations et aux mauvais conseils de gens qui, après les avoir jetés dans l'embarras, ne les tireront pas d'affaire. Combien ils feraient mieux, refusant de se battre, de suivre l'exemple salutaire des deux coqs de la fable, et de dire comme eux :

> Entre nous plus de rixe et de rivalité,
> Vivons en paix ! ah ! qu'à l'instant je meure,
> Si j'accepte ou propose un combat singulier.
> Que le premier duel soit pour nous le dernier ;
> La plus courte folie est toujours la meilleure.

Ceci peut s'appliquer surtout aux rivalités des plus riches des coqs de nos villages, qui souvent entre eux font la guerre.

Je dois aussi vous prémunir contre la tentation de pouvoir tromper. Cet espoir est toujours déçu.

> En quelque lieu qu'il dirige ses pas,
> Tôt ou tard le plus faible indice
> Livre le criminel aux mains de la justice
> Qui sait tout, voit tout ici-bas.
> Par la ruse un coupable ajourne son supplice,
> Mais Dieu permet qu'il ne l'évite pas.

On se donne toujours plus de mal pour être malhonnête homme que pour être honnête et probe. Sans franchise, sans loyauté, il n'y a pas de bonheur possible. On passe sa vie en crainte et en tourments continuels.

> La ruse la mieux ourdie
> Peut nuire à son inventeur,
> Et toujours la perfidie
> Retourne à son auteur.

La crainte, qui est le premier châtiment que Dieu inflige au coupable, l'amène toujours à fournir lui-même les preuves de sa culpabilité.

> « D'un crime l'homme que personne
> « Ne sait encore être l'auteur,
> « Est en se disculpant, avant qu'on le soupçonne,
> « Son plus terrible accusateur. »

Il est tellement poursuivi et obsédé par le cri de sa conscience, qu'il est tout changé; il n'a plus le même caractère, il ne sait plus ce qu'il dit, ce qu'il fait; il parle et agit en sens différents, ou garde un silence inaccoutumé qui par cela même éveille l'attention. Dieu ménage aussi des témoins contre ceux qui se sont entourés de mystères qui leur semblaient impénétrables. La justice a tôt ou tard son cours.

Schiller, poète allemand, décrit, dans un style admirable, une scène de meurtre dans un lieu sauvage. Les meurtriers ne sont troublés dans l'accomplissement de leur crime que par une troupe de grues qui décrivent, en volant, un cercle sur leur tête.

Les coupables, vainement recherchés, semblent jouir en paix des biens qu'ils tiennent d'une origine aussi odieuse, lorsqu'un jour, se trouvant à l'amphithéâtre, l'air, par le passage subit d'une nuée de grues, est instantanément obscurci à tel point que chacun est surpris et effrayé; l'un des coupables, cédant à un mouvement irréfléchi, prononce à l'oreille de son complice ces mots à mi-voix : Ce sont les grues d'Ibycus. — D'Ibycus? ce nom chéri rallume la douleur dans toutes les âmes, et, comme dans la mer le flot succède au flot, ces mots volent de bouche en bouche : « D'Ibycus? que nous pleurons, qu'une main meurtrière a frappé? Que dit-il de lui? quelle peut être sa pensée? qu'a-t-il à dire de cette volée de grues?... »

La question se répète de plus en plus bruyante, et, prompt comme l'éclair, un pressentiment traverse tous les cœurs : « Prenez garde! c'est la puissance des Euménides!... Ibycus est vengé! le meurtrier s'offre de lui-même! Saisissez l'homme qui a dit cette parole et celui à qui elle s'adressait. » — Cependant, à peine ce mot lui a-t-il échappé, qu'il voudrait le retenir dans son sein; mais c'est en vain : l'effrayante pâleur de leurs lèvres trahit aussitôt les deux complices. On les arrache de leur place, on les traîne devant le juge; la scène est transformée en tribunal; les scélérats font l'aveu de leurs crimes, et la justice reprend son empire.

A l'appui de cette vérité, que le plus souvent les crimes sont découverts par les circonstances les plus inattendues, ou par les preuves les plus singulières, je crois devoir vous citer l'histoire du chien d'Aubry de Montdidier.

Sous le règne de Charles V, roi de France, un nommé Aubry de Montdidier, passant seul dans la forêt de Bondy, fut assassiné et enterré au pied d'un arbre. Son chien resta plusieurs jours sur sa fosse, et ne la quitta que pressé par la faim. Il vient à Paris, chez un ami intime de son maître, et, par ses tristes hurlements, semble lui annoncer la perte qu'il a faite. Après avoir mangé, il recommence ses cris, va à la porte, tourne la tête pour voir si on le suit, revient à cet ami de son maître, le tire par l'habit, comme pour lui marquer de venir avec lui. La singularité des mouvements de ce chien, sa venue sans son maître, qui tout d'un coup a disparu, et peut-être cette distribution de justice et d'événements qui ne permet guère que les crimes restent longtemps cachés, tout cela fit qu'on suivit ce chien. Dès qu'on fut au pied de l'arbre, il redoubla ses cris en grattant la terre,

comme pour faire signe de chercher en cet endroit. On y
fouilla et on y trouva le corps de cet infortuné Aubry.
Quelque temps après, ce chien aperçut par hasard l'assassin,
que tous les historiens nomment le chevalier Macaire : il lui
saute à la gorge, et on a bien de la peine à lui faire lâcher
prise; chaque fois qu'il le rencontre, il l'attaque et le poursuit avec fureur. L'acharnement de ce chien qui n'en veut
qu'à cet homme commence à paraître extraordinaire. On se
rappelle l'affection qu'il avait marquée pour son maître, et
en même temps plusieurs occasions où ce chevalier Macaire
avait donné des preuves de sa haine et de son envie contre
Aubry de Montdidier. Quelques circonstances augmentèrent
les soupçons. Le roi, instruit de tous les discours qu'on
tenait, fait venir ce chien, qui lui paraît tranquille jusqu'au
moment où, apercevant Macaire au milieu d'une vingtaine de
courtisans, il aboie et cherche à se jeter sur lui.

Dans ce temps-là, on ordonnait le combat entre l'accusa-
teur et l'accusé, quand les preuves du crime n'étaient pas
convaincantes; on nommait ces sortes de combats jugements
de Dieu, parce qu'on était persuadé que le ciel aurait plutôt
fait un miracle que de laisser succomber l'innocence. Le roi,
frappé de tous les indices qui se réunissaient contre Macaire,
jugea qu'il échéait gage de bataille, c'est-à-dire qu'il ordonna
le duel entre le chevalier et le chien. Le champ clos fut
marqué dans l'île de Notre-Dame, qui n'était alors qu'un
terrain libre et inhabité.

Macaire était armé d'un gros bâton; le chien avait un
tonneau percé pour la retraite et les relancements. On le
lâche : Aussitôt il court, tourne autour de son adversaire,
évite ses coups, le menace, tantôt d'un côté, tantôt d'un
autre, le fatigue, et enfin se lance, le saisit à la gorge, et
l'oblige à faire l'aveu de son crime en présence du roi et de
toute la cour.

Cette histoire vous prouve combien il était difficile, sinon impossible, à un coupable, même alors que les hommes étaient moins éclairés qu'aujourd'hui, et que la justice ne possédait pas tous les moyens d'investigation qu'elle a à sa disposition, d'éviter le châtiment qu'il avait mérité.

La vie d'un coupable est un enfer anticipé.

L'homme probe seul est heureux. Le chemin de la vertu peut seul conduire au bonheur.

La peau du renard le plus rusé finit toujours par aller chez le pelletier.

Le fripon finit toujours par la prison.

Une première faute conduit beaucoup plus loin qu'on ne pense et qu'on ne veut. Vous en aurez la preuve convaincante dans cette histoire d'un premier larcin :

Près d'un clos entouré d'épineux arbrisseaux,
Un jeune voyageur, passant par aventure,
    Vit un poirier dont la verdure
S'effaçait sous les fruits qui chargeaient ses rameaux.
Une poire le tente ; il franchit la barrière,
Et déjà de ce fruit savoure la douceur,
Quand un chien se réveille, et ce gardien sévère
    S'élance sur le voyageur.
Contre cet ennemi qui déjà le terrasse,
Le jeune homme est contraint de défendre ses jours ;
Il redouble d'efforts, lutte, et se débarrasse ;
Et sa main, d'une bêche empruntant le secours,
    Étend le dogue sur la place.
Aux aboiements du chien, le maître est accouru,
Et d'un destin pareil menaçant l'inconnu,
Du tube meurtrier il presse la détente,
Le coup part, le plomb siffle à l'oreille tremblante
    Du voyageur, qu'il n'a point abattu.
Mais cet infortuné, qu'emporte la colère,
De la bêche à son tour frappe son adversaire ;

Et près de son azor le maître est étendu.
Du criminel bientôt s'empare la justice,
Il pleure vainement son malheur et ses torts.
        Malgré ses pleurs et ses remords,
Le jeune voyageur est conduit au supplice.
Hélas! s'écriait-il, que mon sort est cruel!
Je lègue à ma famille une affreuse mémoire;
        Je meurs comme un vil criminel,
Et ne voulais pourtant dérober qu'une poire!
N'abandonnez jamais le sentier de l'honneur,
Enfants, je vous le dis, malheur, cent fois malheur
        A qui fait un pas dans le crime!
Le chemin est glissant; on ne peut s'arrêter :
        Qui se laisse une fois tenter
Est tôt ou tard entraîné dans l'abîme.

Revenons aux affaires civiles : J'allais oublier, mes jeunes amis, de vous parler d'une autre espèce de procès, de ceux qui divisent les familles les plus unies et qui s'élèvent trop fréquemment à propos du partage de quelque héritage. Combien se montrent sourds à cette vérité, enseignée par ce verset du saint roi David (*Ps.* LXXXII) : « Ah! c'est une chose bonne et agréable que les frères soient unis ensemble! » ne veulent point entendre raison, et dévorent la moitié de leur fortune en recourant à la justice. Ceci me remet en mémoire la fable des deux chats qui ne peuvent s'entendre pour partager un fromage.

        Deux chats, héritiers d'un fromage,
En qualité de frères avaient un droit égal;
        Dispute entre eux pour le partage.
        Qui le fera? Nul n'est assez loyal.
Beaucoup de gourmandise et peu de conscience,
Chacun par sa passion se sentait emporté;
        Ils veulent donc qu'à l'audience

Dame justice entre eux vide le démêlé.
Un singe, maître clerc du bailli du village,
    Et que pour lui-même on prenait,
Quand il mettait parfois sa robe et son bonnet,
Parut à nos deux chats tout un aréopage !
Par devant don Bertrand le fromage est porté ;
    Bertrand s'assied, prend la balance,
    Tousse, crache, impose silence,
    Fait deux parts avec gravité,
En charge les bassins ; puis, cherchant l'équilibre,
    Pesons, dit-il, d'un esprit libre,
D'une main circonspecte ; et vive l'équité !
Ça, celle-ci déjà me paraît trop pesante.
Il en mange un morceau ; l'autre pèse à son tour,
Un des bassins n'a plus qu'une légère pente.
   — Bon ! nous voilà contents ; donnez, disent les chats.
   — Si vous êtes contents, justice ne l'est pas,
    Leur dit Bertrand ; race ignorante !
    Croyez-vous donc qu'on se contente
De passer, comme vous, les choses au gros sas ?
    Et ce disant, monseigneur se tourmente
    A manger toujours l'excédant,
Par équité toujours donne son coup de dent :
De scrupule en scrupule avançait le fromage.
    Nos plaideurs enfin, las des frais,
    Veulent le reste sans partage.
Tout beau, leur dit Bertrand ; soyez hors de procès ;
Mais le reste, messieurs, m'appartient comme épice,
A nous autres aussi nous nous devons justice.
    Allez en paix, et rendez grâce aux dieux.
    Le bailli n'eût pas jugé mieux.

Les procès entre parents les ruinent aussi moralement. Chacun d'eux n'écoute que les excitations des mauvaises passions, divulgue les secrets de la famille, déchire à belles dents les siens, sans se douter qu'il en résulte toujours les plus graves inconvénients pour lui-même.

Tandis qu'au contraire, la concorde et l'union établissent la force, la sûreté, la conservation de la famille.

Les frères unis se défendent mutuellement de toute oppression; ils s'aident dans leurs besoins, se secourent dans leurs infortunes, et assurent ainsi leur commune existence.

Aimez-vous donc les uns les autres.

Cependant, mes chers amis, malgré ces critiques des procès, critiques que l'expérience justifie, hélas! trop souvent, la France est encore de tous les pays celui où la justice est la mieux administrée; et les autres peuples reconnaissent les avantages de notre législation. Nos tribunaux sont composés de magistrats éclairés, intègres et pénétrés du sentiment de leurs devoirs. Si quelques agents d'affaires laissent à désirer, ainsi que cela se présente dans toutes les professions et dans toutes les classes de la société, la plupart sont consciencieux et dignes de votre confiance. Lorsqu'il vous sera impossible d'obtenir autrement qu'en plaidant la consécration de vos droits, apportez dans le choix de vos conseils le discernement convenable, et vous en trouverez facilement qui prendront, avec la noblesse et l'indépendance qui caractérisent le barreau français, la défense de vos intérêts, et qui apporteront à cette défense tout le talent et tous les soins qu'ils donneraient à leurs propres affaires, et vous ne courrez alors aucun des dangers que je vous ai signalés.

Un auteur chinois, pour démontrer la nécessité où se trouvent les hommes de se secourir, rapporte que des voleurs entrèrent dans un village et ne laissèrent la vie qu'à deux hommes : l'un était aveugle et l'autre paralytique. L'aveugle chargea le paralytique sur ses épaules, le paralytique indiqua le chemin à l'aveugle, et tous deux gagnèrent un asile. Ainsi, les traverses de la vie deviennent plus légères, quand les hommes s'aident mutuellement.

Nul ne vit ici-bas sans connaître les larmes.
De la société les secourables charmes
Consolent nos douleurs au moins quelques instants ;
Remède encore trop faible à des maux si constants.
Ah ! n'empoisonnons pas la douceur qui nous reste.
Je crois voir des forçats, dans leur cachot funeste,
Se pouvant secourir, l'un sur l'autre acharnés,
Combattre avec les fers dont ils sont enchaînés.

L'amour de ses semblables est l'asile de l'homme ; et l'équité, le vrai chemin qui conduit au bonheur.

L'homme honnête ne méprise, n'insulte personne; l'homme modéré, content de ce qu'il possède, ne fait tort à aucun de ses semblables.

Heureux l'homme des champs qui met tous ses plaisirs
A rester ignoré de la foule importune,
Qui vit dans sa maison, content de sa fortune,
Et qui sur son pouvoir mesure ses désirs !

QUARANTE-QUATRIÈME LEÇON.

DES COMICES.

> Propriété oblige.
>
> Il faut que les comices soient comme la Providence de l'homme des champs.

> Recherchons le mérite, enseignons le devoir,
> Montrons de la vertu quel est tout le pouvoir ;
> L'homme se doit à l'homme en tout lieu, à tout âge.
> Sur le riche orgueilleux, l'indigent a des droits,
> Le faible sur le fort, l'imprudent sur le sage,
>   Les sujets sur les rois.

Les comices agricoles ont pour but d'exciter l'émulation des agriculteurs, de propager les meilleures méthodes de culture, les meilleurs instruments, les meilleures plantes et les animaux les plus beaux et les plus productifs, et de créer, dans un but d'intérêt privé et en vue de l'intérêt de la société, qui les résume tous, les plus grandes sources de richesses.

Tous les citoyens sont donc intéressés au maintien d'institutions d'une utilité aussi grande et aussi générale, et tous doivent s'empresser de faire partie des comices de leurs cantons, et de les mettre, par leurs souscriptions, à lieu de décerner des prix nombreux destinés à encourager les productions.

Les propriétaires ont un grand intérêt à ce qu'il en soit ainsi, puisque leur richesse s'accroîtra en proportion de l'augmentation de ces productions. Cependant les fermiers seront toujours les premiers à en profiter.

Le commerce et l'industrie puisent dans cette abondance les éléments de leur prospérité. Le pays le plus heureux est celui dans lequel l'agriculture est la plus florissante. Les gouvernements réduits à leurs seuls efforts sont impuissants à faire le bien : le concours des citoyens est indispensable.

En décernant, comme cela se pratique depuis quelques années, des récompenses publiques aux serviteurs ruraux qui comptent les plus longs et les meilleurs services, les sociétés agricoles encouragent la pratique de tous les devoirs, et prouvent qu'à leurs yeux il n'est point de véritables progrès sans les progrès moraux. Elles encouragent des existences modestes employées à l'accomplissement des obligations inhérentes à leur position, elles imitent Dieu qui ne laisse sans récompense aucune bonne action.

Dieu, dans sa bonté, récompense,
Tire de son obscurité
L'homme qui se soumet en toute humilité,
A sa céleste volonté,
Et sans murmure accepte l'existence
Que lui prescrit une infime naissance,
Ou qu'impose la pauvreté.

Dieu ne juge pas les hommes par les postes qu'ils occupent, mais par l'accomplissement des devoirs de chacun de nous dans le milieu où il nous a placés.

En agissant ainsi, les comices enseignent que le meilleur citoyen est celui qui préfère à toutes les autres la gloire d'obéir aux lois de son pays, de s'en montrer le plus fidèle observateur, et qui sait le mieux remplir toutes les obligations de son état.

Il n'est pas donné à tout le monde d'être savant, magistrat ou général; mais l'accomplissement des devoirs que notre position nous impose est obligatoire pour chacun de nous.

L'homme qui les remplit, quelle que soit la place qu'il occupe dans la société, est estimé et aimé de ses concitoyens; il puise dans chacune de ses actions une douce satisfaction; il est le plus heureux.

Nous faisons une bonne action en encourageant les hommes de cœur à entrer dans cette voie et à y persévérer. Cette considération seule devrait être assez puissante pour nous déterminer à faire partie des comices agricoles de notre pays.

Les comices ont encore pour résultat de réunir, dans les vues du plus grand intérêt commun, les personnes des diverses classes de la société, d'établir entre elles des rapports, de faire cesser des antipathies sans cause, d'opérer des rapprochements, d'apprendre à se connaître et à s'estimer à des personnes que des divergences d'opinions, souvent plus apparentes que réelles, tenaient éloignées, et d'amener une fusion si importante à la paix publique.

Le frottement de l'homme au milieu de ses semblables adoucit les angles, et donne cette politesse, cette affabilité, cette bienveillance qui semblaient former un apanage réservé autrefois à l'ancienne noblesse française, et que les classes inférieures doivent s'efforcer d'acquérir, pour obtenir cette égalité vers laquelle tendent leurs efforts. Nous marcherons ainsi, chaque jour, plus avant dans la civilisation.

Si nous voulons être tous égaux, tous amis, disait Platon, il faut que ce soit la même conscience qui nous parle : Pour la société civile, cette voix de Dieu, c'est la loi fondée sur la justice.

Il convient que l'esprit de la plus entière justice préside à la répartition des récompenses, et que les membres des comices appelés à faire partie des commissions qui doivent apprécier les degrés du mérite des différents candidats, s'habituent à rendre hommage à ces sentiments et à reconnaître leur empire sur tous les hommes qui prononcent au nom de la justice. Il convient qu'ils apprennent que leur avis sera pesé par leurs collègues de la même commission qui chercheront à connaître les motifs qui l'auront dicté. Leur décision définitive sera examinée à son tour par le public et servira de base au jugement qu'il portera sur celui de la commission.

On ne saurait donc, lorsque l'on est appelé à l'honneur de faire partie d'un jury agricole, attacher trop d'importance à l'accomplissement de ses fonctions.

Vous démoraliseriez en vous laissant volontairement, ou même à votre insu, entraîner par des considérations étrangères et indépendantes du mérite réel que vous avez à récompenser.

Les populations, cessant d'avoir confiance, s'éloigneraient de vous.

Vous devez tout faire pour détruire chez les habitants de la campagne leurs dispositions trop faciles à douter de la bonne administration de la justice.

Dans l'intérêt de la moralisation, et dans celui de l'avenir des comices, il importe que la justice ait son empire absolu et que l'on sache qu'elle préside, indépendante et sacrée, à toutes les décisions des commissions.

Les comices devraient se réunir en assemblée générale, une huitaine avant chaque concours, pour élire au scrutin secret les jurés. Le choix, ainsi fait, puiserait sa force et sa considération dans l'assentiment général; et les membres qui seraient ainsi nommés, comprenant toute la dignité et l'importance de leur mandat, s'efforceraient de s'en rendre dignes et de mériter qu'il leur fût continué pour les concours suivants.

Les comices ont l'avantage de mettre les administrateurs, les magistrats, les fonctionnaires, qui les encouragent par leur présence et par leurs efforts, à lieu d'étudier les populations et de connaître les besoins du pays. Ils peuvent les apprécier sur les lieux même.

Les populations sont heureuses et fières des preuves de dévoûment qu'on leur donne.

La confiance devient réciproque.

Nous devons tous nous efforcer d'opérer le bien partout et chaque fois que nous sommes assez heureux pour en trouver l'occasion. C'est tout ensemble un devoir social et religieux. Rien ne peut nous dispenser de ce devoir, et le champ de l'agriculture est assez vaste et assez noble pour fournir place aux plus modestes comme aux plus honorables dévoûments.

Les intérêts agricoles sont tels qu'ils méritent la protection de l'Etat, la sollicitude des administrateurs et le concours de tous les citoyens.

Terminons par une indication d'un document propre à vous faire connaître l'importance du mouvement agricole dans le département et la puissance de l'association des hommes de bien dans les intérêts du pays.

En 1861, les souscriptions volontaires se sont élevées à 60,000 fr., et les 41 comices agricoles ont mis en mouvement un capital de plus de 200,000 fr. (Concours régionaux, sociétés départementales, etc., etc.)

Il existe en France 141 sociétés d'agriculture, — 50 d'horticulture, — 9 agricoles et horticoles, — 5 vétérinaires, — 560 comices. — Total, 774 associations qui ont distribué cette année 1,750,000 fr. — Le nombre des cultivateurs inscrits est de 100,000 à 125,000.

Du genre humain, en s'isolant,
Aux sottes passions tout homme qui se livre,
S'il voulait dire vrai, avouerait franchement
Que, s'il agit ainsi, c'est qu'il ne sait pas vivre.

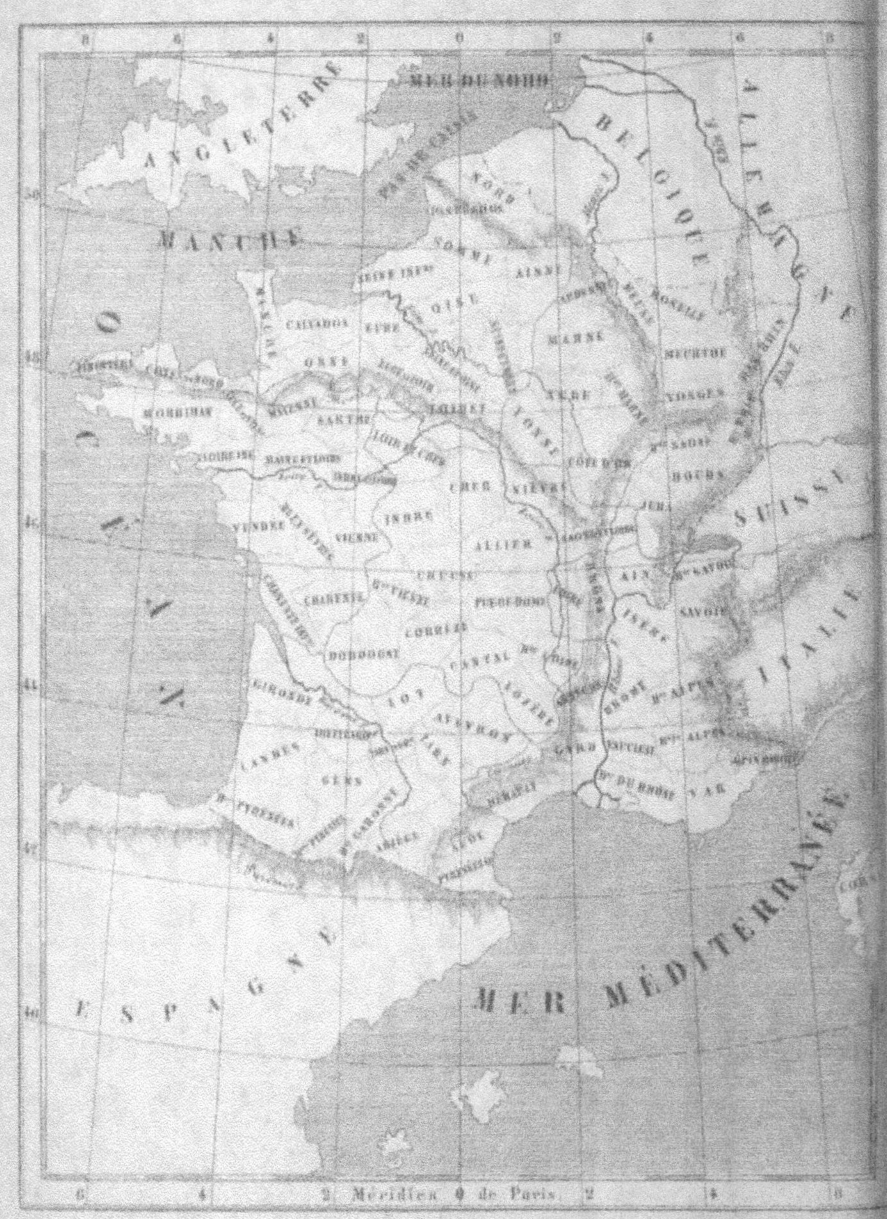
ANGLETERRE
MER DU NORD
BELGIQUE
ALLEMAGNE
MANCHE
O C É A N
SUISSE
ITALIE
ESPAGNE
MER MÉDITERRANÉE
Méridien de Paris
Lith. T. Hauvespre, à Rennes

QUARANTE-CINQUIÈME LEÇON.

LA FRANCE AGRICOLE.

> Que les devoirs envers Dieu, envers
> votre patrie, envers votre famille, et
> envers vous-mêmes, remplissent toute
> votre vie.

> Ta patrie aux vertus a formé ton enfance.
> Les ministres des lois te font des jours heureux ;
> Les guerriers, pleins de sang, meurent pour ta défense,
>   Et que fais-tu pour eux ?

Avant de vous parler de la France, j'éprouve le besoin de vous entretenir de l'univers, avec la brièveté que les limites que nous nous sommes assignées exigent, et de vous amener, par la contemplation des mondes qui le composent, à penser à Dieu.

Les globes, jetés dans l'espace et parcourant les voies qui de toute éternité leur ont été tracées, ne proclament-ils pas, en effet, la puissance infinie du Créateur?

D'après Herschel, la voie lactée, cet espace maculé d'étoiles que l'on aperçoit au firmament, comprend, dans une étendue de 2° sur 15, jusqu'à 50,000 planètes. Les nébuleuses sont des amas d'étoiles de 600 à 9,000 fois plus éloignées que les autres. Il en existe dont la distance est de 13 mille milliards de lieues, et dont la lumière mettrait de 30,000 à 2,000,000 d'années à parvenir à la terre. En présence d'un pareil prodige, alors partout que l'on sait que la lumière parcourt 60,000 lieues par seconde, l'homme se sent anéanti!!!

Vous ne pouvez vous faire l'idée des dimensions de ces globes qu'en pensant qu'il s'en trouve qui représentent un volume égal à vingt millions de fois celui du soleil.

Qu'est-ce donc que la terre au milieu de cet infini?

Et cependant, notre imagination ne peut comprendre les merveilles de notre petite planète.

Dieu qui est éternel, immense et d'une puissance infinie, fait dans le ciel et sur la terre des choses admirables et incompréhensibles, et l'on ne peut pénétrer la profondeur de ses merveilles. Si les œuvres de Dieu étaient telles que la raison de l'homme les pût aisément comprendre, elles ne seraient plus merveilleuses, et il ne faudrait plus les appeler ineffables, dit l'auteur de l'*Imitation*.

Saint François de Salles reproduit la même pensée en s'écriant : « Vous seriez bien petit, ô mon Dieu! si vous pouviez être compris par un esprit aussi petit que le nôtre. »

En présence de cet infini, si la terre n'est qu'un grain de sable dans l'immensité, qu'est-ce que l'homme dont la vie est si limitée?

Hâtons-nous de le dire :

Il est plus grand que toutes les œuvres matérielles; sa grandeur est infinie, sa valeur morale est incalculable et sans prix aux yeux de Dieu qui a créé toutes choses pour lui. Il est le seul de tous les êtres à posséder quelques notions de l'infini; il est le seul qui puisse concevoir l'origine et le but de la création; il est le seul à avoir des aspirations vers un autre monde; seul il comprend les limites de son existence ici-bas; seul il a la conscience de ses actes; seul il comprend le mérite et le blâme, la faute et la vertu, la nécessité d'une récompense et d'un châtiment; seul il connaît la justice, l'équité, le désintéressement, le dévoûment, les nobles sentiments; seul il s'élève par le devoir au-dessus de la vie matérielle, sentant qu'il y a chez lui une âme qui ne périt jamais; seul enfin, il place le bonheur ailleurs que dans la satisfaction passagère d'une enveloppe destinée à la pourriture de la terre. Il sent qu'autour de lui gravite l'activité d'un passé, d'un présent et d'un avenir infinis. Il a la conscience de la place occupée par son corps dans l'espace, et la conscience de son âme qui existe indépendante de tout espace et de tout lieu. Il a pour lui la liberté de ses pensées et de ses actes, il en a par cela même la responsabilité. Il peut déchoir, il peut s'ennoblir; il peut commettre le crime, il peut pratiquer la vertu. L'homme est donc placé au-dessus de tout ce qui existe, et tout ce qui a été fait a donc été fait pour lui. Qu'importe, au point de vue moral, la durée de sa vie? Une seule chose lui importe, c'est son emploi. Dans toutes ses œuvres, Dieu a manifesté un but. En donnant à l'homme la vie morale qu'il n'a donnée à aucune autre de ses créatures, en lui donnant la notion de l'infini, Dieu lui a clairement démontré sa destinée future.

> Loin de vous une aveugle et fatale assurance!
> Le néant qui du crime est l'affreuse espérance,
> L'oubli qui de la gloire éteindrait le flambeau,
> Ne nous attendent point au-delà du tombeau.

L'homme doit donc observer les enseignements manifestés par toutes les œuvres divines de la création; son bonheur ici-bas et son bonheur dans l'autre vie dépendent de l'accomplissement de ses devoirs. C'est en ce sens que l'Ecriture nous dit avec raison que les biens, la santé, les honneurs, la longévité, n'ont qu'une bien faible valeur aux yeux du sage : Une seule chose lui importe, la vertu.

> Lorsque la mort moissonne, à la fleur de son âge,
> Un homme déjà convaincu
> Que la faiblesse est son partage,
> Mais que ses sens n'ont point vaincu,
> Pourquoi gémir du coup qui le délivre ?
> Quelque jeune qu'on soit, quand on a su bien vivre,
> On a toujours assez vécu.

Je vous ai déjà donné une idée de la place imperceptible que la terre occupe dans l'immensité de l'infini. Pour compléter ces notions, permettez-moi de reproduire à ce sujet un passage d'un discours prononcé par M. Babinet :

« Par la masse de tous les soleils, par celle des millions » de millions de planètes qui circulent autour de ces soleils, » voilà, dit-il, une quantité de matière qui réduit notre » planète à une grande infériorité d'importance.

» Notre soleil lui-même, notre Phébus, n'est presque rien » au milieu de notre voie lactée, et dans ce vaste système » l'espace grandit de manière à rivaliser par sa grandeur » avec l'énorme somme de matière qui forme les innombra- » bles soleils de notre nébuleuse. Il semble que nous touchons » déjà à l'infini, pour la *matière* et pour *l'espace*.

» Mais ce n'est pas tout : notre nébuleuse (on appelle ainsi les planètes que nous apercevons à peine et sous un aspect nuageux), quelle qu'en soit l'immensité, n'est pas la seule dans l'univers : Il est peuplé de nébuleuses innombrables, de même qu'une nébuleuse est elle-même peuplée d'innombrables soleils. A ne compter que les nébuleuses cataloguées au moyen du télescope, nous en avons déjà plus de 4,000; et, en échelonnant les unes derrière les autres les nébuleuses qui deviennent des points dans l'étendue de cette portion visible de l'univers, les limites sont tellement reculées, qu'au lieu de désirer d'aller plus loin, l'imagination, effrayée, sent plutôt le besoin de se replier en arrière et de revenir des nébuleuses extrêmes aux nébuleuses les plus voisines, puis de celles-ci à la nôtre, et enfin de retrouver notre soleil au milieu des soleils qui sont pour ainsi dire ses frères, et de s'arrêter aux planètes qui sont du domaine solaire, parmi lesquelles notre terre n'occupe pas un rang fort honorable, puisqu'elle n'est que la trois-centième partie de la planète de Jupiter, laquelle n'est pas elle-même la millième partie du soleil! »

La terre a la forme d'une sphère: cette boule est la mère de tout ce qui croît, la nourriture de tout ce qui existe, le grenier de la vie, le gouffre qui dévore tout. Elle est aplatie vers ses deux extrémités que l'on nomme pôles. Son diamètre est de 3,183 lieues; elle est à la distance de 38,230,496 lieues du soleil. Elle tourne sur son axe en un jour, et elle met 365 jours à accomplir sa rotation autour du soleil. Cette rotation amène les saisons. La mer occupe les trois quarts de la surface du globe. La partie de terre ferme qui forme la France se trouve comprise entre la Manche et le Pas-de-Calais, qui la séparent de l'Angleterre, la Belgique, le Luxembourg, la Prusse et la Bavière rhénanes, le grand-duché de Bade, la Suisse, les Etats sardes, la Méditerranée et l'Espagne, et par l'Océan Atlantique. Sa superficie est de 52,768,618 hectares et sa population de 36,494,876 habitants.

Dieu a ouvert avec une largesse admirable sa main pleine de bienfaits sur la France.

Il l'a dotée de la température des climats les plus opposés. Son sol offre les différences les plus remarquables, et ces différences amènent avec elles celles des productions. On y rencontre les montagnes élevées, les forêts, les plaines, les mines, les fleuves, les mers sur ses côtes ; elle offre comme un résumé de tous les pays du globe.

Nos populations du Nord, du Midi, de l'Est et de l'Ouest, celles du Centre ont, avec le même dévoûment à la patrie, le même courage, le même amour de la gloire, le même sentiment de l'honneur, des mœurs et des aptitudes différentes.

Nous serions, sans débat, le premier peuple du monde si nous pouvions nous corriger de quelques-uns de nos défauts.

On se sent frappé d'étonnement lorsqu'en jetant les yeux sur la carte on remarque la faible étendue du territoire français, et que l'on pense à l'influence qu'exerce sur les autres nations le peuple qui habite un espace aussi limité, en comparaison de l'étendue de plusieurs autres États.

Notre pays portait autrefois le nom de Gaule. Il a subi bien des changements dans ses mœurs, ses gouvernements et son étendue territoriale ; mais je ne puis avoir l'intention d'examiner avec vous tous ces changements successifs et leurs causes, et de vous faire, quelque intéressant qu'il pût être pour moi, un cours d'histoire et de géographie. Je ne pourrais le faire sans sortir des limites que je me suis assignées.

Cependant il est indispensable que vous connaissiez au moins les limites et l'étendue de la France, les grandes chaînes de montagnes, les fleuves principaux qui la sillonnent, son climat et ses productions. Nous empruntons ces notions exactes à l'excellent ouvrage (*Histoire de France abrégée*) dont M. A. Magin, ancien conseiller de l'Université,

ancien inspecteur général de l'instruction publique, recteur
de l'Académie de Rennes, a publié, en 1860, une nouvelle
édition :

« II. — *Limites et étendue de la France*. — La France,
appelée Gaule par les anciens, est ce vaste et beau pays,
enfermé par la nature entre la Méditerranée et les monts
Pyrénées au S., l'Océan Atlantique à l'O., la Manche au
N.-O., le Rhin à l'E., et les Alpes au S.-E. Elle s'étend de
42° 20' à 51° 5' de lat. N., et de 7° 9' de long. O. à 5° 56' de
long. E. Elle a la forme d'un hexagone, dont trois côtés sont
baignés par la mer; elle a 2,400 kil. de côtes maritimes, et
1,800 de frontières continentales.

» III. — *Six grandes chaînes de montagnes*. — On trouve
en France six principales chaînes de montagnes, savoir :

» 1° Les *Pyrénées*, qui se prolongent sur une étendue de
340 kilomètres, entre la France et l'Espagne; elles laissent
aux voyageurs 59 passages ou ports, dont les principaux
sont gardés par les forts de Bellegarde et de Montlouis, à
l'E., et par les routes partant d'Oléron et de Saint-Jean-Pied-
de-Port, à l'O. Les sommets les plus remarquables des Pyrénées françaises sont, de l'E. à l'O. : le *Canigou*, les *Pics du
Midi* de Bigorre et de Pau, le mont *Perdu* et le *Vignemale*.
A une hauteur de 2,400 mètres, on rencontre les neiges
perpétuelles. Ce n'est pas du reste par son élévation seulement et par sa masse que la chaîne des Pyrénées est intéressante; elle l'est encore par ses richesses naturelles, ses eaux
minérales, ses plantes précieuses et ses animaux rares, par
ses admirables aspects, par ses vallées pittoresques, enfin par
l'intelligence et la vivacité de ses montagnards, et par l'importance que lui donne sa position entre deux grandes nations.

» 2° Les *Alpes*, que l'on divise en trois groupes : Alpes

occidentales, Alpes centrales, Alpes orientales. La chaîne des Alpes occidentales touche seule à la France et lui sert tout à la fois de limite et de rempart au S.-E., par les deux sections des *Alpes maritimes* et des *Alpes Cottiennes*. Ces dernières sont ainsi nommées en souvenir d'un roi Cottius, qui au temps d'Auguste ouvrit une route aux Romains dans la vallée de Suze; elles envoient en France, vers le S.-O., le rameau des *Alpes du Dauphiné*, où l'on remarque les monts *Olan* et *Ventoux*. Les Alpes maritimes projettent aussi au S.-O. les *Alpes de Provence*, dont les principales ramifications sont les monts d'*Estérel*, la *Sainte-Baume* et les montagnes des *Maures*.

» 3° Le *Jura*, qui s'étend à l'E., dans l'intérieur même du pays, à travers les départements du Doubs, du Jura et de l'Ain, sur une longueur de 280 kilomètres. En se rapprochant des Alpes, cette chaîne s'élève graduellement. Elle se compose de six petites chaînes presque parallèles, séparées par d'étroites vallées, et dont chacune est moins élevée que la précédente, à mesure qu'on s'avance vers l'O.; ainsi la plus occidentale n'a que 600 mètres, tandis que la plus orientale a une hauteur moyenne de 1,000 mètres; on y remarque même le mont Tendre (1,734 m.) et le mont Dôle (1,690 m.). La chaîne du Jura n'est pas une frontière bien sûre; elle livre passage aux ennemis par Genève au S., et par Bâle au N.

» 4° Les *Vosges*, qui se rattachent au Jura par les *collines de Béfort*, et se dirigent vers le N. Sous ce nom nous comprenons les *Vosges* proprement dites, qui forment la limite occidentale du Haut et du Bas-Rhin, et les monts *Faucilles*, qui traversent de l'E. à l'O. le département des Vosges. Des Faucilles se détachent vers le N.-O. les chaînes secondaires de l'*Argonne* et des *Ardennes*, qui enferment le bassin de la Meuse, et vers le S.-O. le *plateau de Langres*, qui a près de

450 mètres d'élévation, et se rattache à la *Côte-d'Or*, suite de collines dont les points les plus élevés ne dépassent pas 530 mètres. Les pentes occidentales de la Côte-d'Or sont assez brusques; elles sont couvertes de riches vignobles et couronnées de bois. Vers l'O., la Côte-d'Or envoie, entre les affluents de la Seine et de la Loire, un rameau remarquable qui parcourt le département de la Nièvre sous le nom de monts du *Morvan*. — Parmi les principaux sommets des Vosges, on peut citer le Ballon (1) d'Alsace (1,071 mèt.). On trouve surtout dans les Vosges de fertiles et riantes vallées, des sites pittoresques qui rappellent la Suisse en petit, de belles forêts de sapins, des mines de cuivre, de fer, de plomb argentifère, de houille, de sel gemme, etc., des sources minérales et thermales, et des carrières de marbre.

» 5° Les *Cévennes*, qui se rattachent aux Vosges par la Côte-d'Or, le plateau de Langres et les Faucilles, et parcourent du N. au S. le centre de la France sous des noms divers. Les principales chaînes des Cévennes sont les monts du Charolais, du Beaujolais, du Lyonnais, du Vivarais et du Gévaudan. Les montagnes d'*Auvergne*, comprenant les monts Dômes et les monts Dores, sont, ainsi que la *Margeride*, les montagnes du *Limousin* et les montagnes du *Poitou*, des prolongements vers l'O. de la grande chaîne des Cévennes. Les Cévennes proprement dites couvrent le département actuel de la Lozère, l'un des plus pauvres de la France. Le mont *Lozère*, le plus élevé de cette chaîne, n'a que 1,490 mètres. — On trouve dans les Cévennes, comme dans les monts d'Auvergne, beaucoup de volcans, tous entièrement éteints, mais dont les cratères ont conservé leur forme pri-

---

(1) La forme arrondie de plusieurs de ces sommets leur a fait donner le nom de *ballons*.

mitive. Souvent même il est facile de reconnaître au pied de ces volcans la lave qui s'est changée en une sorte de pierre fort dure, et les décombres d'un incendie souterrain.

» 6° Les *monts de Bretagne* ou *chaîne Armoricaine*, moins élevée que les chaînes précédentes, traversant toute la presqu'île de ce nom, et formant avec les montagnes de *Normandie* et du *Maine*, avec le plateau d'*Orléans* et les monts du Morvan, la ligne de partage des eaux entre le bassin de la Manche et celui du golfe de Gascogne.

» IV. — *Six grands fleuves.* — De même que nous avons distingué six grandes chaînes de montagnes, de même nous trouvons en France six fleuves principaux tombant de ces montagnes pour se rendre à la mer. Ces fleuves sont :

» 1° La *Seine*, qui prend sa source dans les hauteurs de la Côte-d'Or, près du petit village de Saint-Seine ; elle arrose Châtillon, Bar-sur-Seine, Troyes, Nogent-sur-Seine, Montereau, Melun, Corbeil, Paris, Poissy, Meulan, Mantes, Vernon, Pont-de-l'Arche, Elbeuf, Rouen, Quillebœuf, et se jette dans la mer entre le Hâvre et Honfleur, par une embouchure large de 12 kil. Ses principaux affluents sont : à droite, l'Aube, la Marne et l'Oise grossie de l'Aisne ; à gauche, l'Yonne et l'Eure. Le cours de la Seine est en général paisible et peu dangereux, excepté vers son embouchure, où il est embarrassé de nombreux bancs de sable qui se forment et disparaissent facilement ; mais il est fort sinueux, surtout depuis Paris jusqu'à la mer.

» 2° La *Loire*, qui prend sa source au mont Gerbier-des-Joncs, dans le département de l'Ardèche. Elle coule vers le N.-O. jusqu'à Orléans, en arrosant Roanne, Nevers, La Charité, Gien ; puis elle descend vers l'O. pour aller se jeter dans l'Océan Atlantique, après avoir arrosé Orléans, Beaugency, Blois, Amboise, Tours, Saumur, Ancenis, Nantes et

Paimbœuf. Ses principaux affluents sont : à droite, la Nièvre et la Maine, formée par la réunion de la Mayenne et de la Sarthe grossie du Loir; à gauche, l'Allier, le Loiret, le Cher, l'Indre, la Vienne et la Sèvre Nantaise. Les bords de la Loire, depuis Orléans surtout, sont renommés pour la beauté de leur aspéct; mais son lit peu profond se trouve souvent obstrué par les sables, et elle est sujette à de fréquents et désastreux débordements.

» 3° La *Garonne*, formée de deux ruisseaux, le *Gar* et l'*Onne*, qui prennent leur source, l'un dans les Pyrénées françaises, l'autre dans les Pyrénées espagnoles. Elle arrose Saint-Gaudens, Toulouse, Agen, Marmande, La Réole, Bordeaux, et tombe dans l'Océan Atlantique sous le nom de Gironde, qu'elle prend depuis sa réunion avec la Dordogne. Son embouchure fait face à un rocher isolé, sur lequel Henri IV a fait élever un phare appelé la tour de Cordonan. Ses principaux affluents sont : à gauche, le Gers; à droite, l'Ariége, le Tarn grossi de l'Aveyron, le Lot et la Dordogne, qui se réunit à la Garonne à l'endroit appelé le Bec d'Ambez.

» 4° Le *Rhône*, qui prend sa source au mont Furca, en Suisse, à une hauteur de 1,754 mètres; après s'être ouvert la vallée du Valais entre les Alpes Helvétiques et Pennines, il traverse le lac de Genève, sert pendant quelque temps de limite entre la France et la Savoie, devient navigable à Seyssel, arrive à Lyon, ville avantageusement située au confluent du Rhône et de la Saône, tourne alors au S., et descend avec une rapidité souvent dangereuse vers la Méditerranée, en arrosant Vienne, Tournon, Valence, Pont-Saint-Esprit, Avignon, Beaucaire, Tarascon et Arles; un peu au-dessous de cette dernière ville, il se partage en deux branches principales, le grand Rhône et le petit Rhône, et forme l'île de la Camargue, dont les pâturages nourrissent une race de chevaux célèbres par leur légèreté. Les principaux affluents du Rhône sont : à droite, l'Ain, la Saône, sujette à de fréquents débordements, l'Ardèche, le Gard ; à gauche, l'Isère, la Drôme et la Durance.

» 5° Le *Rhin*, qui prend sa source, comme le Rhône, dans les Alpes, mais sur le versant opposé ; après avoir coulé vers le N., il traverse le lac de Constance, se dirige vers l'O. jusqu'à Bâle, tourne ensuite brusquement vers le N. en servant de frontière orientale à l'Alsace, sépare la Belgique de la Hollande, et va se jeter dans la mer du Nord, après avoir passé par Spire, Worms, Mayence, Coblentz, Cologne, Utrecht et Leyde. Ses affluents de la rive gauche sont les seuls dont nous ayons à parler ici ; il y en a trois principaux : l'Ill, qui arrose Mulhouse et Strasbourg ; la Lauter, qui forme la limite N.-E. de la France, et la Moselle, qui arrose Epinal, Toul, Pont-à-Mousson, Metz et Thionville. La navigation du Rhin, comme celle du Rhône, est dangereuse par l'impétuosité de son cours ; mais les bords de ce fleuve offrent les sites les plus remarquables.

» 6° La *Meuse*, qui prend sa source dans le plateau de Langres, arrose jusqu'à la frontière Saint-Mihiel, Verdun, Sédan, Mézières, Charleville et Givet. Son principal affluent est la Sambre, qui la rejoint sur sa rive gauche, à Namur, en Belgique. Les bords de la Meuse sont aussi très-renommés pour la richesse de leur végétation et la beauté de leurs sites.

» V. — *Climat et productions*. — Ainsi couverte de montagnes que couronnent de belles forêts, ainsi arrosée par six grands fleuves et plus de cinq mille rivières, la France était déjà célèbre dans l'antiquité par la douceur de sa température et l'heureuse diversité de ses produits. Elle a toujours possédé des mines d'étain, de plomb, d'asphalte, de houille et de nombreuses mines de fer. Le cuivre y est plus rare ;

l'argent l'est bien plus encore ; l'or ne s'y rencontre presque pas. On y trouve beaucoup de carrières d'albâtre, de porphyre, de granit, de marbre, de pierres à fusil, d'ardoises, de plâtre, etc., de belles salines et des marais salants. Mais, parmi tous les avantages dont la France se trouve dotée, aucun n'égale l'importance de ses richesses végétales. Son heureuse situation et la bonté du sol permettent d'y cultiver avec succès une multitude d'arbres et de plantes de toute espèce. Les céréales, les fruits, les légumes, les plantes oléagineuses y croissent même avec une telle abondance, que plusieurs de ces productions, non seulement suffisent aux besoins du pays, mais sont encore l'objet d'une exportation considérable. Le climat, l'exposition et l'industrie locale ajoutent dans plusieurs départements à l'importance de nos richesses végétales. »

Je dois ajouter que la France, telle qu'elle existe, doit tenir la première place dans vos affections, et que vous devez vous efforcer d'augmenter ses richesses.

Pour mieux vous démontrer la nécessité de porter vos efforts vers ce noble but, il me suffira d'appeler votre attention sur l'augmentation constante de la population.

Tous les cinq ans, l'administration fait procéder au recensement de la population ; mais, en dehors des tableaux de ces opérations, on peut aussi chaque année se rendre compte de cet accroissement, en comparant le nombre des naissances et celui des décès. Le dernier chiffre est toujours inférieur à celui des naissances. Nous remarquons dans la période de 1837 à 1846 un accroissement de population de un million huit cent soixante mille habitants. Les épidémies, les guerres, les disettes, mille causes diverses peuvent empêcher cette marche ascendante d'être régulière ; mais, bien que variable, elle n'existe pas moins pour cela, et l'on constate toujours dans une période quinquennale une différence de plusieurs centaine de mille en faveur des naissances sur les décès. Ce fait est assez puissant pour établir la nécessité dans laquelle nous nous trouvons d'accroître dans la même proportion les ressources alimentaires. Les bouches nouvelles qui doivent venir chaque année les réclamer, nous imposent l'obligation de demander, à notre tour, au sol ces indispensables ressources, sous peine d'être exposés à un renchérissement progressif des choses nécessaires à la vie.

La France peut se diviser en six grandes régions agricoles.

Son territoire possède :

5 millions d'hectares de prairies naturelles,
2 millions d'hectares de vignes,
2 millions de jardins et vergers,
25 millions de terres arables,
8 millions de bois,
8 millions de pâtis et landes,
____
50 millions d'hectares.

Elle récolte 87 millions d'hectolitres de froment.

Elle possède plus de trois millions de chevaux, trois millions de têtes de gros bétail, et plus de 35 millions de moutons.

Au 1er janvier 1851, son revenu immobilier était de 2 millions 646, et dix ans plus tard, le 1er janvier 1861, ce revenu s'élevait à 3 milliards deux cent seize millions de francs, d'où suit en faveur de la richesse publique un accroissement de revenu moyen de 57 millions par an.

Les six régions agricoles comprennent chacune 14 ou 15 départements et peuvent être désignées sous les dénominations suivantes, conformément à la classification faite par M. Roux-Lavergne, savoir :

	Cultures	Bois	Landes et Pâtis	Terrains non imposables
N.-O...	7,000,000	1,000,000	»	500,000
N.-E...	6,000,000	2,000,000	500,000	500,000
O......	6,500,000	1,000,000	500,000	500,000
S.-E...	4,500,000	1,500,000	2,800,000	500,000
S.-O...	5,000,000	1,500,000	2,100,000	500,000
Centre..	5,000,000	1,000,000	2,100,000	500,000
	34,000,000	8,000,000	8,000,000	3,000,000

L'Algérie comprend en outre une étendue de 47 millions d'hectares.

Son revenu est de **2** millions six cent mille francs.

La Savoie et Nice ont ajouté à la France un million d'hectares et 700,000 habitants.

La région N.-O. comprend les départements suivants :

Pas-de-Calais, — Somme, — Aisne, — Oise, — Seine, — Seine-et-Oise, — Seine-et-Marne, — Seine-Inférieure, — Calvados, — Eure, — Orne, — Marne, — Eure-et-Loir, — Loiret.

Cette région est la plus riche des six.

Elle comprend le quart de la population, le sixième du territoire. — Elle paie 690 millions d'impôts.

Elle est formée des anciennes provinces de la Flandre, de l'Artois, de la Picardie, de la Normandie et de l'Ile-de-France.

Elle a une étendue de huit millions 565 mille 308 hectares.

Sa population est de 9,331,045 hommes.

La région Nord-Est comprend les départements suivants :

Ardennes, — Aube, — Marne, — Haute-Marne, —

Yonne, — Côte-d'Or, — Doubs, — Jura, — Haute-Saône, — Meuse, — Moselle, — Meurthe, — Vosges, — Haut-Rhin, — Bas-Rhin.

Ces départements sont formés des anciennes provinces de Champagne, Bourgogne, Franche-Comté, Lorraine et Alsace.

Sa population est de 5,512,618 hommes.

Son étendue est de 8,981,300 d'hectares.

Elle paie 219 millions d'impôts.

La région de l'Ouest est formée des départements suivants :

Indre-et-Loire, Mayenne, Sarthe, Maine-et-Loire, Ille-et-Vilaine, Côtes-du-Nord, Finistère, Morbihan, Loire-Inférieure, Vendée, Deux-Sèvres, Vienne, Charente, Charente-Inférieure.

Ces départements comprennent les anciennes provinces de la Touraine, du Maine, de l'Anjou, de la Bretagne, du Poitou, de la Saintonge, et de l'Angoumois.

Son étendue est de 9,105,870 hectares.

Sa population est de 6,416,477 hommes.

Ses impôts s'élèvent à 214,630,189 fr.

La région Sud-Ouest, formée des anciennes provinces de la Guyenne, du Béarn, du Roussillon et d'une partie du Languedoc, comprend les départements suivants :

Gironde, Lot-et-Garonne, Lot, Tarn-et-Garonne, Landes, Gers, Haute-Garonne, Tarn, Aveyron, Basses-Pyrénées, Hautes-Pyrénées, Ariége, Aude, Pyrénées-Orientales.

Son étendue est de 8,788,450 hectares.

Sa population est de 4,753,116 hommes.

Son impôt s'élève à 157,456,905 fr.

La région Sud-Est est composée des anciennes provinces de la Bourgogne, du Lyonnais, le Forez, le Dauphiné, le

Vivarais, le Comtat d'Avignon, le Bas-Languedoc et la Provence, qui forment aujourd'hui les départements suivants :

Saône-et-Loire, Ain, Rhône, Loire, Isère, Ardèche, Drôme, Hautes-Alpes, Vaucluse, Gard, Hérault, Basses-Alpes, Bouches-du-Rhône, Var, Corse.

Son étendue est de 9,144,174 hectares.

Sa population est de 5,818,129 hommes.

Elle paie 254,331,846 fr. d'impôts.

La région du centre comprend la Sologne, le Berry, le Nivernais, le Boulonnais, l'Auvergne, le Vélay-Gévaudan, la Marche, le Limousin et le Périgord.

Ces provinces forment aujourd'hui les départements suivants :

Loir-et-Cher, Indre, Cher, Nièvre, l'arrondissement de Brioude dans la Haute-Loire, les départements du Cantal, du Puy-de-Dôme, de la Creuse, de la Corrèze, de la Dordogne, et une partie de ceux de la Haute-Vienne et de Lot-et-Garonne.

Son étendue est de 8,442,798 hectares.

Sa population est de 4,228,542 hommes.

Ses impôts s'élèvent à 105,842,208 fr.

Comme on le voit par ces documents, il existe de bien grandes différences entre ces diverses contrées. Elles sont encore plus grandes, lorsque l'on compare certains départements entre eux; ainsi, dans celui du Nord, l'hectare de terre se vend 10,000 fr., tandis que dans le département des Landes il ne vaut que 50 fr.

Vous apprécierez ces différences entre la rente, le profit, l'impôt, les frais et le salaire, par le tableau suivant, présentant la division du produit brut par hectare imposable :

RÉGIONS.	RENTE.	PROFIT	IMPOT	FRAIS	SALAIRES
Nord-Ouest........	60^f	20^f	10^f	10^f	80^c
Nord-Est	30	10	5	5	40
Ouest	30	10	5	5	40
Sud-Est.........	25	10	5	5	35
Sud-Ouest......	25	5	3	2	35
Centre.........	20	5	3	2	30
LA MOYENNE EST DE	30	10	5	5	50

Nous voyons, par exemple, que le profit, dans le Nord-Ouest, est quatre fois plus considérable que celui que l'on obtient dans le Centre, etc., etc.

Dans certains départements, le blé rend quinze pour un, et dans d'autres il donne à peine le tiers de ce produit, cinq fois la semence à peine.

Enfin, sur quelques points, on possède une tête de bétail par hectare, tandis que dans d'autres on n'en possède qu'un pour dix hectares de terre.

Les salaires présentent les mêmes différences. Le prix moyen par jour de travail peut être évalué ainsi qu'il suit, d'après la fixation des prix de rachat arrêtés par les conseils généraux :

Nord-Ouest, 2 fr.
Nord-Est,   1 fr. 50.
Ouest,   1 fr. 25.

Sud-Est,   2 fr.
Sud-Ouest,   1 fr. 25.
Centre,   1 fr. 25.

Enfin, la production agricole de la France, qui s'élève aujourd'hui à 150 fr. par tête, s'élevait en 1789 à 100 fr. seulement. Elle a augmenté d'un tiers environ. Pour les parties sur lesquelles les progrès les plus importants ont été obtenus, il en reste encore à réaliser. Quelques contrées ne font que commencer à entrer dans la voie des améliorations.

L'instruction, les moyens prompts et faciles de communication, les instruments perfectionnés, les découvertes de la science, la protection du Gouvernement, les efforts de tous les hommes de bien, assureront de plus en plus la prospérité agricole de la France, et la maintiendront au rang qu'elle doit occuper parmi les nations.

QUARANTE-SIXIÈME LEÇON.

HYGIÈNE.

> La santé et la vie sont les biens
> les plus précieux après l'honneur
> et la vertu.

Les principes de morale sont comme des phares destinés à guider l'homme dans sa carrière et à l'empêcher de tomber dans de dangereux égarements.

Ils ont encore un autre résultat que celui d'éclairer les intelligences, c'est de contribuer à nous conserver un des biens physiques le plus précieux, et sans lequel le bonheur ne saurait être entièrement complet : la santé.

Les préceptes de la morale contribuent d'une manière bien plus puissante qu'on ne le suppose généralement à la conservation des biens physiques, et notamment de la santé, qui tient le premier rang entre eux.

N'auraient-ils que ce seul résultat, ils devraient encore être enseignés et observés.

L'homme récolte ce qu'il a semé.

Le chancelier Bacon disait que les débauches de la jeunesse étaient autant de conjurations contre la vieillesse.

Quand on entend de malheureux jeunes gens, follement entraînés par la passion, dire qu'il faut s'empresser de vivre, ne serions-nous pas tenté de leur répondre, avec mille fois plus de raison, que ce qu'ils appellent vivre n'est autre chose que courir à un épuisement prématuré, à une vieillesse anticipée, accablée de maladies et de souffrances, et à une mort pleine d'angoisses.

Les principes de morale préservent de ces dangers.

Les principes d'hygiène empêchent de compromettre sa santé par imprudence ou par ignorance.

Suivant leurs qualités nuisibles ou utiles, l'air, les aliments et les boissons altèrent ou entretiennent la santé.

Nous avons vu, lorsque nous avons parlé de l'air, qu'il se compose de divers éléments dont la combinaison, dans de justes proportions, nous fait vivre.

Dès que cette combinaison cesse, nous cessons d'être dans un milieu convenable pour notre santé.

L'air est vicié dans tous les lieux où les hommes et les animaux sont agglomérés. Chacun, absorbant à chaque acte de la respiration une certaine quantité d'air, ne rend que la partie restée inutile et la rejette dans la masse où chacun puise de nouveau. Il est facile de comprendre combien l'air d'un lieu fermé, où se trouve une réunion d'êtres, se trouve vicié en peu de temps, puisque chaque acte de la respiration lui emprunte les principes nécessaires à la vie, et le prive de ces éléments. Il doit donc être sans cesse renouvelé.

Ceci vous explique pourquoi l'on se porte mieux à la campague : l'air y est plus pur et n'est point privé de ses meilleurs principes comme dans les lieux où il existe des agglomérations d'hommes.

Vous comprenez aussi que l'air est promptement vicié dans les appartements clos et chauffés, lorsqu'on ne prend pas le soin de le renouveler.

L'oxigène est consumé par le feu. Il ne reste plus que l'azote et l'acide carbonique ; l'on meurt asphyxié lorsque la pièce est parfaitement close et chauffée à l'aide d'un fourneau.

Dieu, en créant l'air, lui a donné les proportions que nous devons lui conserver. Il ne doit être ni trop chaud, ni trop froid, ni trop sec, ni trop humide.

Tous nos soins doivent tenter à le maintenir ou à le ramener à l'état qui est le plus convenable à notre santé.

Trop chaud, il dissipe la partie séreuse du sang, augmente la sécrétion de la bile, fait naître les fièvres bilieuses ou inflammatoires.

Trop froid, il arrête la transpiration, produit des affections rhumatismales.

Trop humide, il fait prédominer les humeurs muqueuses et séreuses, prédispose aux hydropisies et aux scrofules.

On comprend combien toutes les exhalaisons qui se mêlent à l'air que nous respirons doivent avoir d'influence sur la santé, et quels soins nous devons prendre pour éloigner de nos habitations tout ce qui pourrait vicier le premier élément de la vie.

L'air sert de véhicule aux épidémies.

Dieu a créé l'homme omnivore, et pour la satisfaction de ses besoins il lui a donné les légumes, les fruits et les animaux.

C'est assez indiquer que Dieu a fait une loi de la variété des aliments pour son alimentation.

Cela est si vrai que l'usage exclusif des végétaux affaiblit les organes de la digestion, et que, lorsque l'alimentation est uniquement composée de viande, on donne trop de ton aux intestins et on épaissit les humeurs.

Admirons la sagesse de la Providence qui, n'ayant pas limité à un seul règne les ressources de notre nourriture, nous conduit par les besoins de la conservation de notre santé, et pour multiplier nos jouissances, à puiser simultanément dans les deux règnes, le règne végétal et animal, l'un et l'autre toujours prêts à livrer à l'homme intelligent, prévoyant et laborieux, des richesses inépuisables.

Les aliments, pris en quantité modérée et proportionnée aux pertes, procurent à l'individu un bien-être général ; en trop petite quantité, ils amènent le dépérissement ; en trop grande quantité, ils chargent inutilement l'estomac, causent des indigestions, engourdissent le cerveau et occasionnent des gastrites et beaucoup d'autres maladies.

Gardez-vous d'imiter le caneton goulu dont je m'en vais vous raconter l'histoire :

> Dans la champêtre solitude
> Où, dans un doux loisir embelli par l'étude,
> A l'ombre des bosquets que ma main a plantés,
> S'écoulent sans ennui mes rapides étés,
> J'errais, cherchant peut-être une rime rebelle,
> Quand au devant de moi s'envinrent, en piaulant,
> De jolis canetons au plumage éclatant,
> Sollicitant du bec, du regard et de l'aile
> Les croûtons ou miettes de pain
> Que sur mon repas du matin
> Je prélevais souvent pour leur faim éternelle.

Je m'étais pourvu cette fois
De leur pitance accoutumée,
Et, pour la départir à leur troupe affamée,
Je l'émiettais entre mes doigts
Quand un des plus gourmands , se fatigant d'attendre,
Se levant sur ses pieds, et le bec allongé,
S'enfuit en un clin-d'œil triomphant et chargé
D'un gros croûton qu'il venait de me prendre.
Les autres, satisfaits de leur modeste part,
En canards bien appris jusqu'au bout me restèrent
Et, me remerciant par un dernier regard,
Dans le canal voisin gaiment se replongèrent ;
Tandis que mon goulu, ne pouvant avaler,
Contre sa proie encor luttait avec furie,
Et justement puni de sa gloutonnerie,
Avait fini par s'étrangler.

Contentez-vous de peu, dit la vieille sagesse,
Et sur votre gosier réglez vos appétits,
Mais le monde est d'un autre avis ;
Au risque d'étrangler, sa faim n'a point de cesse,
Et les plus gros morceaux sont toujours trop petits.

En ce qui concerne les boissons, nous ne pouvons que vous répéter les conseils que nous vous avons donnés en parlant du cidre.

L'exercice qui fortifie le corps , et rend l'esprit plus libre, est indispensable pour la santé. L'habitant des villes, moins heureux que vous , ne peut pas toujours s'y livrer , et encore ne le fait-il que d'une manière insuffisante et dans une atmosphère qui est loin d'être pure comme celle des champs.

Je vais terminer cet article par quelques conseils pratiques sur lesquels je ne saurais trop appeler votre attention :

1° Évitez d'exposer votre tête nue à l'ardeur du soleil ,

dont l'action peut déterminer chez vous une apoplexie, causer votre mort ou vous priver de la raison.

2° Ne buvez jamais d'eau fraiche, lorsque vous êtes en transpiration.

3° Gardez-vous bien de vous coucher ou même de vous tenir en cet état, dans un endroit frais ou humide.

4° Evitez les efforts violents et inutiles qui peuvent occasionner des hernies ou d'autres accidents. Ménagez vos forces pour les moments où vous en aurez besoin.

5° Prenez une nourriture saine, suffisante, et gardez-vous de tout excès.

6° Ne négligez aucun soin de propreté. Lavez-vous tous les matins et même le soir le visage. Vous vous sentirez plus frais, plus dispos, mieux portant. — Peignez et brossez vos cheveux. Lavez-vous les mains avant chaque repas. Les soins de propreté reposent et entretiennent la santé.

Si, malgré ces soins et ceux que vous prenez déjà (et que pour cela je ne rappelle pas ici, tels que changer de linge et de vêtements dès que ceux que vous portez sont sales ou mouillés), vous tombez malade, appelez de suite un médecin éclairé. Ce que je vous ai dit concernant les empiriques, qui prétendent guérir vos bestiaux et qui vous dupent, s'applique à ces charlatans, à ces sorciers, à ces devins qui vous trompent et vous volent en prolongeant vos maladies, causent d'irrémédiables accidents et trop souvent la mort.

Sachez qu'il faut plusieurs années d'études et d'expérience pour faire un bon médecin; qu'il faut en outre des qualités spéciales telles que l'esprit d'observation, un jugement prompt, droit et sûr, et que vos charlatans, *reboutous* et autres, quelque nom que vous leur donniez, ne sont que des misérables qui doivent, dans l'intérêt de la société, être livrés aux mains de la justice.

Ne recourez donc point à de tels gens, ils ne peuvent que vous tromper.

Lorsque vos parents seront malades , faites-les traiter au plus tôt par un bon médecin, afin d'éviter les reproches que l'on adresse quelquefois à juste titre à certains cultivateurs , d'être négligents ou avares lorsqu'il s'agit de la santé des leurs ou même de leur propre santé. Evitez que l'on puisse dire que vous vous montreriez plus inquiets et plus empressés s'il s'agissait de la vie de vos animaux.

La santé et la vie sont les biens les plus précieux après l'honneur et la vertu.

QUARANTE-SEPTIÈME LEÇON.

DE LA VAPEUR.

> Ne mettons point en parallèle
> Ce que Dieu fit et ce que nous faisons ;
> De Dieu toute œuvre est immortelle,
> Lui seul sait tout, seuls nous cherchons.

Nous avons considéré l'eau sous toutes les formes qu'elle affecte dans la nature ; il nous reste à vous entretenir de l'état de vapeur auquel on l'amène par l'effet de la chaleur, et des avantages que dans cet état nous retirons de sa force d'expansion.

L'homme a réalisé des merveilles en apprenant à se servir de l'eau réduite en vapeur. Elle enfante des prodiges.

> Le feu, le fer et l'eau que l'homme en sa colère
> Employa trop souvent comme agents destructeurs,
> Par la vapeur changés en agents bienfaiteurs,
> A notre humanité du bonheur ouvrent l'ère.

Elle remplace les bras de l'homme, la force des animaux ; elle transporte avec une rapidité inouïe les personnes et les plus lourds fardeaux d'un point du globe à un autre. Elle relie les continents entre eux par des sillons de flamme ; elle fabrique, elle laboure ; elle marche, elle s'arrête ; elle glisse sur les rails avec la rapidité d'une flèche, elle fend l'onde écumante avec l'agilité des mouettes et des hirondelles ; elle obéit avec la précision d'un soldat discipliné à la volonté de l'homme. Elle murmure, elle gronde, elle siffle, elle mugit, et chaque son de sa voix annonce son départ ou sa marche, lente ou rapide, son travail ou son arrêt.

> La braise flambe en ses prunelles,
> Elle reluit comme un miroir ;
> Elle a des pieds, elle a des ailes,
> La locomotive au flanc noir !
> Voyez ondoyer sa crinière,
> Entendez son hennissement ;
> Son galop est un roulement
> D'artillerie et de tonnerre.

L'homme lui a donné une vie, mais une vie si puissante qu'elle représente pour lui le travail d'une population plus nombreuse que celle du monde entier.

> L'homme se fait servir par l'aveugle matière :
> Il pense, il cherche, il crée ; à son souffle vivant,
> Les germes dispersés dans la nature entière
> Tremblent comme frissonne une forêt au vent.
>
> Ce siècle est grand et fort, un noble instinct le mène :
> Partout on voit marcher l'idée en mission ;
> Et le bruit du travail, plein de parole humaine,
> Se mêle au bruit divin de la création.

Dès 1827, les machines à vapeur existant sur le globe représentaient un travail égal à celui de deux cents millions de chevaux.

Le nombre de ces machines s'accroît chaque jour dans une proportion toujours plus grande, et livre des forces nouvelles dont le travail doit accroître le bien-être universel.

Une seule usine, celle du Creuzot, occupe 9,500 ouvriers par an, et produit 60 machines à vapeur. Les usines du département de la Seine sont au nombre de plus de vingt qui fabriquent, indépendamment des locomotives et des appareils pour bateaux à vapeur, 360 machines représentant une force de plus de six mille chevaux.

Les machines que l'homme possède aujourd'hui représentent, en puissance, une force plus considérable que celle de la population du globe. La vapeur est l'agent presque universel du travail industriel. La vapeur opère pour l'homme comme le ferait la création d'une population nouvelle travaillant pour la satisfaction de ses besoins et de ses jouissances.

Ajoutez par la pensée, à cette force, celles que l'homme retire des animaux, des cours d'eau, des vents, et vous apprécierez l'étendue des bienfaits qu'il retire de la civilisation, lui si faible et si malheureux dans les temps de barbarie. Il marche d'une manière constante vers un accroissement de bien-être. Il ne se contente plus déjà des efforts et des secours merveilleux de la vapeur pour accroître ce bien-être, il fait appel à celui des poudres fulminantes, des gaz, des éthers, du magnétisme et de l'électricité.

Quel concours merveilleux il obtient par la science de l'asservissement de tous les éléments à la satisfaction de ses besoins et de ses désirs ! ! !

La vapeur émancipera l'agriculture de l'esclavage auquel

deux tyrans, deux ennemis impitoyables, le temps et la main-d'œuvre, l'ont asservie. Elle procurera dans les travaux une immense économie, une régularité parfaite et une augmentation considérable dans les produits.

On ne saurait trop hâter en France l'application des forces de la vapeur aux travaux agricoles. La production de la terre est la base, la source de la prospérité publique. La culture à l'aide de la vapeur est adoptée depuis plusieurs années en Angleterre, ce pays toujours plus prompt que la France à tirer parti de nos propres découvertes. — L'application de la vapeur à l'agriculture et l'usage des instruments perfectionnés peuvent seuls ramener, pour les populations, la vie à bon marché et le bien-être. L'emploi de la vapeur, sans tenir compte de l'accroissement des produits, peut, dans un bref délai, sur les diminutions des frais de culture par les chevaux seulement, procurer à notre pays une économie de plus d'un milliard par année.

Aussi dirons-nous, avec un illustre prélat, que l'on doit bénir l'industrie moderne. Elle est fille du travail, et le travail est digne de respect; l'homme y trouve sa noblesse dans son châtiment. Qui a fait les merveilles de l'industrie moderne? Le travail libre de l'ouvrier intelligent et honnête! Qui a rendu l'ouvrier honnête? C'est le christianisme. Sans lui, que serait l'industrie? Loin de lui, que deviendrait-elle? L'industrie, sans le vouloir, se courbe en serviteur docile et concourt aux desseins de Dieu. Oui, mes petits amis, l'industrie active les progrès de la civilisation, elle accroît le bien-être de tous. Mais, avec le développement de l'industrie doit aussi marcher le développement moral; et, pour sauvegarder l'homme des plus fâcheux égarements, au milieu des splendeurs de l'enivrement, de la richesse, du succès, il faut sans cesse l'amener à penser à Dieu, si l'on veut empê-

cher que ces plaintes échappées de l'âme d'un grand poète
aient trop de fondement :

> Mais parmi ces progrès, dont notre âge se vante,
> Dans tout ce grand éclat d'un siècle éblouissant,
> Une chose, ô Jésus ! en secret m'épouvante,
> C'est l'écho de la voix qui va s'affaiblissant.

La France possède deux cent mille machines à battre le
grain, battant en moyenne 12 jours, économisant 19 hommes
par jour ou 45,600,000 journées de bras. Cette économie di-
minuant le prix de revient de la denrée, permet, tout en laissant aux cultivateurs le même bénéfice, de la livrer à un
prix moins élevé.

Signaler ces avantages, c'est activer le progrès (1).

Continuons à marcher dans cette voie industrielle et agricole, et tâchons de ne point rester en arrière des autres
nations. Mais, avant tout, développons par tous les moyens
possibles la moralité et la dignité humaines, sans lesquelles
il n'est aucun progrès solide et durable.

Et alors il n'y aura plus lieu d'être effrayés de ces progrès
dont l'esprit humain admire avec surprise les effets présents
et ne peut encore qu'avec peine entrevoir les résultats futurs.
Il faudra bénir, au contraire, ces progrès qui amèneront tôt
ou tard l'abolition de l'esclavage de l'homme et allégeront
la servitude des animaux.

---

(1) Il y a trois ans, le département d'Ille-et-Vilaine possédait 40 machines à
vapeur appliquées à l'industrie; il en possède cette année 106 dans 97 établissements industriels ou agricoles. L'augmentation survenue dans le 1er semestre
de 1861 a été de 18 0/0.

Victoire ! il n'est plus de distances !
Tu renverses sur ton chemin
Les despotiques résistances
Où se heurtait le genre humain.
L'homme a compris ta mission féconde,
A ses faux dieux il renonce, irrité,
Char du progrès, vole et porte au vieux monde
La paix, l'amour, la liberté !

C'est par ce progrès que l'homme se met de plus en plus en rapport avec toutes les choses matérielles et morales, avec la nature, avec ses semblables et avec Dieu. En avançant dans le progrès, il marche dans les voies tracées par la Providence ; il apprend à l'aimer et à la bénir de plus en plus, en raison du développement de son intelligence et du perfectionnement de la civilisation.

Et comment l'homme refuserait-il d'aimer et de bénir la Providence, lorsque

Le plus petit oiseau
S'évertue à lui plaire ;
L'humble roseau,
La terre et l'eau
Lui chantent leur prière.

Terminons ce chapitre, mes jeunes amis, par une fable de J. Brunton, à laquelle nous nous sommes permis d'apporter un bien faible changement, et qui semble avoir été rédigée pour notre petit cours, tant elle répond à notre intime pensée :

LA LOCOMOTIVE ET LA FOURMI.

Une locomotive, en parcourant l'espace,
Écrase une fourmi sans même laisser trace
          D'un aussi grave événement !
          Une fourmi, c'est peu de chose,
          Un insecte, un effet sans cause ;
          C'est un point noir en mouvement.
          Tandis que la locomotive,
          Chef-d'œuvre de l'esprit humain,
Dans ses énormes flancs tient la vapeur captive,
Et c'est en la semant qu'elle fait son chemin.
          Voyez-la passer hennissante,
          Traînant dans sa queue ondoyante
          Monarques, bourgeois et manants,
          Secrets d'État, ...
Et bientôt cependant la superbe machine,
          Cette œuvre qui semblait divine,
N'étant plus bonne à rien, sera mise au rebut.
Tandis que la fourmi, suivant sa destinée,
Aura pu déposer, avant d'être écrasée,
          Dans un secret et mystérieux but,
Un œuf d'où va sortir une fourmi pareille,
          Chaînon vivant par lequel doit s'unir
Au passé le présent, au présent l'avenir.
L'insecte qui se meut, le moindre brin de mousse,
Le parfum de la fleur ou la feuille qui pousse
          Sont bien autrement merveilleux
Que tous les monuments dont l'homme est orgueilleux.
          Ne mettons point en parallèle
Ce que Dieu fit, et ce que nous faisons ;
          De Dieu toute œuvre est immortelle,
          Lui seul sait tout, et nous cherchons.

QUARANTE-HUITIÈME LEÇON.

—

L'HYGROMÈTRE.

> Les variations sensibles pour l'homme entrent dans l'ordre général de la nature, sans rien y changer.
>
> La goutte d'eau est un océan pour les infiniment petits.
>
> Les cheveux même de votre tête sont comptés.
>
> *(Saint Mathieu.)*

Ainsi que l'indique son nom, l'hygromètre sert à mesurer le degré de l'humidité de l'air.

On peut former des hygromètres avec tous les corps sur lesquels l'humidité a assez d'influence pour en modifier la forme, le poids ou le volume.

Généralement, on fait les hygromètres avec des cordes de boyau, de crins, ou de cheveux. Ces cordes s'allongent ou se raccourcissent suivant que le temps est sec ou humide. On les fixe sur divers objets et on les dispose de manière qu'en se raccourcissant ou en s'allongeant elles mettent en mouvement, soit un capuchon de capucin qui couvre ou découvre la tête du moine, soit un parapluie qui s'ouvre ou se ferme, soit un militaire qui sort ou rentre dans sa guérite, suivant que le temps est à la pluie ou au beau. — Cet instrument est d'une excessive simplicité. Tout le monde peut en fabriquer suivant sa fantaisie. — Sa faible valeur vénale le met à la portée de toutes les bourses. Il peut rendre d'incontestables services.

Il existe des plantes d'une excessive sensibilité à la pluie, et que pour ce motif on nomme plantes hygrométriques.

Ainsi, la Porlière rapproche ses folioles dès que le temps se met à la pluie.

Une variété de champignons que l'on nomme Géastre à collerette, tient cette collerette roulée sur elle-même par un temps sec, elle la déroule horizontalement dès qu'il va pleuvoir.

Fait-il sec, la Funaire tord ses pédicules sur eux-mêmes, et elle les déroule rapidement à la plus légère humidité.

Je m'arrête dans ces citations pour ne pas prolonger au-delà de son importance notre entretien sur ce sujet.

QUARANTE-NEUVIÈME LEÇON.

LE BAROMÈTRE.

> En physique comme en morale, les
> lois tendent toujours à reprendre leur
> empire.

Ainsi de la vertu les lois sont éternelles,
Les peuples ni les rois ne peuvent rien contre elles.

L'invention du baromètre remonte à 1543.

Cet instrument ayant pour but de faire prédire les variations atmosphériques, est de la plus grande utilité pour le cultivateur.

Il consiste en un tube recourbé à deux branches inégales. La longue branche est fermée à son extrémité supérieure. La plus courte est ouverte et se nomme cuvette. Le tout a été rempli de mercure, et l'on a pris des précautions pour chasser du tube l'air et l'humidité avant l'introduction du mercure.

L'air dans lequel nous vivons exerce une pression sur les corps qui s'y trouvent plongés; sans cette pression le mercure serait à la même hauteur dans les deux branches. La différence du niveau que l'on remarque vient de la pression atmosphérique qui est plus ou moins grande, suivant l'état du ciel. Le mercure doit donc monter ou descendre suivant les variations de l'atmosphère, et les indiquer par son mouvement dans le tube.

Delille, un de nos plus gracieux poètes, décrit ainsi le baromètre dans ses vers :

> Des beaux jours, de l'orage, exact indicateur,
> Le mercure captif ressent la pesanteur.

L'observation apprend à connaître les points où le mercure s'arrête lorsqu'il doit faire beau temps ou pleuvoir.

S'il ne monte pas le matin, c'est signe de pluie.

S'il monte le soir, on doit craindre un changement de temps et la pluie.

En prenant l'habitude de le consulter, on parvient à prévoir d'une manière assez précise les changements de temps.

Il serait à désirer que l'on possédât cet instrument dans toutes les fermes, surtout dans les départements de l'Ouest où les variations atmosphériques sont si fréquentes.

Quelques cultivateurs se servent, pour baromètre, d'une petite grenouille que l'on nomme Rainette ou Raine.

Ils l'enferment dans une carafe de verre au fond de laquelle ils ont placé une certaine quantité d'eau, et une petite échelle s'élevant du fond vers le haut du vase.

La Rainette se plonge dans l'eau à l'approche de la pluie, et quand, au contraire, le temps doit être beau, elle monte l'échelle et elle s'y fixe plus ou moins haut, suivant que le temps est plus ou moins certain.

Un de nos poètes, dans une critique de l'homme, le compare au baromètre, et s'exprime ainsi :

> L'homme est dans ses écarts un étrange problème ;
> Qui de nous en tout temps est fidèle à soi-même ?

> Le commun caractère est de n'en point avoir;
> Le matin incrédule, on est dévot le soir.
> Tel s'élève et s'abaisse au gré de l'atmosphère,
> Ce liquide métal balancé sous le verre,
> L'homme est bien variable.............

Cette critique est malheureusement trop fondée en ce qui concerne la majorité de notre pauvre espèce humaine. Tâchez de ne pas mériter qu'on vous en fasse l'application, et sachez rester inébranlables dans vos principes.

D'autres animaux que la Rainette prévoient la pluie. A son approche, l'abeille s'empresse de regagner la ruche ; l'hirondelle vole en rasant la terre ; le canard bat l'eau de ses ailes ; la poule gratte la terre plus que de coutume et se roule dans la poussière, etc.

L'état du ciel fournit aussi des indications assez précises du temps.

Quelques habitants de la campagne, qui ont l'esprit d'observation, se trompent rarement.

Le plus sûr pour tout le monde est de suivre les indications d'un baromètre.

Vous êtes si attentifs à mes leçons, que je suis bien tenté de vous gâter, mes chers petits amis, et de vous indiquer un baromètre bien agréable à consulter et que vous préférerez à tous les autres ; je n'ai qu'une seule crainte, c'est que vous veuilliez le consulter trop souvent ; j'ai confiance dans votre sagesse, et je vais vous livrer mon secret, persuadé que vous n'en abuserez pas. Une tasse de café est, dit-on, un excellent baromètre ; elle indique la pluie et le beau temps, d'après les observations suivantes :

Si en sucrant votre café vous laissez le sucre se fondre sans agiter le liquide, les bulles d'air montent à la surface de ce liquide.

Lorsque ces bulles se maintiennent, en masse spumeuse, bien au centre de la tasse, vous pouvez compter sur le beau temps. — Vous aurez de la pluie si, au contraire, les bulles se tiennent en anneau au bord du vase. Enfin, si l'écume stationnant ne se maintient pas tout à fait au centre, elle indique un temps variable, et si elle se rend vers un seul point au bord de la tasse sans se désagglomérer, ce sera une indication de pluie.

Vous penserez, sans nul doute, mes petits amis, qu'il y aurait folie à ne pas suivre, en ce qui concerne le temps, les lois qui le régissent ; ce serait en effet refuser de se rendre à l'évidence. Au moral, les conseils des vieillards expérimentés, les règles de la vertu, sont les indications barométriques de votre conduite, si je puis m'exprimer ainsi ; et cependant, tel est l'aveuglement de nos passions, que nous agissons contrairement à ces règles aussi immuables que les lois de la physique.

Permettez-moi de vous citer une fable par laquelle M. le Directeur de l'Académie française met cette vérité en évidence :

LE HURON ET LE BAROMÈTRE.

Ignorant héritier d'un docte voyageur,
    Qui sachant l'Europe par cœur,
    Était allé par delà l'Acadie,
Finir chez les Hurons ses courses et sa vie.
Un d'eux avait choisi, pour sa part de butin,
    Un baromètre de voyage.
    Il n'en savait pas trop l'usage ;
Mais il avait longtemps, autour du lac Champlain,
    Du voyageur transporté le bagage ;
Il avait à part lui raisonné longuement
Sur cette invention qu'il tenait pour magie.

Interrogé le maître et son raisonnement,
Enfin logé dans sa tête aplatie
Que le merveilleux instrument
Faisait le beau temps et la pluie,
Le baromètre alors devint pour le Huron
Le plus puissant des dieux, le Manitou suprême ;
Son respect fut d'abord extrême,
C'est ainsi qu'on débute en toute passion,
Soit qu'il voulût chasser le daim ou le faucon.
Ou lancer sur le lac sa pirogue légère,
Si son oracle était contraire,
Il suspendait son arc et posait l'aviron.
Ce fut bon pour un temps ; la servitude ennuie ;
L'esclave le plus doux s'en est parfois lassé.
Un jour que par sa fantaisie,
Vers un pays voisin plus fortement poussé,
D'une bourrasque il se voit menacé ;
Il perdit patience, et d'un peu de colère
Mélangeant d'abord sa prière :
« Fais du beau temps, dit-il, j'en ai besoin, je pars ; »
Mais le Dieu, sourd à sa requête,
Annonçait toujours la tempête ;
Et déjà sur le lac s'amassaient les brouillards,
« C'est ainsi, répond-il, que tu me contraries !
Tu fais un ouragan, quand je veux un zéphyr !
J'affranchirai mon bon plaisir
De tes folles intempéries. »
Mon Huron, à ces mots, croyant tout aplanir,
Met son baromètre en canelle,
S'embarque et la bourrasque emportant la nacelle,
Dans les flots il va s'engloutir.

Tel est le sort, mes chers amis, de ceux qui ne veulent pas se laisser guider dans le chemin de la vie par les conseils de la sagesse et de la vertu ; ils courent, en fermant les yeux et se bouchant les oreilles, s'engloutir dans des abîmes d'où il devient impossible de les arracher.

CINQUANTIÈME LEÇON.

—

L'HORLOGE.

> Nos jours ici-bas sont en petit nombre et mauvais, pleins de douleurs et de traverses.
>
> Le jour révèle au jour sa puissance, et la nuit l'annonce à la nuit. *(Ps. 48.)*

O Temps ! être inconnu que l'âme seule embrasse !
Invisible torrent des siècles et des jours,
Tandis que ton pouvoir m'entraîne dans la tombe,
    J'ose, avant que j'y tombe,
M'arrêter un moment pour contempler ton cours.

Le temps, c'est l'argent, a-t-on dit quelque part : c'est plus encore c'est la vie.

    Ne perdez point le temps à des choses frivoles,
    Le sage est ménager du temps et des paroles.

La mesure du temps a été l'objet des études des hommes dès les premiers âges. Les siècles ont succédé aux siècles avant que l'homme ait pu obtenir des instruments d'une merveilleuse précision, donnant les heures, les minutes, les secondes, les fractions de secondes, et suivant les ordres et la volonté de son possesseur, le réveillant à l'heure qu'il a fixée pour le lendemain, comptant pour ainsi dire les pulsations d'une petite partie de cet infini qui se nomme l'éternité et servant, en indiquant au médecin la rapidité des mouvements du pouls, à déterminer notre état de santé et de maladie.

On entend ordinairement le bruit du balancier et le son des heures sans penser qu'aucun de ces signes indique le passage d'une partie de notre vie et justifie trop ce vers d'un de nos premiers poètes :

« Le moment où je parle est déjà loin de moi. »

En jetant un regard sur votre pendule, vous ne pensez pas qu'elle a marqué l'heure de votre naissance, la mort de vos parents ; qu'elle fixera le moment de votre mariage, la naissance de vos enfants, chacune de vos peines, chacun de vos moments de bonheur ; que chaque coup de balancier répond au mouvement artériel de votre cœur.

L'horloge est presque un instrument animé. Il commande le lever et le coucher, les repas, le travail et le repos. Il entre dans votre vie ; il la guide.

C'est à la distribution du temps et à son emploi que l'homme doit ses richesses et ses progrès.

L'horloge est de tous les instruments le plus perfectionné. Il a le moins besoin de l'action répétée de l'homme pour assurer sa marche.

Vous me saurez gré, je n'en doute pas, de vous entretenir de tout ce qui a rapport à cette œuvre admirable du génie de l'homme qui mesure nos jours.

> Le temps, qui donne à tout le mouvement et l'être,
> Produit, accroît, détruit, fait mourir, fait renaître,
> Change tout dans les cieux, sur la terre et dans l'air ;
> L'âge d'or, à son tour, suivra l'âge de fer ;
> Flore embellit d'un champ l'aridité sauvage ;
> La mer change son lit, son flux et son rivage,
> Tandis que l'Eternel, le souverain des temps,
> Demeure inébranlable en ces grands changements.

L'homme comptait les années par le retour des saisons. Il désignait les âges sous une forme allégorique : sous celle du printemps, la jeunesse ; sous celles de l'été, de l'automne ou ou de l'hiver, les divers degrés d'avancement dans la vie, ainsi que le font encore les poètes de nos jours.

La marche du soleil, son lever, son coucher, son apogée, lui servaient à déterminer la marche du temps d'une manière approximative, mais sans aucune précision.

Il recherchait dans la nature tout ce qui pouvait le guider dans cette appréciation. Il observa le chant du coq, seul indicateur des heures de la nuit chez quelques pauvres cultivateurs, et reconnut que cet oiseau augmentait son chant au fur et à mesure que le jour approchait.

Nous en retrouvons une preuve dans la Sainte Écriture. Jésus-Christ dit à Pierre : « Je vous dis en vérité que, cette » nuit, avant que le coq chante, vous me renierez trois » fois. » Il se mit alors à faire des imprécations et à jurer » qu'il ne connaissait pas cet homme, *et à l'instant le coq* » *chanta*. Pierre se ressouvint de la parole que Jésus lui avait » dite : « Avant que le coq chante, vous me renierez trois » fois. » (*Évangile des Rameaux.*)

La Fontaine, dans sa fable de *la Vieille avare et les Deux servantes*, en cite un autre exemple :

La vieille n'avait point d'autre souci
Que de distribuer aux servantes leur tâche.
Dès que Thétis chassait Phébus aux crins dorés,
Tourets entraient en jeu, fuseaux étaient tirés,
Deçà, delà, vous en aurez :
Point de cesse, point de relâche,
Dès que l'aurore, dis-je, en son char remontait,
Un misérable coq à point nommé chantait :
Aussitôt notre vieille encor plus misérable,
S'affublait d'un jupon crasseux et détestable,
Allumait une lampe et courait droit au lit
Où de tout leur pouvoir, de tout leur appétit
Dormaient les deux pauvres servantes.
L'une entr'ouvait un œil, l'autre étendait un bras,
Et toutes deux, très-mal contentes,
Disaient entre leurs dents : Maudit coq ! tu mourras.
Comme elles l'avaient dit, la bête fut grippée,
Le réveille-matin eut la gorge coupée.
Ce meurtre n'amenda nullement leur marché ;
Notre couple, au contraire, à peine était couché,
Que la vieille, craignant de laisser passer l'heure,
Courait comme un lutin par toute sa demeure.
C'est ainsi que le plus souvent,
Quand on pense sortir d'une mauvaise affaire,
On s'enfonce encor plus avant.

L'homme, poussé par le besoin, se créa quelques instruments. Les principaux furent le cadran, le sablier et la clepsydre.

Le cadran est né de l'observation de la projection régulière de l'ombre d'objets fixes pendant la marche du soleil.

A la campagne, quelques paysans font des marques sur la pierre de leurs portes aux points où l'ombre d'un des jambages se projette à l'heure de midi, ou partout ailleurs, suivant la disposition des lieux. Vous connaissez tous le cadran, plus complet, qui consiste à fixer sur un plan incliné ou horizontal, exposé de manière à recevoir les rayons du soleil pendant tout le jour, une pointe ou aiguille dont l'ombre varie suivant la marche du soleil. Ce plan est divisé par des marques sur le point où se trouve cette ombre aux différentes heures du jour.

Mais on comprend toute l'insuffisance d'un pareil instrument, qui ne donne ses indications que par un beau temps. Il paraît d'après un passage d'Isaïe (ch. xxxviii, v. Cadran d'Achaz), que cet instrument était en usage chez les Hébreux.

Nous vous engageons à apprendre la fable intitulée *l'Homme et le Cadran solaire* que dans ce but nous allons reproduire ici :

> Un homme cheminant voit un cadran solaire,
> Comme l'astre du jour en ce moment l'éclaire,
> L'interprète du temps, d'un doigt indicateur,
> Annonce l'heure au voyageur.
> Plus tard, regagnant sa demeure,
> Notre homme encore eût voulu savoir l'heure ;
> Mais autour du soleil un nuage passait,
> Et le cadran resta muet...
> Le soleil, c'est la foi ; le cadran, c'est notre âme.
> Tant que la foi nous verse un rayon de sa flamme,
> Nous marchons pleins de force, utiles, glorieux ;
> Mais quand pèse sur nous le doute ténébreux,
> Notre âme qui languit dans un sombre esclavage
> Attend, pour se reprendre à des jours plus heureux,
> Que le vent de l'espoir ait chassé le nuage.

Le sablier consiste en deux bouteilles de verre aux cols longs et étroits réunies par leur goulot, et dans l'une desquelles on a placé, avant leur réunion, une certaine quantité de sable. Le passage d'un des vases dans l'autre est disposé de manière à ne laisser qu'un très-petit espace, et la quantité de sable déposée dans un des vases est calculée suivant l'indication du nombre d'heures ou de ses fractions que l'on veut demander au sablier.

Lorsque le sable est entièrement écoulé dans la bouteille inférieure, on retourne le sablier, et le sable recommence à tomber pendant le même laps de temps.

Dans la marine, on se sert d'un sablier formé d'un seul tube resserré à son milieu pour ne laisser qu'un étroit passage au sable; il sert à compter les nœuds filés par le navire.

On l'emploie encore dans les hôpitaux pour fixer le temps qui doit s'écouler entre l'administration des potions et les médicaments destinés aux malades. — On se sert aussi de tout petits sabliers pour la cuisson des œufs.

La clepsydre consistait en un vase transparent rempli d'eau et laissant échapper ce liquide par un petit trou. La durée de l'écoulement qui s'effectuait ainsi était proportionnée à la capacité du vase et à la largeur du trou, et donnait une mesure du temps.

Des divisions marquées sur ce vase, comme elles le sont sur les bouteilles à eau-de-vie dans les cafés, donnaient, avec la mesure de l'écoulement de l'eau, celle de l'écoulement du temps.

Il a fallu, pour obtenir de véritables progrès, que le flambeau de la science dissipât les préjugés et démontrât que, contrairement aux apparences, la terre tournait sur elle-même et autour du soleil, et que ce dernier astre restait fixe.

Copernic fit, en 1520, cette découverte, à laquelle il avait été conduit par les indications des savants des autres siècles.

Vers 1592, Galilée développa le système de Copernic. Il publia, en 1630 environ, un ouvrage dans lequel il démontra les fondements du système qui donne à la terre les deux mouvements de rotation sur elle-même, et de circonvolution autour du soleil.

Cette vérité, en opposition avec ce qui avait été enseigné jusqu'alors, lui attira de fâcheuses persécutions. Mais telle est l'empire de toute vérité qu'elle triomphe toujours tôt ou tard, et personne aujourd'hui n'oserait élever contre celle-ci le moindre doute.

Elle est admise comme un principe incontestable.

Newton découvrit la gravitation universelle, et il put alors facilement expliquer le mouvement des planètes autour du soleil, celui de la lune autour de la terre, le cours des comètes, le flux et le reflux de la mer. La propriété en vertu de laquelle tous les corps s'attirent, en raison directe de leur masse et en raison inverse du carré des distances, servit de base à l'explication de sa découverte.

Pendant que s'opéraient ainsi les progrès de la science astronomique, les efforts des hommes se portaient à en user pour créer et perfectionner les instruments propres à mesurer le temps. Galilée lui-même appliquait aux horloges sa découverte du pendule, et Huyghens l'utilisait pour les horloges à roues, et inventait le ressort spiral.

A partir de cette invention, l'horlogerie se perfectionne rapidement et nous donne enfin les chefs-d'œuvre que nous devrions admirer, et qui se comptent par millions en France aujourd'hui.

Les peuples adoptèrent pour la mesure du temps des divisions différentes, avant que l'astronomie nous eût appris comment les astres innombrables suspendus dans l'espace se meuvent autour du soleil, leur centre commun et leur régulateur, sans jamais sortir du cercle que Dieu leur a tracé; qu'on eût déterminé avec précision la durée de leur rotation, et que l'on fût parvenu à diviser le temps en prenant une base invariable fondée sur des calculs exacts.

L'année des Romains eut d'abord dix mois seulement.

Les Juifs, les Chaldéens, les Egyptiens, les Perses, les Syriens, les Phéniciens, faisaient partir l'année de la fin de septembre (le 25); les Grecs du 3 juillet et du 22 décembre.

Sous la première race des rois de France, l'année commençait au 1er mai, et sous la deuxième race, à Noël; sous Charles IX, au 1er janvier; sous la République, au 22 et 23 septembre.

Chez les Hindous, le jour était de trente heures. Les différents peuples faisaient commencer le jour à des heures différentes.

Les Athéniens le faisaient partir du coucher du soleil. Les Juifs, les Romains et les Babyloniens fixaient le point de départ du jour à six heures du matin. Les heures du jour et celles de la nuit offraient des durées différentes.

Il est aisé de comprendre combien ces variations présentaient d'inconvénients.

Notre année se compose du temps qui s'écoule d'un solstice à un solstice semblable, ou d'un équinoxe à un équinoxe semblable, c'est-à-dire les deux époques de printemps ou les deux époques d'automne où les jours et les nuits ont la même durée, ou encore les instants où le soleil est le plus éloigné de l'équateur, ce qui a lieu deux fois dans douze mois, les 20 ou 21 juin, et les 20 ou 21 décembre; ou, pour mieux dire, l'année comprend le temps écoulé d'un printemps à l'équinoxe du printemps suivant. Cette durée est invariable; elle a été divisée en 365 jours, 5 heures 48' 51" 6'". Ces fractions auraient sans cesse dérangé les calculs et changé les points de départ du jour et des années, et, pour éviter ces variations qui, au bout d'un certain temps, auraient éloigné d'une manière notable le commencement des années, on est convenu d'en composer, dès que leur somme présenterait vingt-quatre heures, un jour, pour l'ajouter à l'année qui se trouverait portée à 366 jours, et s'appellerait, pour ce motif, bissextile.

Je ne vous entretiendrai point de la division de l'année qui commence en janvier, mois, jours et heures; vous connaissez parfaitement, par l'usage et l'habitude, cette division. J'ai cru devoir, au contraire, entrer dans les explications qui précèdent, afin de vous donner des connaissances qui manquent généralement aux élèves des écoles primaires.

Terminons rapidement l'histoire des horloges : aux XVe et XVIIe siècles les belles cathédrales et les couvents de France s'enrichirent d'horloges; les églises des petites villes, des paroisses, furent dotées d'horloges indiquant au loin, par leurs sons, les heures aux habitants.

Les pendules décorèrent ensuite les palais et les châteaux. Elles se trouvent partout aujourd'hui.

Les montres, rares et chères, se répandirent peu à peu. De nos jours, chaque individu possède la sienne.

La France exporte chaque année pour onze ou douze millions de pièces d'horlogerie. — Au lieu de vous entretenir des œuvres des artistes les plus remarquables, je crois vous intéresser davantage en vous parlant d'un chef-d'œuvre sorti des mains d'un simple paysan :

Il y a quelques années, un enfant, né de paysans, bons cultivateurs, sur la rive droite du Lot, près d'Aiguillon, s'amusait à fabriquer, à six ans, avec son couteau, de grossiers mécanismes dont le jeu charmait singulièrement ses loisirs. A huit ans, il construisait de petites marionnettes qui gesticulaient et se battaient à coups de sabre, à la grande hilarité de ses camarades d'école.

A dix-sept ans, le jeune paysan inventa une pompe mise en mouvement par le vent; elle allait chercher d'elle-même l'eau au fond du puits et la déversait dans un réservoir, à l'aide de petits godets qui montaient et descendaient alternativement. Quelques années plus tard, l'idée vint à Joseph Cusson de fabriquer une pendule. Il prit un modèle, le copia et le perfectionna, sans autres instruments que des couteaux de poche. On y voyait douze petits personnages représentant les douze apôtres, lesquels venaient tour à tour sonner les heures et les demi-heures; un ange achevait la besogne en frappant les quarts avec un petit morceau de cuivre.

Joseph Cusson préludait ainsi à de plus sérieux travaux, et se préparait, par ces curieux essais, à la confection d'un véritable chef-d'œuvre d'horlogerie.

L'horloge Cusson fut nommée, par son auteur, le calendrier mouvant. Dans cet ingénieux calendrier, l'heure et la minute, la seconde, le jour de la semaine, le quantième du mois, le millésime de l'année, la phase et l'âge de la lune, le lever et le coucher du soleil, le lever et le coucher de la lune, sont marqués sur autant de cadrans séparés. Le mécanisme de tout le système est d'une simplicité étonnante, et c'est là son principal mérite.

Tous les ressorts sont réglés par un unique pendule à une quinzaine de roues, tous animés de mouvements précipités, quotidiens, mensuels, annuels et séculaires. Tout cela fonctionne avec une précision incroyable, et pourtant les rouages sont en bois, si l'on en excepte quelques tiges de métal, dont le frottement incessant nécessite une solidité que le bois ne saurait avoir.

La caisse qui renferme l'horloge est surmontée d'une petite galerie en bois. Tout le long de cette galerie sont rangées quatre petites cellules dont les portes sont hermétique-
ment fermées; cinq minutes avant que l'heure sonne, une
cellule s'ouvre, on en voit sortir la mort armée d'une faulx;
elle est poursuivie par Jésus-Christ qui la chasse devant lui
et l'enferme dans une deuxième celulle; puis les deux petits
personnages font un tour sur eux-mêmes et regagent l'habitation d'où ils sont sortis.

L'heure sonne bientôt. Le coq, perché sur l'extrémité du
clocher, entend la sonnerie; il tend le cou comme s'il allait
chanter, et bat trois fois de l'aile en signe de contentement.

L'*Angelus* se fait entendre le matin à six heures, à midi
et à six heures du soir.

Les évolutions des personnages n'ont pas lieu la nuit,
personne ne devant assister à leur apparition.

Pour accomplir cet immense travail, Joseph Cusson a employé trois ans. Ses outils ont été évalués à 10 fr.

C'est en revenant du labourage que le persévérant hor-
loger montait dans son grenier, et passait les heures de la
nuit à la fabrication de son chef-d'œuvre.

Ce beau succès prouve qu'avec du temps, de la patience
et de la persévérance, on vient à bout des plus grandes difficultés.

Il ne me reste plus, pour terminer ce sujet, qu'à vous
parler de l'horloge que l'on tire du règne végétal. Certaines
fleurs ne se bornent pas à charmer notre vue ou notre odorat, elles se chargent encore de nous indiquer les heures.
On a remarqué que diverses fleurs s'ouvraient ou se fer-
maient à différentes heures. On en a découvert pour chaque
heure du jour, et formé un calendrier que l'on nomme le
Calendrier de flore.

Voici la nomenclature de quelques-unes de ces fleurs :

Heures du jour :

3	Barbe de bouc.
4	Pissenlit.
5	Crépide des toits.
6	Scorsonnère.
7	Laitron laponicus.
8	L'Herbe à épervier.
9	La Pilosolle.
10	La Sabline pourprée.
11	La Crépide des Alpes.
Midi	Le Laitron oleraceus lœvis.
1	La Condrille épervière.
2	La Crépide rouge.
3	Le Souci des champs.
4	Le Souci africain.
5	L'Epervier des Savoyards.
6	Le Pavot à tige nue.
7	L'Emérocalle safranée.
8	Le Jalap ou Belle de Nuit.
9	Le Géranium triste.

L'harmonie de la nature est telle que chaque fleur, au suc de laquelle un insecte doit puiser la vie s'épanouit à l'heure où il vit de la vie la plus active, et se referme à l'heure de son repos pour lui préparer un suc nouveau.

Vous pourrez, à l'aide de nos observations, découvrir bien d'autres plantes que celles que j'ai indiquées, et former un parterre, en groupant dans le même compartiment les fleurs ouvrant aux mêmes heures.

Je vous donne ces indications plutôt à titre de récréation que dans un but d'utilité pratique que l'on obtient avec nos merveilleux instruments, et pour vous prouver une fois de plus que tout parle dans la nature à qui sait l'observer.

On a pensé, dans ces derniers temps, à établir dans les villes des horloges électriques, correspondant de l'hôtel-de-ville à l'aide de fils dans divers quartiers, établissements, usines et maisons, et y mettant en mouvement des aiguilles, des cadrans et des sonneries. Les heures sonneraient partout à la fois. Il ne serait plus nécessaire d'avoir tous ces rouages, mais seulement un timbre, un cadran et des aiguilles. La simultanéité de l'heure, donnée partout à la fois, offrirait des avantages incontestables. Espérons que les essais se généraliseront et que le succès répondra à l'attente publique.

Nous ne pouvons que faire des vœux en faveur de tous les progrès.

> Chaque jour le temps nous vole
> Un goût, une passion ;
> Et chaque instant qui s'envole
> Emporte une illusion.
>
> L'homme, perdant sa chimère,
> Se demande avec douleur
> Quelle est la plus éphémère
> De la vie ou de la fleur.

Gardez-vous, mes petits amis, de vous ménager, par votre négligence et par votre paresse, des regrets inutiles qui empoisonneraient vos jours.

> Souvent l'homme déplore, aux jours de sa vieillesse,
> Les études, les jours qu'a follement perdus
> Son imprévoyante jeunesse.
> Les vides qu'en sa tête a laissés sa paresse

Se remplissent alors de regrets superflus ;
Mais ce qu'on perd de temps ne se retrouve guère ;
Et l'on ne voit, hélas ! ce qu'on aurait dû faire
Que pour gémir de ne le pouvoir plus.

L'ENFANT ET SA MÈRE. — LE TEMPS.

Où va le volume d'eau
Que roule ainsi ce ruisseau ?
Dit un enfant à sa mère.
Sur cette rive si chère,
Dont nous le voyons partir,
Le verrons-nous revenir ?
— Non, mon fils, loin de la source
Ce ruisseau fuit pour toujours ;
Et cette onde, dans sa course,
Est l'image de nos jours.

———

Demain est un jour qui s'enfuit,
Même lorsqu'on voit qu'il s'avance ;
Au milieu de chaque nuit
Il perd son nom dans sa naissance ;
Lorsqu'on croit se saisir de lui,
On trouve que c'est aujourd'hui ;
Jusqu'à présent aucun humain
N'a pu voir arriver demain.

CINQUANTE-UNIÈME LEÇON.

RÉSUMÉ.

Dans l'ordre moral, il faut toujours s'inspirer de la volonté de Dieu pour savoir ce qui est bon, juste et utile.

« Le fondement de l'agriculture est la connaissance du naturel des terroirs que nous voulons cultiver, soit que nous les possédions de nos ancêtres, soit que nous les ayons acquis, afin que par cette adresse nous puissions manier la terre avec artifice requis, et, employant à propos argent et peine, recueillir le fruit du bon ménage que tant nous souhaitons, c'est-à-dire contentement avec profit modéré et honnête plaisir. »

(Olivier de Serres.)

Il nous faut des terrains distinguer la nature,
Leur force, leur couleur, leurs fruits et leur culture,
Connaître chaque plante et quel sol lui convient,
Ce que peut la nature et ce que l'art obtient.
Connaître aussi combien on doit creuser la terre
Qui de nos jeunes plants sera dépositaire,
Quels soins il faut donner à tous nos animaux
Pour garder leur santé et guérir tous leurs maux.

D. — Qu'est-ce que l'agriculture ?
R. — L'agriculture est l'art de faire produire à la terre

toutes les choses nécessaires à la vie de l'homme et des animaux.

Le mot agriculture est un mot composé de deux autres et signifie la culture du champ et de la terre.

D. — Entendons-nous aujourd'hui, par le mot agriculture, la culture du champ seulement?

R. — Non. L'agriculture comprend non seulement l'art de cultiver le sol et d'en tirer des produits abondants, mais encore l'art de les appliquer à l'alimentation de l'homme, des animaux ; l'art d'élever et d'engraisser les bestiaux, de créer et d'utiliser les produits obtenus pour le commerce et l'industrie.

D. — Quelles sont les connaissances que doit posséder un bon agriculteur?

R. — Elles sont fort étendues et fort variées ; il doit connaître :

1° Les différents sols, leurs qualités et leurs défauts ;

2° Les cultures qui conviennent à ces diverses espèces de terrains ;

3° La manière de les labourer ;

4° La nature des engrais à appliquer à chaque terre et à chaque culture ;

5° Les époques de l'ensemencement et des récoltes ;

6° Quels sont les aliments qui conviennent à chaque espèce de bétail ;

7° Les meilleurs modes d'éducation et d'engraissement ;

8° Les meilleures espèces d'animaux, les soins qu'ils exigent, suivant leur espèce et leur âge, et les soins à leur donner en santé et en maladie ;

9° La culture des pommiers et la fabrication du cidre, la culture de la vigne et la fabrication du vin;

10° L'art de cultiver les plantes industrielles telles que

le tabac, pour certaines parties du département où cette culture est autorisée, et le colza que l'on cultive aujourd'hui dans toutes les fermes, les plantes textiles, etc. ;

11° Les meilleurs instruments et la manière de s'en servir ;

12° Il doit aussi savoir tenir une comptabilité régulière et faire un inventaire ;

13° Enfin, il doit posséder les qualités intellectuelles et morales sans lesquelles tout chef d'exploitation ne peut espérer aucun succès ; il doit surtout être actif, vigilant et donner l'exemple de la bonne conduite, de la probité et de la justice, dans tous ses rapports et dans toutes ses transactions.

D. — Qu'entend-on par sol en agriculture ?

R. — Au point de vue agricole, on appelle sol arable la terre que l'on cultive ou que l'on peut cultiver.

D. — Toutes les terres ne sont donc pas susceptibles d'être cultivées avantageusement ?

R. — Non.

D. — Quels sont les sols qui ne peuvent être labourés avec profit ?

R. — Les sables purs, l'argile compacte et humide, la craie et la chaux sans mélange ; les couches de terre qui recouvrent les rochers et qui sont trop peu profondes pour permettre aux plantes de s'enraciner et de végéter.

D. — Quels sont les meilleurs sols arables ?

R. — Ce sont ceux qui possèdent, avec la plus grande quantité de principes nécessaires à la nutrition des plantes, certaines qualités qui procurent leur complet développement.

Ainsi ils ne doivent être ni trop légers, ni trop secs, ni trop humides, ni trop compacts. Ils doivent, au contraire, être assez divisés pour permettre aux racines de pénétrer profondément et de s'y multiplier. Ils ne doivent pas conserver en excès l'humidité qui ferait pourrir les racines.

D. — Quels sont les sols qui possèdent en plus grande quantité les principes nécessaires à la nourriture des plantes?

R. — Ce sont ceux qui contiennent le plus de débris animaux et végétaux décomposés, mêlés à la terre et à des débris organiques. Le mélange de ces divers débris se nomme *humus*. Sa couleur est noirâtre. Les fumiers, les engrais et les amendements que nous donnons à nos champs n'ont pas d'autre but que d'augmenter leur richesse d'humus et leur fertilité.

D. — Pouvez-vous indiquer comment les plantes, par leur décomposition, augmentent la fertilité du sol?

R. — Toute plante qui se développe puise dans l'air une partie des éléments qui servent à son accroissement; au moment de sa mort, elle abandonne au sol ces principes pris à l'atmosphère et ceux qu'elle a puisés dans la terre, et commence en périssant cette accumulation de débris organiques qui finissent par former un des principes constituants du sol arable.

D. — Quelles sont les fonctions de la terre arable par rapport aux plantes?

R. — Elle leur sert de support, et elle le nourrit.

D. — En combien d'espèces classe-t-on le sol arable?

R. — On distingue trois espèces de sol : — Le sol sableux, l'argileux, le crayeux et calcaire.

D. — A l'état de pureté, ces sols sont-ils propres à la culture?

R. — Non, ils sont stériles, et le meilleur de tous les sols est celui qui réunit en juste proportion les éléments de ces trois espèces.

D. — S'est-on occupé dans tous les temps des moyens

de distinguer la nature des différents sols arables? Pouvez-vous indiquer quelque moyen propre à servir de guide dans cette étude?

R. — Dans les temps même les plus reculés on a attaché la plus grande importance à reconnaître la faculté, plus ou moins grande, que le sol peut avoir à conserver les principes de fécondité, et à ne les céder que suivant les besoins de la plante; la facilité plus ou moins grande de s'échauffer, de se laisser pénétrer par les racines, de laisser l'eau gagner le sous-sol et s'égoutter.

Voici à cet égard ce que Virgile nous enseigne dans ses Géorgiques :

« Je vais dire maintenant par quelle épreuve tu pourras reconnaître la nature d'une terre, et distinguer celle qui est légère de celle qui est forte; l'une convient mieux à la vigne, l'autre au blé.

» D'abord, choisis dans le sol un endroit ferme, où tu feras creuser une fosse profonde; tu y rejetteras les terres qui en auront été tirées, et tu les aplaniras à la surface en les foulant aux pieds. S'il en manque pour combler la fosse, ton sol est léger, et excellent pour les troupeaux et pour la vigne.

» Au contraire, si les terres ne peuvent pas rentrer dans le lieu d'où elles sont sorties, et si, la fosse comblée, elles en excèdent les bords, ton sol est fort; attends-toi à des mottes énormes, à des glèbes qui retarderont le soc; fends-les avec les plus robustes taureaux. »

D. — Quel est, d'après les agronomes les plus célèbres, le type des terres fortes?

R. — On considère généralement, et notamment d'après Schwertz et Ther, agronomes allemands, comme terre forte celle qui renferme 74 d'argile, 10 de sable et 4 de calcaire.

D. — Quel est le type des terres légères?

R. — Celle qui contient 14 d'argile, 69 de sable et 10 de calcaire.

D. — Pourriez-vous, en vous basant sur l'opinion d'un homme compétent, indiquer d'après ces types les qualités intermédiaires résultant des proportions plus ou moins grandes d'argile ou de sable, même en allant jusqu'à celle de 5 p. 0/0 seulement d'argile avec le sable, et déterminer les cultures auxquelles ces sols différents peuvent convenir?

R. — D'après Boussingault, on peut prendre pour termes extrêmes le froment et le seigle : le premier réussissant dans les mauvais sols argileux, le second végétant dans les sols sablonneux médiocres. Dans ces terrains *limites* le froment et le seigle viennent fort mal, à la vérité ; mais entre ces deux extrêmes se trouvent comprises toutes les variétés des sols qui résultent de la fusion des terres les plus fortes, les plus tenaces, avec les terres les plus légères, depuis l'argile la plus consistante jusqu'au sable mouvant.

Dans ces sols mixtes, de qualités intermédiaires, le froment et le seigle s'avancent graduellement l'un vers l'autre ; en recrutant l'orge, l'avoine, le sarrazin, jusqu'à ce qu'ils se rencontrent, au milieu de l'échelle, dans un terrain neutre qui permet la culture de toutes les céréales.

D. — D'après cette explication, empruntée au livre sur l'économie rurale de M. Boussingault, il résulte que le terrain propre à toutes les cultures est celui qui tient le milieu entre le type indiqué pour la terre forte et le type indiqué pour la terre légère?

R. — Oui, c'est ce qu'il explique clairement ; et on doit aussi conclure qu'en partant de cette terre moyenne entre les limites, plus les parties argileuses deviennent nombreuses et plus la terre perd de sa propriété de convenir à toutes les cultures de céréales , pour rester propre à celle du froment ; et plus les parties de sable deviennent, au contraire, dominantes, plus elle cesse de convenir à la production du froment, pour ne plus convenir qu'à la culture du seigle.

D. — N'existe-t-il point d'autre moyen que celui que Virgile indique pour connaître la nature du sol ?

R. — Ce moyen est le plus simple ; mais il ne donne qu'une indication approximative et qui ne pourrait servir à indiquer à quel degré le sol est argileux ou léger. — Pour déterminer ces proportions d'une manière exacte , il faut recourir à d'autres opérations. M. Mazure place dans une *allonge*, vase dont se servent les chimistes et qui a la forme de poire allongée, la terre qu'il se propose d'analyser. Il fait pénétrer par le bas de l'*allonge* un filet d'eau qui passe au travers de cette terre en la soulevant ; le gravier et le sable retombent par leur poids au fond de l'allonge, et l'argile, mélangée avec l'eau, y reste en suspension. Cette eau est dirigée par un tube dans un vase voisin. On continue l'opération tant que l'eau se trouble par un mélange d'argile. Toute l'eau trouble, réunie dans un vase, dépose au fond l'argile qu'elle tenait en suspension et peut en être séparée. Il ne s'agit plus que de dessécher l'argile et de la peser, ainsi que le sable resté dans l'allonge.

Un cultivateur intelligent pourra, à l'aide d'un tamis, arriver à faire ces analyses.

D. — Cette analyse est importante, puisqu'elle permet de distinguer les proportions des matières différentes qui composent le sol ; mais, n'en est-il point d'autres non moins utiles ?

R. — Oui. Ce sont les analyses qui permettent de connaître les principes minéraux et végétaux que contiennent les différents sols, ces principes devant exercer une grande influence sur la végétation des plantes ; mais cette composition intime des terres ne peut être obtenue que par des chimistes.

Cette analyse aurait une valeur inappréciable pour les cultivateurs, et il serait bien utile que le Gouvernement, en faisant opérer le cadastre, fît faire ces recherches et les prît pour base de l'évaluation des valeurs foncières. Elles formeraient l'inventaire de la richesse de chaque sol.

D. — Revenons aux considérations particulières à chacun des sols que nous connaissons : quels sont les inconvénients des sols sableux ?

R. — Ils se laissent trop facilement pénétrer par le soleil et par les pluies. Ils n'abritent point suffisamment les racines des plantes, et n'offrent point à leur végétation assez de solidité.

Les engrais qui leur sont donnés sont promptement entraînés par les pluies ou décomposés par la chaleur du soleil.

D. — Quels sont les engrais qu'il convient d'employer dans ces terres ?

R. — Les engrais pesants et humides, tels que les terreaux, les déjections de l'espèce bovine.

On peut amender ces terres avec des mélanges d'argile qui leur donnent de la consistance et de la fraîcheur.

L'emploi du rouleau est fort utile.

D. — Quels sont les plantes que l'on peut cultiver avantageusement dans ces sols ?

R. — Par leur nature et les influences atmosphériques, ces terrains sont faciles à épuiser ; il est donc indispensable de n'y cultiver que les plantes les moins exigeantes telles que le seigle, le blé-noir pour les céréales ; les topinambours et les pommes de terre, pour les plantes sarclées ; les trèfles, le sainfoin, les vesces, pour les fourrages.

On doit insister sur la production des plantes destinées

à l'alimentation du bétail, afin de pouvoir donner au sol de cette nature les engrais surabondants dont il a besoin. On doit enfin se garder de le rendre stérile par la culture des plantes épuisantes.

Du sol argileux.

D. — Quels sont les qualités et les défauts des sols argileux ?

R. — L'argile est une terre grasse, molle, généralement humide, et qui se laisse difficilement travailler.

Les terrains argileux sont froids ; ils ne peuvent être labourés par un temps pluvieux. Ils forment alors un mortier sous l'action de la charrue ; les semences enfouies dans le sol en cet état y pourrissent.

La chaleur les pénètre difficilement.

Les sols qui sont argileux, sans l'être à l'excès, sont les meilleurs.

D. — Quels sont les engrais qu'il convient d'employer dans les terrains argileux ?

R. — Ce sont les engrais les plus actifs et les plus chauds, les engrais pailleux, légers, propres à les diviser.

On peut aussi améliorer les terrains argileux par l'emploi de sables et de calcaires.

D. — Quelles sont les plantes que l'on doit y cultiver de préférence?

R. — Toutes les plantes qui aiment un sol frais, les choux, la chicorée sauvage, les trèfles, les vesces, les fèves le ray-grass et les diverses espèces de céréales. Cette espèce de terre demande à être divisée par des labours fréquents.

Des sols calcaires et crayeux.

D. — Quels sont les défauts et les qualités de ces sols?

R. — Les terrains calcaires et les sols crayeux sont brûlants et secs. Dans les années de sécheresse, les récoltes de ces terrains sont hâtées, et ne donnent qu'un faible rendement.

Lorsque ces sols sont mélangés d'argile en convenable proportion, ils constituent des terres arables excellentes.

D. — Quels sont les engrais qu'il convient d'employer dans ces espèces de sols?

R. — Tous les engrais capables de leur donner la consistance et l'humidité qui leur font défaut; les engrais dont nous avons recommandé l'emploi pour les terrains sableux.

D. — Quelles sont les plantes que l'on doit cultiver de préférence sur ces terres?

R. — Les légumineuses et les céréales de toute espèce.

D. — Doit-on faire usage du rouleau?

R. — Oui. Ces sols ont les défauts des terrains sableux. Le rouleau les resserre, les empêche de se dessécher aussi promptement et fait taller les plantes.

D. — Quelle est l'influence de la pluie et de la rosée sur la végétation?

R. — Cette influence est très-grande, et c'est d'elle que dépend cet accroissement de fécondité qui se faisait sentir après quelques années de repos ou de jachère.

Nos chimistes sont parvenus à préciser nettement le rôle de la pluie et de la rosée à l'égard de la végétation. L'auteur d'un curieux ouvrage imprimé en 1794 constate ainsi leur influence dès cette époque :

« La rosée et la pluie apportent beaucoup de salpêtre dans la terre, et il semble que les nuées ne soient étendues devant la face du soleil qu'afin d'imbiber une partie de son influence, ou bien afin qu'il s'engendre dans leur sein un sel pour augmenter la fertilité de la terre. Et certainement, elles ne s'en reviennent pas sans bénédiction, car enfin, j'ai extrait plus d'une fois du salpêtre de la pluie et de la rosée ; mais la rosée en donne davantage.

» Et, ce qu'il y a de certain, c'est que si la surface de la terre n'était imprégnée de ce sel, elle ne produirait aucune plante. »

Des labours.

D. — Quelles sont les conditions qui constituent un bon labour?

R. — Il doit atteindre le sol aussi profondément que possible, afin de favoriser la pousse des racines et le développement des plantes. Ce développement hors du sol est toujours en rapport avec celui des racines. Rien ne doit être négligé pour assurer la vigueur de ces dernières.

Le labour doit amener la division du sol et être fait de manière à enfouir les herbes de la surface, pour les priver d'air et les détruire. Le labour doit être régulier dans toute la pièce.

D. — N'est-il point d'autres conditions de succès?

R. — Les labours doivent aussi être faits en saison convenable, pour que les ensemencements puissent être exécutés aux époques les plus favorables pour chaque culture.

D. — Ne convient-il point d'augmenter la quantité des engrais en raison de la profondeur des labours?

R. — Cette mesure est indispensable.

Un labour profond met en mouvement une plus grande quantité de terre; et, pour que des engrais soient répartis entre les molécules plus nombreuses ainsi remuées, il est bien évident qu'il en faut une plus grande quantité. Sans cette mesure, les racines qui vont prendre leur nourriture entre ces parties de terre ne la trouveraient pas suffisante.

D. — Ces principes s'appliquent-ils à tous les sols?

R. — Oui. En s'y conformant, le cultivateur est assuré d'obtenir sur une étendue de terrain moindre une quantité de produits plus considérable que sur un autre terrain mal labouré et mal engraissé.

Les racines des plantes du sol défoncé et engraissé sont vigoureuses et multipliées; le développement ces plantes est en rapport avec celui des racines, et leur produit ne laisse rien à désirer.

Cette méthode permet d'économiser la semence, d'occuper moins de terrain, de diminuer les travaux d'ensemencement, de labourage, de moisson, et d'obtenir les produits les plus beaux et les plus nombreux.

Elle permet d'obtenir avantageusement de la terre tout ce qu'elle est susceptible de donner.

Des engrais.

D. — Quels sont les meilleurs engrais?

R. — Ce sont ceux qui sont produits par les déjections animales pures ou mêlées à des débris de végétaux.

D. — Pourquoi les engrais provenant des déjections des animaux sont-ils les meilleurs?

R. — Parce que ces engrais contiennent tous les principes nécessaires à la nutrition des plantes : ces matières végétales et animales décomposées, et des matières minérales qui leur conviennent.

D. — Les fumiers des divers animaux domestiques ont-ils tous les mêmes qualités?

R. — Non. Le fumier de cheval est moins humide que celui que produisent les bœufs et les vaches. Il est plus riche en azote. Il est chaud, et par ce motif il convient particulièrement aux terrains froids.

Le fumier des animaux des espèces porcine et bovine ont les qualités opposées, et leur emploi est préférable dans les sols sableux ou calcaires.

Le fumier de mouton, actif et sec, convient aux terrains froids et humides.

Les déjections des oiseaux de basse-cour ou la colombine, celles des oiseaux sauvages, vendues par le commerce sous le nom de guano, sont d'excellents engrais. Ils activent puissamment la végétation. Ils peuvent être employés au moment des semailles et sur tous les terrains.

Le sang est un excellent engrais. Il sert, avec les os, à composer le noir-animal dont l'usage est trop répandu pour que nous vous entretenions longtemps des avantages que procure son emploi. Il est particulièrement réservé pour la culture du sarrazin ou blé-noir.

Les excréments humains sont des engrais puissants.

D. — Quelle est la partie des fumiers des animaux la plus utile?

R. — C'est la partie humide. Pour s'en convaincre, il suffit de prendre du crottin de cheval, de le laver; il ne restera après le lavage que de faibles parcelles de végétaux qui ne sont point encore entièrement décomposées, et qui sont loin de posséder les qualités fertilisantes des parties entraînées par le lavage.

D. — Vous avez reconnu que la prospérité de l'agriculture dépend surtout de l'abondance des engrais que le cultivateur sait se procurer, que les produits de la terre sont toujours en rapport avec la quantité d'engrais que le laboureur lui confie, je dois donc être convaincu que, dans ce pays, aucun engrais n'est perdu et qu'ils sont tous utilisés : en est-il ainsi?

R. — Non, malheureusement. Nos cultivateurs semblent oublier que le fumier représente du grain, du foin, de la viande, puisque c'est avec lui qu'on les produit.

Nous voyons dans presque tous nos villages les urines des bestiaux couler sur les cours, sur les chemins, qu'elles détériorent, se rendre dans les abreuvoirs dont elles vicient les eaux. La perte des engrais faite ainsi dans le département est incalculable.

Les excréments humains sont déposés de toutes parts avec indécence, autour des habitations.

Les fumiers sont exposés sans soins à l'ardeur du soleil qui les dessèche, et aux pluies qui entraînent les parties les plus fertilisantes.

Les litières des bestiaux sont insuffisantes, et il n'est pas rare que les animaux soient obligés, pour prendre un repos indispensable, de se coucher dans leurs urines et sur leurs excréments.

Il semble, dans quelques villages, que les cultivateurs, en perdant l'engrais, source de la richesse agricole, se plaisent à compromettre leur santé en entretenant, avec l'écoulement des urines des animaux, des lieux humides autour de leurs habitations, et la santé de leurs animaux en les plaçant dans les conditions les plus pernicieuses.

D. — Suivrez-vous ces exemples?

R. — Je ferai mes efforts, au contraire, pour éviter ces

inconvénients et ces pertes d'autant plus considérables qu'elles sont répétées chaque jour.

J'établirai le sol de mes étables sur une pente convenable, pour faciliter l'écoulement des urines dans un canal ou conduit destiné à les recevoir et à les porter jusqu'à une fosse extérieure où je les réunirai toutes. Cette mesure me permettra de disposer de litières toujours sèches pour mes bestiaux, de les maintenir dans des conditions hygiéniques convenables et de ne perdre aucune partie de mes engrais. Je ferai en sorte que la fosse à purin soit imperméable, afin que les urines ne puissent pénétrer dans le sous-sol. Je couvrirai cette fosse, et j'élèverai les bords pour empêcher l'introduction des eaux pluviales.

Je bâtirai auprès de cette fosse un vaste hangar sous lequel je placerai mes fumiers à l'abri des pluies et du soleil. Le jus du fumier, d'après la disposition que je donnerai au sol, se rendra dans la fosse, et je me servirai de ce purin pour arroser les fumiers lorsqu'ils me paraîtront trop se dessécher.

J'emploierai le plâtre ou le sulfate de fer pour fixer les parties du fumier qui pourraient se volatiliser.

J'aurai, à l'aide de ces moyens réunis, une plus grande quantité d'engrais d'une qualité supérieure.

Mes cours et mes chemins seront en bon état. Mes animaux ne seront point contraints de s'abreuver d'eaux corrompues, et je ne serai point exposé moi-même à respirer des émanations délétères.

D. — Est-ce que dans tous les pays on professe une aussi coupable indifférence qu'en France à l'occasion de l'engrais humain ?

R. — Non. En Flandre, cet engrais est précieusement recueilli. Les soins que l'on apporte à le conserver et à l'utiliser en agriculture, soit à l'état liquide, soit sous le nom de poudrette, ont été le point de départ du progrès et de la richesse de cette contrée. Il est même connu sous le nom d'engrais flamand.

En Chine, on se dispute et on loge précieusement ce que nous jetons au hasard d'une fosse abandonnée.

Pendant l'occupation de Pékin par l'armée française, un voyageur de distinction, qui était loin de son logis et causait avec un ami dans une des grandes rues de la ville, se trouva dans un de ces quarts d'heure où il faut payer bon gré mal gré sa dette à la nature.

Où aller, où trouver un abri, un coin caché à tous les yeux pour obéir au commandement de l'organisme humain ?

Notre voyageur cherche partout du regard, mais il n'aperçoit pas le moindre refuge où pourra se prononcer le dernier mot de sa digestion.

De guerre lasse, il se disposait à demander à une charrette chinoise, aux roues à larges jantes, l'ombre et le mystère, quand un Chinois à boutons jaunes accourt vers lui et lui dit :

« Malheureux ! qu'allez-vous faire ? »

L'étranger se croyait déjà coupable d'un grand crime, d'une tentative épouvantable punie de la cangue ou du pal, peut-être.

Mais le Chinois le rassura bien vite en ajoutant d'un ton câlin :

« Venez chez moi, faites-nous ce plaisir ; vous y serez très-bien, et vous y trouverez toutes les commodités désirables. »

Notre Français, chez qui la guerre intestine redoublait de fureur, s'apprêtait à suivre cet hôte d'un nouveau genre.

Mais survint un autre Chinois à boutons rouges, qui l'attira par le bras et lui dit en clignant l'œil :

« N'allez pas chez monsieur, venez plutôt chez moi , vous y serez beaucoup mieux ; j'en ai de charmantes et d'infiniment plus confortables.... »

Dans le recueil auquel j'emprunte cette anecdote, on ajoute avec raison que, sous ce rapport au moins, il n'y aurait pas de mal à ce que, dans l'intérêt de la richesse territoriale , nous nous fissions un peu Chinois.

Des engrais végétaux.

D. — Qu'entendez-vous par engrais végétaux ?

R. — J'entends les engrais composés de débris de plantes, tels que ceux que l'on forme avec les pailles , les ajoncs, les bruyères, les feuilles, les marcs de fruits, la tourbe, etc., etc.

D. — Ces engrais ont-ils la même puissance et la même valeur que ceux qui sont composés de déjections ou matières animales ?

R. — Non, mais ils sont d'une utilité incontestable, et l'agriculteur intelligent ne doit négliger aucun moyen de se procurer en abondance des engrais de cette nature.

D. — Comment forme-t-on des engrais avec les végétaux ?

R. — En les employant ordinairement comme litières et excipient des excréments des animaux. Les matières, réunies en tas, fermentent, se décomposent et forment les fumiers que l'on porte aux champs.

Lorsque les cultivateurs possèdent des quantités considérables de matières végétales, ils les déposent dans les cours, dans les chemins, aux abords de la ferme où , mêlées aux boues, elles achèvent de se décomposer. On obtient par cette méthode d'excellents compôts.

Les marcs de fruits contiennent des acides connus sous le

nom d'acides maliques, qui détruisent toute végétation lorsqu'on les emploie à la sortie du pressoir. Ils ne peuvent être employés comme engrais que lorsque l'action du temps a fait disparaître ces acides, ou mélangés avec de la chaux qui a la propriété de les neutraliser.

Quelques cultivateurs profitent de la présence des acides dans les marcs pour les répandre sur les parties de leur prairies envahies par les joncs et par les mousses, et obtenir ainsi la destruction de ces plantes nuisibles.

Ces matières, répandues à l'automne, se décomposent pendant l'hiver sous l'influence atmosphérique, forment un engrais au printemps et alimentent les plantes utiles qui naissent à la place des mauvaises herbes.

Un agronome dont le nom est cité par divers auteurs (M. Jauffret) conseille, pour obtenir un excellent engrais des matières végétales, de les disposer par monceaux de quatre mille kilogrammes et d'arroser chaque tas avec une lessive formée de dix hectolitres d'eau et des matières suivantes :

200 kilogrammes de plâtre en poudre ;

100   id.   de matières fécales ;

50   id.   de suie ;

10   id.   de cendres ;

50   id.   de chaux vive ;

500   grammes   de sel-marin ;

300   id.   de salpêtre.

La fermentation qui s'établit amène la prompte décomposition des plantes, et l'engrais obtenu, contenant de nombreux sels et des principes fertilisants qui ne se rencontrent pas dans les compôts obtenus dans les cours et dans les chemins, est bien préférable à ces derniers.

D. — En cas de pénurie d'engrais, ne peut-on pas en

créer sur les lieux même qui ont besoin d'être fertilisés ?

R. — Oui. On ensemence à cet effet le sol que l'on veut engraisser, et, par un nouveau labour, on enfouit les plantes lorsqu'elles ont atteint toute leur hauteur et qu'elles commencent à entrer en fleur.

Les effets d'une récolte ainsi enfouie équivalent à ceux que l'on obtiendrait en donnant une demi-fumure.

On doit encore recourir à cette mesure lorsque l'accès du sol à cultiver est difficile. Elle offrira l'avantage de diminuer en partie les fatigues et les frais de transport des fumiers ordinaires.

D. — Quels sont les végétaux que l'on doit employer ainsi de préférence ?

R. — Le sarrazin, les vesces, les pois, le seigle, etc., etc.

Le sarrazin croît vite, donne une tige touffue, nettoie le sol qu'il couvre complétement. Son ensemencement, à cause du prix toujours inférieur de cette espèce de grain, est moins dispendieux que celui des autres plantes ; et nous croyons, par toutes ces considérations, que les cultivateurs doivent le cultiver de préférence pour être enfoui en vert.

D. — Nous venons de consacrer plusieurs leçons à vous entretenir des engrais et du rôle important de leur emploi dans toute exploitation, ne pourriez-vous point, au terme de cette dernière leçon, nous indiquer les principaux moyens auxquels les cultivateurs doivent recourir pour en obtenir abondamment ?

R. — Ils doivent :

1° améliorer leurs prairies naturelles en les fumant, en leur donnant les amendements dont elles ont besoin, en pratiquant l'irrigation d'une manière convenable, en les débarrassant des excès d'humidité par le drainage ;

2° Créer de nouvelles prairies sur toutes les parties de la

ferme où la nature et les dispositions du sol permettront de réaliser cette importante mesure ;

3° Multiplier les prairies artificielles ;

4° Augmenter la culture des plantes sarclées;

5° Accroître par tous les moyens les ressources alimentaires des animaux de la ferme, pour en entretenir le plus grand nombre possible, et obtenir, outre les bénéfices de leur croît, de leur rente ou de leur engraissement, une grande quantité d'engrais destinée à augmenter la fertilité du sol.

Des engrais inorganiques.

D. — A-t-on recours à des engrais autres que ceux que nous avons indiqués dans la précédente leçon ?

R. — Il en existe un grand nombre dont l'emploi ne saurait être trop recommandé. Ces matières, qui doivent être plutôt considérées comme des amendements, sont particulièrement destinées à servir de complément aux engrais de la ferme qu'elles ne pourraient remplacer. Ces substances activent et développent la végétation.

Chaque récolte enlevant du sol les matières inorganiques qui lui sont nécessaires, il est indispensable de restituer à la terre des matières de même nature pour assurer le succès des récoltes successives.

Les principaux amendements sont :

Les cendres vives ou lessivées, la suie, le plâtre, la chaux, les vases de mer, le sel.

Les cendres contiennent des sels de chaux, de magnésie, de potasse, de soude, de l'alumine, de la silice, des oxydes de fer et de manganèse. Elles forment un amendement puissant.

La suie contient aussi différents sels. Elle donne, comme

les cendres, d'excellents résultats sur les terres humides.

Le plâtre, comme amendement, donne de la vigueur aux légumineuses, et fixe le carbonate d'ammoniaque des engrais.

D. — Ne pourriez-vous point nous indiquer quel est le nom de l'homme célèbre qui a propagé l'emploi du plâtre en agriculture et les moyens qu'il prit pour en faire apprécier les avantages ?

R. — Benjamin Franklin, né à Boston, fils d'un pauvre fabricant de savon, fut lui-même simple ouvrier imprimeur. A force d'ordre et d'économie, il devint chef d'imprimerie, acquit de l'aisance, s'occupa de sciences, devint député, rendit d'immenses services à sa patrie et signa en 1783 le traité qui assura l'indépendance de son pays. Il est l'inventeur du paratonnerre. Ce grand homme, voulant faire connaître les résultats avantageux du plâtre répandu sur les trèfles, convoqua un grand nombre de cultivateurs et traça, avec du plâtre en poudre, sur de jeunes tiges de trèfle couvertes de rosée : *Ceci a été plâtré*. Quelque temps après, il conduisit les mêmes personnes sur un lieu élevé, d'où l'on dominait la pièce de trèfle, et il leur fit lire les mots tracés ressortant en relief sur la récolte en tige, d'une teinte vigoureuse et d'une hauteur de plusieurs centimètres au-dessus des tiges qui n'avaient point reçu de plâtre.

Après les trèfles plâtrés, les récoltes sont plus abondantes qu'après ceux qui n'ont pas reçu cet amendement.

La chaux divise le sol, active la végétation, neutralise les acides et le tanin nuisibles aux plantes, agit sur différents sels déposés dans le sol et les rend propres à la nutrition des plantes.

D. — A quelle époque remonte l'emploi de la chaux ?

R. — Aux époques les plus reculées, déjà Caton et Varron

enseignent que la chaux hâte la fructification de certains fruits, les rend plus abondants et meilleurs. Pline, Augustin Gallo, rapportent que l'on en faisait usage dans leurs siècles. En 1580, Bernard de Palissy conseilla l'emploi de cet amendement.

Sous Henri IV, Olivier de Serres recommandait les compôts de chaux, pour augmenter la production du grain.

D. — Comment reconnait-on l'utilité de l'amendement calcaire?

R. — Par l'expérience et le raisonnement. L'emploi de la chaux a transformé complétement l'agriculture de certaines contrées. La Mayenne lui doit sa prospérité. L'analyse des cendres des plantes prouve qu'elles contiennent en diverses proportions des éléments calcaires, d'où il faut conclure qu'il convient de donner de la chaux aux plantes pour servir à leur développement.

D. — Si la chaux produit des effets aussi avantageux, peut-on, en l'employant, se dispenser de fumer le sol?

R. — Loin de là; il convient de fumer davantage. La chaux, en donnant un accroissement de végétation, rend par cela nécessaire une plus grande abondance d'engrais pour la soutenir et l'entretenir. — Sans le recours aux engrais, la chaux activerait l'épuisement du sol.

D. — Convient-il de faire usage de la chaux dans les terrains forts et dans les sols légers?

R. — Oui. Elle agit par son principe, en restituant au sol ou en lui fournissant l'élément calcaire indispensable au développement des plantes, en divisant le sol argileux, lui donnant de la perméabilité, et en rendant sa culture plus facile.

Elle rend soluble des matières organiques difficilement décomposables, qui sont dans le sol, et les rend assimilables aux plantes.

Elle met en liberté, sous forme d'ammoniaque directement absorbable par les plantes, l'azote contenu dans les matières végétales.

Elle neutralise les acides des terres marécageuses et de celles qui sont nouvellement défrichées.

Elle est utile dans les terres légères, sur lesquelles elle agit en procurant les avantages ci-dessus; et, par l'excessive division qu'elle opère, elle fait obstacle à ce que la chaleur pénètre aussi avant et dessèche les racines. Il est à observer que, sous une couche de poussière, la chaleur pénètre peu. La vigueur des racines plus profondes et celle des plantes qui couvrent mieux le sol leur permet de résister mieux aux intempéries.

L'eau de chaux sert à préserver les grains de semence de la pourriture et d'une maladie connue sous le nom de *nielle* ou charbon des céréales.

Les vases de mer contiennent des débris calcaires provenant des coquillages, et divers sels. Cet amendement a développé les progrès de l'agriculture dans toutes les contrées où l'on a eu recours à son emploi.

L'usage du sel comme engrais a été recommandé à toutes époques. Malgré l'abaissement des droits destinés à vulgariser son emploi en agriculture, les cultivateurs n'ont fait dans notre pays aucun essai qui puisse déterminer les avantages qu'il est appelé à produire. Nous pensons qu'il pourrait être mêlé utilement, dans certaines proportions, aux fumiers dont il augmenterait l'efficacité.

Nous avons voulu, par ce court résumé de quelques principes agricoles, donner des notions exactes et jeter les bases d'études plus vastes et plus approfondies, engager surtout à étudier la chimie dans ses applications à l'agriculture, et non faire un cours exclusivement réservé aux hommes versés dans cette science. Nous ne pouvons qu'engager nos lecteurs à recourir aux ouvrages publiés sur cette matière, et nous n'avons pas d'autre prétention que celle de faire entrevoir les immenses avantages que les agriculteurs sont appelés à recueillir dans ce nouveau champ ouvert à leurs études.

> Eloigné des cités, dans le calme des champs,
> On aime à rendre à Dieu des hommages touchants !
> Ces lieux semblent porter à la reconnaissance
> Tout d'un ciel bienfaisant y montre la puissance ;
> Nos vœux y sont plus purs, tout y peint la candeur,
> Et la bouche y dit mieux ce qu'a senti le cœur

CINQUANTE-DEUXIÈME LEÇON.

——

ÉCONOMIE. — CAISSES D'ÉPARGNES ET DE PRÉVOYANCE. — ASSURANCES DIVERSES.

> Que de gens ici-bas semblent vivre au hasard !
> Nul soin de l'avenir ! Jamais de prévoyance !
>   Ils se raillent de la prudence :
>   Ils la regretteront *trop tard*.

Le principe de toute amélioration, dans la condition matérielle des hommes, c'est le sacrifice des tentations du moment présent au bien-être de l'avenir.

> Pour vivre en ta vieillesse à l'abri de souffrance,
> Il faut dans ta jeunesse user de prévoyance.

Dans l'ordre moral, le bonheur présent, comme le bonheur à venir, dépend du sacrifice que l'homme fait de ses passions.

> Sachez à vos devoirs immoler vos plaisirs
> Et, pour vous rendre heureux, modérez vos désirs.

Un trésor dans le ciel ne s'épuise jamais , nous dit saint Luc.

L'homme doit s'efforcer de se suffire à lui-même et de servir de point d'appui aux autres. Il doit aussi faire pour son pays tout ce qu'il est possible de faire.

Telles sont les règles qui doivent guider l'homme pendant le cours de son existence.

La vie peut être considérée comme un voyage à travers un pays riche et fertile d'abord; désert, aride, sans ressources dans sa dernière partie. Le simple bon sens empêcherait tout homme de s'engager dans ce dernier trajet sans les provisions nécessaires à son existence pendant sa durée.

La jeunesse représente la première moitié du voyage. L'homme, à cette époque, jouit de la santé, de la plénitude de ses forces, des richesses qu'elles procurent : c'est l'image de la partie du chemin dont les bords sont garnis des plus abondantes récoltes que la nature place sous ses mains.

La vieillesse, dépourvue de toutes forces et des ressources qu'elles procurent, accablée de maladies et d'infirmités, n'est-elle pas pour l'homme comme ce désert aride qui ne lui offre aucun secours pendant sa traversée? A moins que nous ne soyons emportés par une mort prématurée, il nous faut endurer toutes les peines de la dernière partie du voyage, en surmonter tous les obstacles, vaincre toutes les difficultés pour arriver au terme. Il n'est permis à personne d'éviter ce parcours.

Les saisons de l'année sont encore l'image de la vie; le printemps, l'été, l'automne sont les époques des travaux et de la récolte, de l'approvisionnement de l'hiver, — qui refuse tout produit et toute ressource à l'homme imprévoyant. Cette comparaison est tellement rationnelle que, pour exprimer les diverses phases de notre existence, nous les appelons aussi le printemps, l'été, l'automne et l'hiver de la vie.

La nature nous donne continuellement les enseignements

les plus utiles, et cependant que d'hommes n'en tiennent aucun compte!

L'abeille, la fourmi amassent pour l'hiver. Le renard, ayant rassasié sa faim, cache les débris de sa proie pour revenir les trouver lorsque la faim se fera de nouveau sentir. Chez les animaux, le mobile de ces actes de prévoyance est l'instinct. Mais l'homme, qui jouit de la raison, de l'intelligence, de la réflexion, doit toujours s'efforcer de prévoir l'avenir et de pourvoir à ses éventualités.

La société, dans certaines circonstances, par un sentiment de gratitude et afin d'empêcher ses fonctionnaires de tomber, sur la fin de leur carrière, dans une position nécessiteuse, retient sur leur traitement 5 p. % pour former un fonds de retraite qui les mette à l'abri du besoin et leur permette de conserver, à la cessation de leurs fonctions, une position sociale convenable. Cette mesure est dictée tout à la fois par un sentiment d'humanité et de dignité ; et, sous ce double rapport, il est à désirer qu'elle s'étende à toutes les personnes qui reçoivent des traitements soit de l'Etat, soit des communes, soit des établissements publics.

Les autres personnes, usant avec une entière liberté d'elles-mêmes et de leurs ressources, devraient suivre ces exemples et penser à l'avenir.

La société a voulu fournir aux plus petits capitaux la possibilité d'être utilisés par des placements successifs offrant toutes les garanties désirables. Les caisses d'épargnes donnent aux classes nécessiteuses le moyen d'utiliser sans retard la part qu'elles peuvent, en vue des besoins de l'avenir, prélever chaque semaine sur le produit de leurs travaux.

Cette institution a pris naissance dans la nécessité de mettre en réserve une partie des sommes gagnées pendant

24

la jeunesse et l'âge mûr, pour les temps où la maladie et la vieillesse rendront cette ressource indispensable.

Chaque déposant peut verser tous les dimanches, à ces caisses établies dans toutes les villes, depuis 1 fr. jusqu'à 300 fr. Ces fonds produisent intérêt à 4 p. °/₀ à partir du versement jusqu'au remboursement.

A la fin de l'année, les intérêts de tous les versements sont capitalisés, et forment avec eux un nouveau fonds qui recommence à produire intérêt jusqu'à ce que le tout s'élève au chiffre de 1,000 fr. L'administration emploie alors cette somme à l'achat, sans frais, de rentes sur l'Etat au nom du déposant.

En prévenant seulement quelques jours d'avance, on obtient, suivant son besoin, la totalité ou partie seulement des fonds déposés à la caisse d'épargnes.

L'ouvrier ne pourrait trouver à placer de petites sommes entre les mains des particuliers. Cet avantage lui est offert par notre institution. Personne ne voudrait recevoir des fonds avec l'obligation de rembourser tout ou partie d'un capital à la volonté du prêteur. Cet autre avantage est encore procuré par la caisse d'épargnes. Enfin, les difficultés résultant du défaut d'instruction faisaient obstacle aux placements; mais, que l'on soit instruit ou non, la caisse, à l'aide d'un simple livret dont elle fait la remise, règle la situation de chacun. Les hommes les plus recommandables administrent cette caisse, et la société tout entière garantit le placement.

Enfin, en facilitant chaque semaine à l'ouvrier le placement fructueux de son épargne, on le met à l'abri des tentations dont il ne pourrait quelquefois se sauvegarder en la conservant à sa continuelle disposition, et on amène les classes laborieuses à contracter les habitudes d'ordre et d'économie si indispensables à leur bonheur et à la moralité publique.

Il n'existe pas de placement plus sûr, plus facile et plus avantageux pour les petits capitaux.

Permettez-moi de vous citer les paroles de Monseigneur l'Evêque du Mans, à l'occasion de la fondation des caisses d'épargnes :

« C'est une idée bonne, louable, religieuse, digne d'encouragement, que d'accoutumer le peuple à l'économie, à une sage prévoyance de l'avenir. Le digne cardinal de Chéverus, peu de temps avant de mourir, engageait les populations du diocèse de Bordeaux à placer leurs économies aux caisses d'épargnes.

» Dans un rescrit de 1844, le Souverain-Pontife dit qu'il ne faut pas voir dans les caisses d'épargnes le seul intérêt matériel, mais celui qu'en tirent la religion et les bonnes mœurs. Le jour du repos sera mieux sanctifié, parce qu'on épargnera l'argent dépensé au jeu et à l'ivrognerie. Les enfants recevront de meilleurs exemples; l'honnête artisan ne tendra plus la main dans les jours mauvais. Les délits diminueront, car la misère et la faim conduisent au mal. Dieu, qui est la charité même, bénira cette sainte institution, et lui, qui est la source de tout bien, en fera sortir un bien nouveau. »

La caisse d'épargnes est la mère de l'économie, le trésor des artisans, la salle d'asile du pauvre, le remède de la mendicité, le reproducteur des capitaux et le levier du crédit national. Elle est la Providence des classes manufacturières; c'est leur maison de refuge, l'asile de leur vieillesse, nous dit *Cormenin*.

De l'assurance.

L'homme assez riche pour prélever sur ses revenus et mettre en réserve, chaque année, les sommes suffisantes pour réparer les effets des sinistres dont il peut être victime, devient ainsi son propre assureur. Mais bien peu de personnes se trouvent dans cette position, et des sinistres, survenant avant qu'un fonds de réserve soit fait, peuvent amener la ruine partielle ou totale de ces personnes, quelle que soit leur fortune. Ce n'est donc qu'en groupant de nombreuses fortunes particulières et individuelles, et en prélevant une petite cotisation en proportion de chacune d'elles, que l'on forme un capital de réserve suffisant pour réparer tous les sinistres qui peuvent frapper quelques-unes des propriétés assurées. Grâce à cette cotisation, qui donne le droit à l'indemnité de la perte éprouvée, chaque assuré se trouve à l'abri de tout préjudice qui, sans cela, pourrait le plonger dans la gène ou dans une horrible ruine.

Tel est le principe et le but des assurances; elles assurent, selon leur dénomination, le maintien de votre fortune contre des chances de perte ou de ruine.

Caisse de prévoyance.

Le sage, seul, prévoit et prend ses précautions pour l'avenir.

Le plus ordinairement, l'homme vit, au contraire, sans prévoyance aucune, au jour le jour.

Les classes les moins riches, et qui par cela même devraient prévoir davantage, sont celles qui ont le moins de prévoyance. Et, disons-le franchement, si les riches vivaient avec l'insouciance que les ouvriers ont de l'avenir, la société ne serait plus composée que de malheureux incapables de se secourir les uns les autres.

L'homme doit, par prudence, penser aux événements certains et aux accidents probables ou possibles de l'avenir. Le père et la mère de famille ont encore un autre devoir à remplir, c'est celui du dévoûment et de l'abnégation ; ils doivent vivre pour leurs enfants ; ils doivent réfléchir et prévoir pour eux. Telle est l'obligation qu'ils ont contractée en se mariant. — Tout père et toute mère qui ne sentent pas ce devoir dominer leur cœur, sont indignes d'avoir des enfants.

Ils doivent économiser, soit pour les exonérer du service militaire, soit pour les doter, soit pour leur fonder un établissement ; en un mot, pour leur donner une position et des moyens d'existence. Les parents doivent prévoir les époques auxquelles ils auront à remplir ces devoirs, et, dans cette prévision, ils doivent aussi se ménager les moyens nécessaires de les remplir.

Outre les caisses d'épargnes, dont nous vous avons parlé, il existe des compagnies d'assurances qui, moyennant une somme versée ou une cotisation annuelle, s'engagent à payer une somme déterminée à une époque précise.

Les tableaux ci-dessous vous indiqueront les sommes ou les cotisations annuelles à payer en vue des paiements à obtenir à des délais prévus.

SOMMES À PAYER en un seul versement, pour qu'un enfant obtienne à 21 ans une somme de 100 f.		SOMMES À PAYER une seule fois, pour obtenir à 50 ans une rente viagère de 100 fr. (rente payable par semestre et sans arrérages au décès)		COTISATIONS ANNUELLES DE DIX FRANCS produisant, dans une période de dix ans, les sommes ci-contre.	CAPITAUX À TOUCHER au bout de chaque PÉRIODE DE DIX ANNÉES. PRIMES ANNUELLES DE F-10. Capital différé de 10 années.	OBSERVATIONS.
DATES des versements.	VERSEMENTS à FAIRE.	DATES des versements.	SOMMES à VERSER.			
naissance.	26.03 0/0	ans.		Naissance............	0 an. 144f 30	Pour obtenir des sommes doubles, triples, quadruples, on devra verser, aux époques indiquées, des sommes doubles, triples, quadruples, etc.
1 an.	33.69	1	100.45	Cotisation de 10 fr. depuis la naissance à 10 années....	10 — 130.70	
2	36.68	2	109.37	Cotisation de 100 fr. au bout de 10 années, à partir de la naissance	1,307.»»	
3	39.79	3	118.64	Cotisation de 10 fr. depuis l'âge de 10 à 20 ans......	20 — 132.80	
4	42.66	4	127.20	Cotisation de 100 fr. depuis l'âge de 10 à 20 ans....	1,328.»»	
5	45.39	5	135.36	Cotisation de 10 fr. depuis l'âge de 20 à 30 ans......	30 — 133.20	La diminution dans les versements uniques et dans les cotisations amènera une diminution égale dans les produits.
6	48.12	6	143.49	Id. de 100 fr. de 20 à 30	1,332.»»	
7	50.87	7	151.68	De 30 à 40 ans, cotisation de 10 fr............	40 — 134.80	
8	53.67	8	160.02	De 30 à 40 ans, cotisation annuelle de 100 fr........	1,348.»»	
9	56.57	9	168.67	Versement annuel de 10 fr. depuis 40 à 50 ans........	50 — 144.»»	
10	59.50	10	177.40	Id. de 100 fr. depuis 40 à 50 ans............	1,440.»»	
11	62.44	11	186.49			
12	65.39	12	194.98			
13	68.48	13	204.20			
14	71.72	14	213.86			
15	75.10	15	223.99			
16	78.68	16	234.61			
17	82.51	17	246.03			
18	86.54	18	258.04			
19	90.77	19	270.65			

Ainsi, un père de famille voulant obtenir avec certitude une somme de 2,000 fr. lorsque son fils, qui vient de naître, aura atteint l'âge de 21 ans, devra verser une somme unique de . . . . 520 fr.   » c.
ou une cotisation annuelle de   52   20

Un parrain peut se guider sur cet exemple pour faire, le jour du baptême d'un enfant, le cadeau le plus utile. La somme qu'il placera sera quadruplée, en quelque sorte, lorsque cet enfant aura 21 ans. Le parrain et la marraine peuvent même s'entendre pour faire ce placement : ce serait à nos yeux la manière de célébrer dignement la bienvenue en ce monde d'un nouveau-né.

Les parents pourraient aussi se joindre au parrain et à la marraine pour grossir la prime à verser et assurer le paiement d'une dot à l'enfant.

De l'Assurance sur la vie.

Il me reste à vous entretenir de l'assurance sur la vie.

Cette assurance a pour objet, soit : 1° de créer des rentes viagères sur une ou sur deux têtes, payables jusqu'au décès ;

2° Ou bien de faire obtenir à l'assuré une rente viagère ou un capital s'il est vivant à une époque déterminée ;

3° D'assurer au décès du chef de famille le paiement à sa veuve ou à ses enfants, ou à telle personne désignée, d'une somme déterminée ;

4° Enfin, de garantir le paiement d'un capital, soit à l'assuré lui-même, s'il est vivant à un âge fixé d'avance, soit à ses héritiers ou ayants droit, après *son décès*, s'il vient à mourir avant le terme fixé par le contrat.

Nous reproduisons ci-dessous les tableaux représentant les tarifs des rentes viagères sur une tête ou sur deux têtes :

TARIF DES RENTES VIAGÈRES SUR UNE TÊTE
ET SANS ARRÉRAGES AU DÉCÈS.

AGE du RENTIER	RENTE POUR 100 FRANCS ET PAYABLE PAR		AGE du RENTIER	RENTE POUR 100 FRANCS ET PAYABLE PAR	
	TRIMESTRE.	SEMESTRE.		TRIMESTRE.	SEMESTRE.
ans.	f c	f c	ans.	f c	f c
41	6.49	6.59	66	11.08	11.28
42	6.62	6.72	67	11.31	11.53
43	6.71	6.81	68	11.60	11.83
44	6.83	6.93	69	11.84	12.05
45	6.96	7.06	70	12.07	12.32
46	7.11	7.21	71	12.32	12.57
47	7.24	7.35	72	12.54	12.82
48	7.39	7.50	73	12.80	13.08
49	7.55	7.66	74	13.03	13.32
50	7.69	7.81	75	13.30	13.59
51	7.86	7.99	76	13.65	13.85
52	8.03	8.16	77	13.79	14.11
53	8.24	8.34	78	14.07	14.40
54	8.41	8.54	79	14.37	14.72
55	8.60	8.75	80	14.80	15.16
56	8.84	8.96	81	15.16	15.53
57	9.07	9.21	82	15.61	15.99
58	9.27	9.43	83	15.91	16.31
59	9.48	9.64	84	16.22	16.63
60	9.68	9.86	85	16.48	16.90
61	9.92	10.10	86	16.73	17.47
62	10.41	10.30	87	16.93	17.38
63	10.31	10.59	88	17.14	17.60
64	10.56	10.75	89	17.30	17.76
65	10.80	11.00	90	17.46	17.92

Les taux d'intérêt se fractionnent par quart, de trois en trois mois; mais, dans la fixation de l'âge, il n'est pas tenu compte des trimestres non révolus.

EXTRAIT DU TARIF DES RENTES VIAGÈRES SUR DEUX TÊTES

PAYABLES JUSQU'AU DERNIER DÉCÈS

Et sans arrérages à la mort du survivant.

ÂGE DE L'UN DES RENTIERS.	ÂGE DE L'AUTRE.	RENTE POUR 100 FR. et payable par	
		TRIMESTRE.	SEMESTRE.
		f. c.	f. c.
	50	6.29	6.37
	53	6.46	6.54
	55	6.56	6.66
	58	6.70	6.80
	60	6.83	6.93
	63	6.96	7.06
50	65	7.08	7.18
	68	7.21	7.32
	70	7.28	7.39
	73	7.37	7.48
	75	7.42	7.53
	78	7.54	7.62
	80	7.54	7.65
	60	7.78	7.90
	63	8.08	8.21
	65	8.29	8.42
	68	8.55	8.68
60	70	8.70	8.85
	73	8.91	9.06
	75	9.03	9.18
	78	9.19	9.35
	80	9.29	9.45
	70	9.79	9.97
	73	10.22	10.40
70	75	10.49	10.68
	78	10.82	11.02
	80	11.04	11.21

ÂGE DE L'UN DES RENTIERS.	ÂGE DE L'AUTRE.	RENTE POUR 100 FR. et payable par	
		TRIMESTRE.	SEMESTRE.
		f. c.	f. c.
	53	6.65	6.75
	55	6.78	6.88
	58	6.98	7.08
	60	7.09	7.19
	63	7.30	7.41
	65	7.44	7.52
53	68	7.59	7.70
	70	7.69	7.80
	73	7.79	7.91
	75	7.86	7.95
	78	7.94	8.07
	80	8.04	8.17
	63	8.19	8.32
	65	8.44	8.57
	68	8.73	8.90
	70	8.94	9.09
63	73	9.20	9.36
	75	9.38	9.54
	78	9.64	9.80
	80	9.78	9.94
	73	10.68	10.87
	75	10.97	11.17
73	78	11.35	11.57
	80	11.64	11.84

ÂGE DE L'UN DES RENTIERS.	ÂGE DE L'AUTRE.	RENTE POUR 100 FR. et payable par	
		TRIMESTRE.	SEMESTRE.
		f. c.	f. c.
	55	6.94	7.04
	58	7.14	7.24
	60	7.30	7.41
	63	7.51	7.62
	65	7.68	7.79
55	68	7.86	7.99
	70	7.96	8.09
	73	8.12	8.25
	75	8.20	8.33
	78	8.32	8.45
	80	8.37	8.50
	65	8.51	8.67
	68	8.93	9.08
	70	9.18	9.34
65	73	9.51	9.67
	75	9.71	9.87
	78	9.93	10.11
	80	10.10	10.28
	75	11.31	11.53
75	78	11.81	12.05
	80	12.12	12.37

Les taux d'intérêt se fractionnent par quart, de trois en trois mois ; mais, dans la fixation de l'âge, il n'est pas tenu compte des trimestres non révolus.

L'assurance différée d'un capital ou d'une rente viagère s'obtient au moyen du paiement par l'assuré d'une prime unique au moment de la souscription, ou par le versement annuel d'une somme déterminée pendant toute la durée du contrat.

Ce genre d'assurance, fondé sur le principe qui règle les tontines, rend la compagnie propriétaire des sommes payées par le souscripteur, lors même qu'il viendrait à décéder avant le terme stipulé pour le versement par la compagnie de la rente viagère ou du capital en vue desquels le contrat a eu lieu.

Mais il offre sur les tontines un immense avantage en ne faisant pas encourir à l'assuré la déchéance de tous ses droits, lorsqu'il ne veut ou ne peut plus continuer le versement de ses primes annuelles. Il touchera, dans ce cas, soit un capital, soit une rente réduite en proportion des sommes qu'il aura payées.

Afin de mieux vous faire apprécier ce mode d'assurance, je crois devoir reproduire deux tableaux propres à vous donner tous les renseignements que vous pourrez désirer :

RENTES VIAGÈRES DIFFÉRÉES DE 1 A 5 ANS.

Rente pour un placement de 100 fr.

(LA RENTE PAYABLE PAR SEMESTRE ET SANS ARRÉRAGES AU DÉCÈS.)

AGE du RENTIER.	RENTE DIFFÉRÉE DE :				
	1 AN.	2 ANS.	3 ANS.	4 ANS.	5 ANS.
	f c	f c	f c	f c	f c
40 ans.	6.93	7.39	7.90	8.45	9.05
41	7.03	7.51	8.05	8.62	9.24
42	7.15	7.65	8.20	8.79	9.45
43	7.28	7.80	8.36	8.99	9.66
44	7.42	7.96	8.55	9.19	9.91
45	7.57	8.13	8.74	9.42	10.17
46	7.73	8.31	8.96	9.67	10.43
47	7.89	8.51	9.18	9.90	10.72
48	8.08	8.72	9.40	10.18	11.04
49	8.26	8.90	9.64	10.46	11.31
50	8.43	9.13	9.94	10.74	11.74
51	8.64	9.37	10.13	11.08	12.06
52	8.84	9.56	10.45	11.38	12.44
53	9.01	9.86	10.73	11.73	12.82
54	9.29	10.12	11.06	12.09	13.49
55	9.52	10.44	11.37	12.44	13.57
56	9.78	10.69	11.66	12.75	13.95
57	10.05	10.96	11.99	13.14	14.32
58	10.28	11.24	12.29	13.42	14.69
59	10.53	11.51	12.57	13.76	15.06
60	10.78	11.77	12.88	14.17	15.59
61	11.03	12.04	13.17	14.57	»
62	11.28	12.31	13.46	»	»
63	11.53	12.58	»	»	»
64	11.78	»	»	»	»

EXEMPLE : M. B..., âgé de 45 ans, verse à la Compagnie un capital de 10,000 fr. En différant de 5 ans l'entrée en jouissance de sa rente, il obtiendra, au taux de 10 fr. 17 c. pour cent, une rente de 1,017 fr.

RENTES VIAGÈRES DIFFÉRÉES.

(LA RENTE PAYABLE PAR SEMESTRE ET SANS ARRÉRAGES AU DÉCÈS.)

Primes uniques et annuelles assurant une rente viagère de 100 fr. à une époque déterminée.

AGE.	APRÈS 10 ANS.		APRÈS 15 ANS.		APRÈS 20 ANS.	
	PRIME UNIQUE.	PRIME ANNUELLE	PRIME UNIQUE.	PRIME ANNUELLE	PRIME UNIQUE.	PRIME ANNUELLE
ans	f c	f c	f c	f c	f c	f c
21	1,035. »	128.01	768.59	70.88	561.60	43.25
22	1,025.38	126.87	759.42	70.08	552.56	42.58
23	1,015.53	125.71	749.89	69.25	543.17	41.88
24	1,005.34	124.50	740. »	68.38	533.38	41.45
25	994.82	123.26	729.68	67.47	523.19	40.39
26	983.94	121.97	718.95	66.54	512.58	39.59
27	972.74	120.63	707.76	65.50	501.55	38.76
28	961.02	119.24	696.09	64.44	490.40	37.89
29	948.86	117.78	683.92	63.33	478.26	36.99
30	936.15	116.23	671.23	62.17	466.03	36.06
31	922.90	114.60	657.99	60.95	453.43	35.10
32	909.06	112.89	644.20	59.67	440.51	34.12
33	894.64	111.08	629.88	58.35	427.27	33.15
34	879.50	109.17	615.03	56.97	413.74	32.10
35	863.73	107.17	599.68	55.55	399.90	31.07
36	847.22	105.05	583.84	54.69	385.79	30.01
37	830.01	102.83	567.57	52.58	371.44	28.94
38	810.88	100.52	550.06	51.05	356.28	27.85
39	791.10	98.14	532.19	49.50	340.89	26.75
40	770.69	95.72	513.94	47.94	325.35	25.64
41	749.67	93.23	495.18	46.37	»	»
42	728.96	90.82	476.48	44.67	»	»
43	706.06	88.48	457.32	43.16	»	»
44	683.54	85.62	437.83	41.54	»	»
45	660.48	83.08	418.11	39.94	»	»
46	637. »	80.52	»	»	»	»
47	614.19	77.96	»	»	»	»
48	590.77	75.38	»	»	»	»
49	577.89	72.80	»	»	»	»
50	544.60	70.20	»	»	»	»

EXEMPLE : M. D..., âgé de 30 ans, veut se constituer une rente de 1,000 fr. lorsqu'il aura atteint sa cinquantième année d'âge : la prime unique à payer sera de 4,660 fr., 30 c., à raison de 466 fr. 03 c. pour 100 fr. de rente.

La prime annuelle serait de 360 fr. 60 c., à raison de 36 fr. 06 c. pour chaque 100 fr. de rente assurée.

Les avantages qu'offrent ces placements et les motifs qui doivent nous déterminer, dans beaucoup de circonstances, à donner à nos fonds cet emploi, me paraissent bien établis dans les lignes suivantes, publiées par une des plus anciennes compagnies d'Angleterre :

« C'est un devoir pour tout homme placé par la Providence dans la situation responsable d'époux, de père ou de tuteur, de pourvoir aux besoins de ces êtres faibles dont il est le seul appui, de telle sorte qu'en cas de mort soudaine ou prématurée, une partie au moins du bien qu'il leur faisait durant sa vie leur soit continuée.

» Avant l'établissement des assurances sur la vie, épargner sur nos revenus pour l'avenir de nos enfants, c'était une œuvre qui demandait du temps, de la prudence et de la persévérance. Sans doute il y a plaisir et satisfaction intime à économiser année par année, petit à petit, et à voir les épargnes de la jeunesse et de l'âge mûr s'accroître successivement, jusqu'à devenir, dans la vieillesse, des sommes importantes; mais c'est, on doit le reconnaître, un plaisir exposé à bien des hasards. Il faudrait une grande résolution pour que, dans toutes les circonstances et quelles que soient les tentations de la dépense, on s'interdise de toucher à ce fonds sacré. En outre, le plan le plus fermement suivi se trouvera en défaut, précisément dans le cas où son bienfait serait le plus désirable.

» La mort peut survenir avant que les épargnes du père de famille aient créé un patrimoine à ses enfants, et c'est là l'éventualité redoutable à laquelle il est si important de pourvoir.

» L'assurance sur la vie est le seul remède certain à ce mal, la seule garantie efficace des enfants et des veuves contre la pauvreté. Combien d'appels faits journellement à la générosité d'étrangers, en faveur de veuves et d'orphelins, auraient été évités si le père imprévoyant avait eu recours à une assurance. Combien il eût épargné à ceux qu'il aimait d'amertume et d'humiliation par une précaution si facile! Quand on considère quel léger sacrifice, prélevé sur les dépenses du ménage, suffirait à fonder un patrimoine, quand on pense combien de sécurité et de paix d'esprit peut s'acheter au prix de quelques économies annuelles, on éprouve une double impression de surprise et de blâme, on s'étonne que tout chef de famille ne se sente pas excité, comme par un devoir social, religieux et moral, envers la société et envers lui-même, à faire, au printemps de sa vie, une assurance correspondante à son aisance.

« Il est vraiment difficile de croire qu'un homme soit assez aveuglé sur ses propres intérêts, assez peu soucieux de son indépendance, assez sourd à la voix de l'affection et de l'humanité, pour livrer les objets de sa tendresse à la froide charité d'étrangers, aux horreurs de la pauvreté et de l'abandon, alors qu'il a devant lui un moyen si facile de les protéger. »

Afin de vous faciliter l'appréciation des résultats offerts par ce genre d'assurance, je joins ci-dessous un tableau qui les indique d'une manière précise, et qui peut servir de base à tous les calculs que vous pourrez faire :

ASSURANCES DE CAPITAUX DIFFÉRÉS.

Prime annuelle d'une Assurance de 100 fr. payables si l'assuré est vivant après un nombre d'années révolues.

AGE Ans. Naiss.	CAPITAL EXIGIBLE													
	Après 8 ans	Après 9 ans	Après 10 ans	Après 11 ans	Après 12 ans	Après 13 ans	Après 14 ans	Après 15 ans	Après 16 ans	Après 17 ans	Après 18 ans	Après 19 ans	Après 20 ans	Après 21 ans
1	»	»	»	»	»	»	»	»	»	»	3.23	2.99	2.76	2.56
2	»	»	»	»	»	»	»	»	»	3.62	3.33	3.07	2.84	»
3	»	»	»	»	»	»	»	»	3.99	3.66	3.37	3.10	»	»
4	»	»	»	»	»	»	4.88	4.41	4.03	3.69	3 39	»	»	»
5	»	»	»	»	»	5.41	4.89	4.43	4.05	3.70	»	»	»	»
6	»	»	»	»	6.03	5.42	4.91	4.45	4.65	»	»	»	»	»
7	»	»	»	6.77	6.04	5.43	4.91	4.45	»	»	»	»	»	»
8	»	»	7.65	6.77	6.05	5.43	»	»	»	»	»	»	»	»
9	»	8 72	7.65	6.77	6.04	»	»	»	»	»	»	»	»	»
10	10.07	8.72	7.65	6.76	»	»	»	»	»	»	»	»	»	»
11	10.06	8.71	7.63	»	»	»	»	»	»	»	»	»	»	»
12	10.05	8.69	»	»	»	»	»	»	»	»	»	»	»	»
13	10 02	»	»	»	»	»	»	»	»	»	»	»	»	»

Exemple : M. G…. demande quelle prime il devra payer à la Compagnie pour assurer sur la tête de son fils, âgé de 2 ans, une somme de 10,000fr., exigible s'il vit après 19 ans ; la prime annuelle à payer sera de 310 fr., à raison de 3 fr. 10 c. par chaque 100 fr. de capital assuré.

Il existe aussi des sociétés de secours mutuels dans lesquelles les membres, moyennant une faible cotisation périodique, obtiennent les sommes nécessaires pour payer les soins du médecin et les médicaments, en cas de maladie, même une indemnité de la perte du temps pendant la maladie, et des pensions de retraite.

Ces sociétés, qui existent plus particulièrement dans les grands centres de population, entre les ouvriers exerçant les mêmes professions, tendent à s'établir dans quelques départements, entre les cultivateurs. Il appartient aux hommes honorables, aux administrations municipales de faire tous leurs efforts pour fonder ces sociétés. L'administration supérieure sera toujours disposée à approuver de telles institutions, et à leur faire donner une existence légale qui les mettra à lieu de participer aux secours de l'Etat. Les notables du pays se feront un devoir d'être membres honoraires de ces sociétés, appelées à donner aux classes laborieuses des habitudes de prévoyance, d'ordre et d'économie et à contribuer d'une manière si puissante à leur moralisation et à leur bonheur. Il est facile d'obtenir dans chaque préfecture des renseignements et des programmes de statuts pour la création de ces sociétés, d'après les bases du décret du 26 mars 1852.

Outre les sociétés constituées par décret, il en existe qui sont approuvées par le Ministre de l'Intérieur, pour le département de la Seine, et par les Préfets pour les autres départements. Ces dernières, aux termes du décret de 1852, sont autorisées à acquérir et à posséder des biens immeubles de quelque valeur que ce soit, et à recevoir, jusqu'à concurrence de 5,000 fr., des dons et legs mobiliers; les présidents de ces sociétés sont nommés par l'Empereur; elles reçoivent des subventions de l'Etat, et jouissent de tous les avantages qui leur sont conférés par le décret organique. Les membres de ces sociétés sont au nombre de 325,000, répartis en 2,400 sociétés ; les membres honoraires sont compris dans le chiffre de 325,000 pour 55,000, et les membres partageants pour celui de 270,000. Ces sociétés possèdent un avoir total de plus de 12,000,000 de fr.

Les sociétés privées, autorisées par les Préfets, en exécution des art. 291, 292, 294 du Code pénal, et de la loi du 10 avril 1834, sur les associations, et qui n'ont d'autre droit que celui d'opérer des dépôts aux caisses d'épargnes, sont au nombre de 1800 ; elles possèdent 10,000,000 de fr., et sont composées de 215,000 membres.

Enfin, je crois devoir terminer ce long chapitre en vous faisant connaitre la loi du 12 juin 1861, relative à la caisse des retraites pour la vieillesse, créée par la loi du 18 juin 1850. — La loi de 1861 est ainsi conçue :

Loi relative à la caisse des retraites pour la vieillesse.

« ART. 1er. — Les versements à la caisse des retraites ou rentes viagères pour la vieillesse, instituée par la loi du 18 juin 1850, doivent être de cinq francs au moins et sans fraction de franc.

» ART. 2. — L'intérêt composé du capital, dont il est tenu compte dans les tarifs d'après lesquels est fixé le montant de la rente viagère à servir, en conformité de l'art. 3 de la susdite loi, est calculé à quatre et demi pour cent.

» ART. 3. — Les étrangers sont admis à faire des versements à la caisse des retraites pour la vieillesse, aux mêmes conditions que les nationaux.

» ART. 4. — Le maximum de la rente viagère que la caisse des retraites est autorisée à faire inscrire sur la même tête est fixé à mille francs (1,000 fr.).

« Art. 5. — Les sommes versées dans une année au compte de la même personne ne peuvent excéder trois mille francs (3,000 fr.). — Les versements effectués, soit en vertu de décisions judiciaires, soit par les administrations publiques, par les sociétés de secours mutuels ou par les sociétés anonymes, au profit de leurs employés, agents et ouvriers, ne sont pas soumis à cette limite.

» Art. 6. — L'entrée en jouissance de la pension est fixée, au choix du déposant, à partir de chaque année d'âge accomplie de cinquante à soixante-cinq ans. — Les tarifs sont calculés jusqu'à ce dernier âge. — Les rentes viagères au profit des personnes âgées de plus de soixante-cinq ans sont liquidées suivant les tarifs déterminés pour cet âge.

» Art. 7. — Le déposant qui a stipulé le remboursement à son décès du capital versé peut, à toute époque, faire abandon de tout ou partie de ce capital, à l'effet d'obtenir une augmentation de rente, sans qu'en aucun cas le montant total puisse excéder mille francs (1,000 fr.). — Le donateur qui a stipulé le retour du capital, soit à son profit, soit au profit des ayants droit du donataire, peut également, à toute époque, faire l'abandon du capital, soit pour augmenter la rente du donataire, soit pour se constituer à lui-même une rente, si la réserve avait été stipulée à son profit.

» Art. 8. — L'ayant droit à une rente viagère qui a fixé son entrée en jouissance à un âge inférieur à soixante-cinq ans peut, dans le trimestre qui précède l'ouverture de la rente, reporter sa jouissance à une autre année d'âge accomplie, sans que, en aucun cas, la rente, augmentée d'après les tarifs en vigueur, puisse excéder mille francs (1,000 f.), ni qu'il y ait lieu au remboursement d'une partie du capital déposé.

» Art. 9. — Au décès du titulaire de la rente, avant ou

après l'époque d'entrée en jouissance, le capital déposé est remboursé sans intérêts aux ayants droit, si la réserve a été faite au moment du dépôt, ou s'il n'a pas été fait usage de la faculté accordée par l'art. 7 qui précède. — Les certificats de propriété destinés aux retraits de fonds versés dans la caisse des retraites de la vieillesse doivent être délivrés dans les formes et suivant les règles prescrites par la loi du 28 floréal an VII.

» Art. 10. — Le capital réservé reste acquis à la caisse des retraites, en cas de déshérence ou par l'effet de la prescription, s'il n'a pas été réclamé dans les trente années qui auront suivi le décès du titulaire de la rente.

» Art. 11. — Est remboursé sans intérêt, par la caisse, toute somme versée irrégulièrement par suite de fausse déclaration sur les noms, qualités civiles et âge des déposants, ou par défaut d'autorisation. — Sont également remboursées sans intérêt les sommes qui, lors de la liquidation définitive, seraient insuffisantes pour produire une rente viagère de cinq francs ou qui dépassseraient, soit la somme de trois mille francs par année, soit le capital nécessaire pour constituer une rente de mille francs (1,000 fr.).

» Art. 12. — Toutes les recettes disponibles provenant, soit des versements des déposants, soit des intérêts perçus par la caisse, sont successivement, et dans les huit jours au plus tard, employées en achat de rentes sur l'Etat. — Ces rentes sont inscrites au nom de la caisse des retraites.

» Art. 13. — Tous les trois mois, la caisse des dépôts et consignations fait inscrire sur le grand-livre de la dette publique les rentes viagères liquidées pendant le trimestre au nom des ayants droit. Elle fait tranférer, aux mêmes époques, au nom de la caisse d'amortissement, par un prélèvement sur le compte de la caisse des retraites, la quotité de rentes sur l'État nécessaire pour produire, au cours moyen des achats opérés pendant le trimestre, un capital équivalent à la valeur, d'après le tarif, des rentes viagères à inscrire.

» Art. 14. — Les rentes ainsi transférées à la caisse d'amortissement sont annulées.

» Art. 15. — La commission supérieure chargée, conformément à l'art. 13 de la loi du 18 juin 1850, de l'examen des questions relatives à la caisse des retraites, est composée de quinze membres, nommés pour trois ans, par décret impérial, sur la proposition des Ministres des finances et de l'agriculture, du commerce et des travaux publics. Elle présente, chaque année, à l'Empereur, un rapport sur la situation morale et matérielle de la caisse des retraites, lequel est communiqué au Corps Législatif.

» Art. 16. — Sont abrogées les lois des 23 mai 1853 et 7 juillet 1856, ainsi que toutes autres dispositions qui seraient contraires à la présente loi. »

Tous les hommes qui aiment leurs semblables, et qui comprennent combien les habitudes d'ordre, d'épargne, d'économie, de prévoyance, doivent contribuer au bien-être matériel et moral des populations, doivent faire tous leurs efforts pour vulgariser la connaissance de ces institutions et donner leur concours à cette œuvre de civilisation et de progrès.

Donner aux populations des habitudes d'ordre et d'économie, c'est à la fois assurer le bonheur des individus, les faire avancer dans la moralité et la dignité humaines, enlever avec la misère une des causes les plus puissantes de crimes, de troubles et de révolutions.

L'homme, à moins d'une vertu et d'une force d'âme exceptionnelle, se sent accablé par la gêne. M. Mazières, dans son livre de l'*Économie*, dit avec raison que, non seulement l'effet des dettes est de ravir cette précieuse indépendance (la liberté), mais d'infliger à la longue une certaine dégradation morale.

Elles habituent aux expédients et aux artifices qui facilitent les emprunts, elles familiarisent avec les détours ou les subterfuges propres à éluder un remboursement, elles aguerrissent peu à peu aux réclamations et aux reproches des créanciers, en sorte que le débiteur finit par sommeiller à l'aise, avec un tel fardeau.

L'économiste anglais Malthus ajoute que c'est un pénible et affligeant spectacle que de voir quelquefois, dans les rangs supérieurs et dans la classe moyenne de la société, un homme aux manières nobles et libérales, jadis d'une grande susceptibilité sur les sentiments d'honneur et d'intégrité, fléchir peu à peu sous la pression des circonstances, faisant d'abord des excuses avec la rougeur d'une conscience embarrassée, tremblant de rencontrer face à face des amis auxquels il a peut-être emprunté de l'argent, réduit aux expédients et aux supercheries les plus humbles, pour différer ou éviter le paiement de ses dettes les plus légitimes, jusqu'à ce qu'enfin, familiarisé avec le mensonge et en guerre ouverte avec le genre humain, il perde toute la distinction et toute la dignité de l'homme.

Pour éviter tous ces maux qui accablent aujourd'hui notre société, et pour sauvegarder les hommes des entraînements du luxe et des folies de passions de toute nature, il convient d'habituer les jeunes générations à l'ordre, à l'épargne, à l'économie, et il importe de leur prouver que ces habitudes seules donnent dans le présent de solides jouissances, assurent le bien-être et le bonheur de l'avenir. Il faut les amener à développer cette volonté intérieure qui constitue notre valeur morale, et nous fait surmonter toutes les difficultés de l'existence.

CINQUANTE-TROISIÈME LEÇON.

DES HABITATIONS ET DES CONSTRUCTIONS RURALES.

> Si le Seigneur ne bâtit une maison, c'est en vain que travaillent ceux qui la bâtissent. *(Salomon, Ps.* cxxvi.)
>
> L'homme est un hôte dans sa demeure.
>
> Un homme qui abandonne son propre lieu est comme un oiseau qui quitte son nid. *(Salomon.)*

> La maison qui te couvre et qui te sert d'asile,
> Le pain qui te nourrit, tes plaisirs, tes besoins,
> Tout impose à ton cœur le devoir d'être utile,
> Tout réclame tes soins.

L'homme doit constamment appeler à son secours non seulement le travail manuel, mais celui de la réflexion, de l'observation, de la pratique, de l'intelligence, sur lesquels reposent les arts et les sciences. C'est à cette double loi que sont dus les bienfaits de la civilisation. De tous les êtres créés il est le seul qui invente, fabrique et perfectionne les outils nécessaires à l'exécution de ses travaux. — L'homme est guidé par la raison.

Aux animaux l'instinct suffit; c'est la loi de Dieu qu'ils ne sont pas libres de transgresser. Ils y obéissent d'une manière irrésistible. Si nous observons l'oiseau dans ses mœurs, nous serons ravis d'admiration en présence des constructions qu'il opère sans mains et sans outils, et qu'il sait si bien proportionner aux besoins de la famille, en vue desquels il bâtit. Tout est en rapport avec la forme, le poids, le nombre des êtres que l'édifice doit abriter. Qui de vous, mes petits amis, n'a admiré les travaux si perfectionnés du nid de la bergeronnette à longue queue; la couleur de la mousse qui le revêt, semblable à celle de l'écorce de l'arbre sur lequel elle le place pour qu'il puisse être moins facilement aperçu; l'intérieur, si doux, si moëlleux et si chaud, pour porter les œufs et recevoir les petits si chétifs et si faibles; l'entrée du nid, assez élevé pour que les petits étourdis ne puissent sortir et tomber, et aussi étroite que possible pour ne donner qu'un faible passage à l'air extérieur et les empêcher de souffrir de la température? le nid de l'hirondelle des fenêtres bâti en pisé? celui du loriot suspendu à l'aide de cordes à la cime des arbres, etc.? Qui de vous, mes petits amis, ne sera saisi d'admiration en voyant la prévoyance et l'habileté de la poule d'eau? Dans la prévision des orages, elle attache son nid à des roseaux avec des liens assez longs et assez forts pour que le nid puisse tout à la fois être retenu et soulevé par les eaux, sans danger de submersion ou d'entraînement par le courant.

L'instinct de la conservation est tel chez cet oiseau que, dans cette circonstance, il semblerait impliquer la prévision de l'avenir et le calcul de la force du cours et de la hauteur variable de ses eaux.

Il bâtit hardiment sa hutte sur les eaux ;
Pour mieux la préserver des fureurs de l'orage ,
Il l'attache avec art aux plantes du rivage,
Et son nid, retenu par ces flexibles nœuds,
Balancé par les flots, monte ou baisse avec eux.

Tout cela est merveilleux, et l'homme a peine à concevoir comment de tels travaux peuvent être exécutés par ces oiseaux. Ils n'ont cette régularité, cette perfection, cette harmonie avec les exigences de la vie de chaque être, de chaque espèce, que parce qu'ils agissent sous la direction invisible de Dieu.

Les animaux ont des vêtements tout faits dont le Créateur les revêt suivant leur nature. L'homme, au contraire, naît faible et nu ; il lui faut, pendant plusieurs années, une longue protection de ses parents pour qu'il puisse se suffire ; et, si la loi de sociabilité qui unit les individus et les peuples venait à cesser, l'homme isolé ne pourrait plus se suffire.

Grâce à la loi de sociabilité, chacun de nous étant membre du même corps, profite des connaissances et des travaux de chacun des autres membres comme il le fait profiter des siens. Nul de nous ne pourrait réunir les connaissances du savant, de l'artiste, du magistrat, et celles des mille professions que les hommes exercent. Les aptitudes sont différentes, et cette diversité est une chose nécessaire à l'ensemble du progrès et au bien-être de tous. Le magistrat étudie les lois pour administrer la justice, maintenir et rétablir la paix entre les hommes, et empêcher les intérêts de chacun d'être lésés ; l'administrateur veille à tous ceux qui lui sont confiés ; le médecin apprend à exercer utilement l'art de guérir, et ce n'est pas trop de toute son existence et de l'expérience de ses devanciers pour devenir habile dans cet art ; le savant étudie pour faire profiter la communauté de la science qu'il acquiert; tous se livrent à ces travaux spéciaux pour ceux qui n'ont ni les loisirs, ni l'aptitude, ni la possibilité de s'en occuper, et qui, à leur tour, dans mille professions, s'occupent utilement pour eux et pour la société. L'homme qui occupe ses forces et son intelligence dans le milieu qui lui est assigné remplit son devoir 1° envers Dieu, en observant la loi du travail qu'il a imposée à tout homme; 2° envers lui-même, appelé à profiter le premier de ce travail; 3° et envers la société à laquelle il doit bien apporter quelque chose en échange des bienfaits qu'il en reçoit.

Ainsi, envisagées au point de vue de la volonté de Dieu, de la loi de la sociabilité et de l'intérêt de la civilisation, toutes les professions honorablement exercées sont égales, et l'on peut dire qu'il n'est point de sots états, mais qu'il n'est que de sottes gens; et pour la bonté de Dieu, il n'y a ni grands ni petits, mais des frères et des égaux.

Les bienfaits de cette diversité infinie de professions se font surtout remarquer lorsque l'on examine le nombre de celles dont le concours est nécessaire pour créer nos habitations ou nous vêtir. Si chacun de nous devait, sous ces rapports, pourvoir à ses propres besoins, il est évident que son œuvre serait imparfaite dans toutes ses parties, n'ayant pas la connaissance et la pratique réclamées pour ces divers travaux. S'il était en outre obligé de pourvoir en même temps à sa nourriture, il se trouverait réduit à bâtir une hutte et à revenir aux premiers âges de la barbarie. Bénissons donc cette loi de sociabilité qui est la base des bienfaits de la civilisation. Travaillons tous au bonheur commun.

L'oiseau n'a pas de lien qui le réunisse et le maintienne en société, on ne peut même faire d'exception pour quelques espèces d'oiseaux voyageurs; s'ils forment des réunions, c'est pour obéir à l'instinct des migrations; mais ils ne forment pas pour cela des sociétés agissant et travaillant dans le même but : chacun d'eux vit pour lui, bien que réuni à un certain nombre d'autres oiseaux de son espèce. Ceux-là même qui vivent ordinairement réunis en certain nombre, le font sans penser à se prêter aucun secours ni appui, et si chaque année ils forment de petites familles, c'est pour que ces familles se dispersent, que les membres se perdent et cessent de se connaître dès qu'ils se peuvent passer les uns des autres ; et, lorsque la loi en vertu de laquelle Dieu les a fait s'unir et créer des familles momentanées a reçu son exécution, ils ne sont plus que des individualités répandues dans les espaces et les climats où leurs vies sont circonscrites.

Ils n'ont pas la liberté de changer le costume ni la parure assignés à chaque espèce. Ils ne peuvent s'unir qu'entre individus ayant les mêmes mœurs, les mêmes goûts et les mêmes caractères, et ils ne peuvent se tromper dans leur choix ; sous ce rapport leur bonheur est plus assuré que celui des hommes, qui tiennent généralement si peu de compte de ces règles en usant de la liberté que Dieu leur a donnée.

Dans l'échelle des êtres, l'instinct se développe de plus en plus, et la loi devient de plus en plus impérieuse à mesure que l'intelligence est moins grande.

L'homme est celui chez lequel l'instinct a le moins de puissance, parce que la raison qui l'éclaire lui permet de les dominer tous ; il agit dans la plénitude de sa volonté, de sa raison et de sa liberté.

J'insiste, mes jeunes amis, sur ces détails, pour vous faire comprendre l'usage que vous devez faire de cette raison et de cette liberté. En découvrant les desseins de la Providence sur les autres parties de la création, vous apprécierez ceux qu'elle a formés pour la vôtre, et vous y conformerez vos actions. Les autres êtres n'ont que des lois physiques, que des instincts, et l'homme a de plus les lois morales qui doivent le guider et le diriger dans la vie. C'est par ce double motif que dans ce petit cours nous vous avons constamment entretenu des uns et des autres.

Nous obéissons à une loi physique, celle de notre conservation, en créant des habitations ; et, pour que cette loi soit bien observée, il faut que ces habitations soient construites suivant les règles de l'hygiène.

Tout se lie dans l'ordre matériel et dans l'ordre moral, et une habitation propre, confortable, avec des aliments sains, influe beaucoup sur le développement intellectuel et moral.

L'homme mal logé et mal nourri est exposé à s'abandonner à une fâcheuse insouciance et à perdre toute énergie.

Nous devons aussi, d'après les règles de l'hygiène qui leur est propre, disposer les demeures de nos animaux pour leur conserver leur santé.

Il est donc important que ces deux sujets prennent place dans nos entretiens.

Nous aurons ainsi à examiner quelles sont ces règles et les conditions les plus avantageuses pour les maisons d'habitation et pour les bâtiments d'exploitation.

En ce qui concerne les maisons d'habitation, vous aurez, soit à construire une ferme nouvelle, soit à améliorer les constructions d'une ferme déjà existante.

Dans le premier cas vous devrez, avant de bâtir, rechercher le point le plus central de l'exploitation. Cet emplacement amènera pour vous une grande économie de temps. Il importe aussi que vous trouviez sur cet emplacement une source suffisante pour tous les besoins.

La quantité d'eau nécessaire peut être évaluée d'après les indications du tableau suivant :

DÉSIGNATION D'EAU NÉCESSAIRE AUX BESOINS D'UNE FERME.

DÉSIGNATION DES INDIVIDUS.	CONSOMMATION	
	JOURNALIÈRE.	ANNUELLE.
	litres.	mètre cube.
Une personne adulte, pour tous ses besoins	10	3 60
Un cheval de taille moyenne, nourri avec des aliments secs, y compris l'eau nécessaire au pansement et au lavage des écuries et des harnais............	50	18 »
Une bête à cornes, nourrie en vert une partie de l'année, y compris l'eau nécessaire au pansement et au nettoyage des étables............	30	11 »
Les moutons, qui pâturent une partie de l'année et reçoivent souvent des racines en hiver, tout compris	2	» 73
Les porcs, qui consomment en partie en boissons les eaux du ménage domestique, peuvent être abreuvés et nettoyés (par tête) avec............	3	1 80

Les bâtiments doivent être placés sur un sol plus élevé que celui qui les environne, afin d'éviter l'humidité si nuisible à la santé des hommes et des animaux, et aspectés de la manière la plus convenable, suivant le climat du pays.

Ces deux premières conditions réalisées, vous pourrez, suivant l'étendue de votre ferme, adopter une des dispositions des plans ci-joints, dressés pour des fermes d'une étendue de 34, 10 à 12 — et 2 à 3 hectares. Ce sont les étendues de la plus grande partie des exploitations de nos contrées.

Les bâtiments d'une ferme consistent en :

1° La maison d'habitation du fermier ;

2° Les écuries pour les chevaux ;

3° Les étables pour les vaches et veaux ;

4° Les refuges à porcs ;

5° La bergerie pour les moutons ;

6° Le colombier ;

7° La laiterie, et au besoin la cuisine, pour la cuisson des racines ou tubercules et le chauffage des boissons alimentaires ;

8° Le fournil ;

9° Le pressoir et les celliers ;

10° Les granges pour serrer les récoltes ;

11° Les hangars pour remises, charriots et autres instruments aratoires.

L'habitation du fermier se compose généralement d'une cuisine servant de commun pour tous les domestiques et ouvriers de la ferme ; d'une arrière-cuisine où se cuisent les légumes ou racines pour la nourriture des bestiaux et des pièces nécessaires au logement de la famille du cultivateur.

L'étage supérieur doit être disposé pour recevoir les grains, en attendant le moment de les porter au marché.

La distribution de ce bâtiment rentre dans la classe des constructions ordinaires et n'offre rien d'absolu ; mais sa disposition, par rapport aux autres bâtiments, a son importance, et il doit être placé sur l'axe de la cour, afin que d'un coup-d'œil le fermier puisse apercevoir tout ce qui se passe dans la ferme.

Voici du reste une disposition générale pouvant servir de type.

La laiterie et le fournil sont de chaque côté, l'étable est voisine de la laiterie et du bâtiment d'habitation, puis la bergerie et l'écurie ; en face de ces trois derniers bâtiments se trouvent le pressoir, la grange et les hangars.

On pourrait ajouter d'autres bâtiments pour une très-grande exploitation, par exemple une forge et un atelier de charronnage sur la face opposée au bâtiment d'habitation, dans le voisinage de la porte d'entrée.

Je crois vous être utile en vous donnant ici quelques modèles particuliers pour des exploitations de diverses importances :

I. — Habitation et dépendances pour un petit cultivateur exploitant 2 ou 3 hectares de terre, exerçant aussi un art agricole et mettant ses récoltes en meules.

La partie A B C D est surmontée d'un étage distribué comme le rez-de-chaussée et renfermant les chambres à coucher. Les parties latérales, A D E F et B C G H, sont des appentis s'élevant au niveau du premier étage. Les combles du corps principal et des appentis doivent avoir une forte pente et être disposés de manière à servir comme greniers et à former, au besoin, des chambres à coucher pour les domestiques.

A Porche d'entrée ;

B Bûcher ;

C Cuisine (6^m sur 6^m) ;

D Atelier pour placer un métier ou une autre machine (4^m sur 9^m) ;

E Arrière-cuisine ou buanderie (3^m sur 4^m) ;

F Escalier ;

G Garde-manger ;

I Magasin de fourrages (3^m sur 2^m 50) ;

K Etable pour 2 ou 3 vaches (3^m sur 4^m) ;

L Laiterie 3^m sur 4^m) ; au-dessus de la laiterie et de l'étable se trouve un grenier à fourrages ;

M Magasin aux outils et instruments, et servant aussi de cellier (3^m sur 4^m) ;

N Magasin aux racines servant aussi d'aire à battre (3^m sur 4^m), au-dessus sont des greniers ;

v Réduit pour 2 ou 3 porcs (2^m sur 3^m);

p Latrines;

n Poulailler;

Le corps principal, A B C D, a 10^m de largeur sur 9^m de profondeur, 6^m de hauteur.

La cuisine et l'atelier sont élevés de 0^m 50 au-dessus du sol; le magasin à fourrages, la buanderie, l'étable et la porcherie sont au niveau du sol; la laiterie, le cellier et le magasin aux racines sont un peu au-dessus du sol.

II. — Petite maison de ferme pour un propriétaire cultivateur exploitant 10 à 12 hectares de terre à froment de première classe, et mettant ses récoltes en meules :

A Espace couvert par un petit toit en forme de fronton, reposant sur deux poteaux D D;

D Cuisine par laquelle on entre (4^m sur 6^m);

E Garde-manger (1^m sur 1^m);

F Arrière-cuisine ou buanderie, avec escalier pour monter au premier étage (2^m sur 3^m);

G Salle à manger ou de réception (3^m 50 sur 4^m);

I Cabinet du fermier (3^m 50 sur 4^m);

La partie A A' A'' A''' forme le bâtiment d'habitation. Au premier étage se trouvent les chambres à coucher du maître et de sa famille; les domestiques peuvent coucher dans combles qui sont très-élevés, et forment en quelque sorte un second étage. Ce bâtiment central doit avoir 8^m de largeur sur 7^m de profondeur, et 6^m de hauteur sous les naissances du toit.

Sous tout le bâtiment central se trouve un étage souterrain auquel on descend par l'escalier n. Cet étage souterrain comprend un fournil placé sous la salle G, un cellier placé sous la cuisine E, la masse du four se trouve dans l'angle de ce cellier; enfin deux caves aux racines placées l'une sous le cabinet ı, et l'autre sous les parties ɛ ғ ɴ.

    ᴋ Hangar aux voitures (4ᵐ sur 4ᵐ);

    ʟ Laiterie (3ᵐ sur 4ᵐ);

    ᴍ Echaudoir pour la laiterie (4ᵐ sur 1ᵐ 50);

    ɴ Etable pour 5 à 6 vaches (9ᵐ sur 4ᵐ);

    ᴏ Porcherie;

    ᴘ Latrines;

    ᴠ Magasin aux fourrages (5ᵐ sur 4ᵐ);

    ʀ Sellerie, hache-paille, coffre à avoine (2ᵐ 50 sur 4ᵐ);

    s Ecurie pour 2 chevaux (4ᵐ sur 4ᵐ);

    ᴛ Aire à battre avec grenier au-dessus (7ᵐ sur 4ᵐ);

    ᴜ Basse-cour; la partie couverte est divisée en compartiments, l'autre partie n'est pas couverte.

Les magasins à paille sont au-dessus de la laiterie, de la sellerie ou de l'écurie. Les combles des bâtiments latéraux sont très-inclinés et à deux pans, ce qui permet d'y placer les greniers et magasins.

    ᴢ Puits ou pompe;

    ʏ Aire au fumier;

    x Fosse à purin;

Au-delà du fumier sont rangées les meules de récoltes.

III. — Bâtiment d'habitation et d'exploitation pour une ferme en pays de plaine, où on exploite 34 hectares en terres à froment de première classe, et où on récolte terme moyen, par assolement de cinq années, 390 hectolitres de froment et 210 d'orge, semence déduite, 1060 quintaux métriques de paille et autant de foin.

Sur les fermes de cette étendue, on entretient ordinairement, comme bêtes de trait, trois chevaux de taille moyenne; comme bêtes de rente, nourries constamment à l'étable, vingt vaches du poids de 350 à 400 kilogrammes; un taureau, quatre veaux, six porcs et des oiseaux de basse-cour.

Une partie des récoltes, des céréales, seule est engrangée, l'autre est mise en meules.

La maison d'habitation occupe la partie A A' A'' A''' ; elle a un premier étage pour recevoir le personnel de la ferme pendant la nuit. On peut au besoin faire des chambres à coucher de domestiques dans les combles.

M Cuisine (5ᵐ sur 5ᵐ 50) ;

N Arrière-cuisine servant de fournil et d'échaudoir pour la laiterie ; elle contient aussi l'escalier qui conduit à l'étage supérieur (3ᵐ sur 5ᵐ) ;

P Salle de réception ou à manger (4ᵐ 25 sur 4ᵐ) ;

Q Cabinet du fermier (4ᵐ 25 sur 4ᵐ).

Sous ce rez-de-chaussée se trouve un étage demi-souterrain composé :

1° D'une laiterie voûtée de 5ᵐ sur 4ᵐ 50, placée sous l'arrière-cuisine (N) et une partie de la cuisine (M) ; on descend à la laiterie par l'escalier R, situé sous le hangar A. La laiterie est garnie, si l'on veut, de tables en pierre et dallée ; un dégorgeoir communiquant avec un puisard permet l'écoulement des eaux ;

2° D'un cellier aux boissons et au charbon placé sous le cabinet 9 ;

3° De deux celliers aux racines et aux pommes de terre placés l'un sous la cuisine M et l'autre sous la salle à manger P ; on descend aux celliers par l'escalier voûté.

A Petit hangar par lequel on entre dans l'arrière-cuisine et on descend à la laiterie ; il sert à faire sécher les ustensiles de celle-ci (4ᵐ sur 1ᵐ 50) ;

B Garde-manger (1ᵐ 50 sur 1ᵐ 50) ;

C Étable pour les vaches sur le point de mettre bas, pour celles que l'on peut engraisser et pour un taureau ;

D Étable pour 24 vaches (14ᵐ sur 6ᵐ 50) ;

e Étable pour 4 veaux (2^m sur 3^m);

f Réduit pour les ustensiles de pansement des vaches;

g Magasin ou hangar à foin (9^m sur 4^m);

h Refuges à porcs (6^m sur 5^m);

i Latrines;

k Écurie pour 3 chevaux (6^m sur 4^m);

l Sellerie, hache-paille, coffre à avoine (6^m sur 2^m);

m Hangar pour les voitures et instruments (8^m sur 6^m);

n Grange (10^m sur 7^m);

o Basse-cour;

p Bûcher;

q Latrines privatives;

r Niche à chien;

s s s Réservoirs à urines;

t Puits ou citerne, ou pompe avec auge, pour abreuver les animaux.

Le tas de fumier et la fosse à purin sont placés en dehors de la cour principale, derrière les étables.

Les meules des récoltes sont également placées en dehors de cette cour, à proximité des écuries.

L'étage souterrain a 2^m 50 de hauteur, le bâtiment d'habitation 6^m, les étables et les écuries 4^m, la grange et le magasin à fourrages 5^m.

Toute la superficie du terrain occupé par l'établissement est de 700 mètres carrés ou 7 ares; la façade a 24 mètres de longueur sur 29 mètres 50 de profondeur.

Le bâtiment d'habitation couvre 100 mètres carrés et les bâtiments d'exploitation 400^m; en tout, 500 mètres carrés ou 5 ares. Les magasins à foin et les greniers, au-dessus des étables, des écuries et des hangars, présentent une capacité de 400 mètres cubes, ce qui est suffisant pour loger les fourrages nécessaires pour quatre mois d'hivernage.

Après avoir indiqué la disposition générale de l'ensemble des bâtiments d'une ferme, je dois entrer aussi dans quelques détails relatifs à la construction particulière propre à chaque genre de bâtiments, afin d'indiquer les principales dimensions qu'ils doivent avoir, et enfin les conditions de salubrité et d'économie de chacun.

Écuries pour chevaux :

En général, ces écuries sont simples ou doubles, c'est-à-dire qu'elles sont disposées de manière à y placer un ou deux rangs de chevaux. Pour en déterminer les dimensions, il faut savoir qu'un cheval ordinaire occupe en longueur un espace de 2^m 60 sur 1^m 30 à 1^m 45 en largeur, quand il n'est séparé de son voisin que par une simple barre, et 1^m 50 à 1^m 70 quand cette séparation est une cloison élevée à une hauteur suffisante pour empêcher les chevaux de se blesser mutuellement. Chaque case ainsi formée porte le nom de stalle, mais les largeurs sont toujours comptées entre les barres ou cloisons de séparation.

Si une écurie ne doit contenir qu'un seul rang de chevaux, elle devra donc avoir 4^m 30 de large, afin de réserver derrière les chevaux un passage de 1^m 70 qui permette d'éviter les atteintes de ces animaux;

Si on veut y installer deux rangs de chevaux, on peut les disposer de deux manières, soit en tournant la tête des chevaux vers les murailles, en conservant un passage au milieu, soit en les plaçant tête à tête, en conservant deux passages le long des murs; on conseille cette dernière disposition comme préférable, parce que, dans une écurie double, le jour qui vient des fenêtres percées dans les murs, en les frappant directement, peut être nuisible pour les yeux des chevaux, tandis qu'en plaçant ainsi les chevaux tête à tête, ils reçoivent la lumière par derrière et que l'on peut encore sans crainte d'incommoder les animaux aérer l'écurie autant qu'on le veut.

Cette disposition a aussi l'avantage de permettre d'accrocher à la muraille, et derrière chaque cheval, les harnais qui lui sont propres; enfin, le plancher supérieur se trouve soulagé, dans son milieu, par les poteaux qui soutiennent les mangeoires et les râteliers. Il est vrai qu'avec la première disposition l'écurie peut être un peu moins large, mais cette diminution de largeur est peu importante, car, si le passage unique n'a pas une largeur à peu près double des passages simples, on n'est plus à l'abri des atteintes des chevaux.

L'écurie double, avec deux passages le long des murs, doit avoir 8^m 60, et au moins 7^m 70 avec un seul passage au milieu.

La hauteur des écuries est suffisante quand elle atteint 3^m, cependant on la porte ordinairement à 3^m 80.

Les écuries doivent être convenablement éclairées; les fenêtres sont ordinairement demi-circulaires, de 0^m 90 à 1^m de diamètre; on les élève à 1^m 70 ou 1^m 80 au-dessus du sol et on les espace de 3 à 4^m.

On dispose la mangeoire de manière que son arrête supérieure soit à 1^m 10 au-dessus du sol; sa profondeur est ordinairement de 0^m 25, sa largeur de 0^m 30 en haut et 0^m 20 au fond.

Le râtelier doit être placé à 1^m 70 au-dessus du sol, et son arrête supérieure à 2^m 20. Son inclinaison doit être telle qu'avec ces hauteurs, sa largeur soit de 0^m 65. Ses fuseaux sont écartés de 0^m 08 à 0^m 13.

Pour qu'une écurie soit saine, il faut que l'air puisse y être renouvelé facilement, à l'aide de nombreuses ouvertures pratiquées dans le haut des murs, en regard les unes des autres et disposées de manière que les chevaux se trouvent le moins possible dans les courants d'air qui s'établissent. On obtient aussi la ventilation par des ouvertures pratiquées dans le bas des murs, et que l'on peut fermer à volonté.

Les écuries voûtées sont préférables aux autres, parce que la température y est plus égale, qu'il ne tombe jamais de poussière sur le dos des chevaux, et que, dans le cas d'incendie, on n'est pas exposé à perdre ces animaux, qui généralement refusent de sortir de leurs écuries lorsque le feu s'y manifeste. Pour éviter la poussière, très-nuisible à la santé des animaux, on plafonne généralement les écuries dépendant des maisons de maître, mais dans les campagnes on emploie quelquefois un moyen fort simple et qui mérite d'être propagé : Sur les soliveaux, disposés à la manière ordinaire et espacés de 0^m 40 à 0^m 50 les uns des autres, on place jointivement des fusées, c'est-à-dire des bâtons de 0^m 04 à 0^m 05 de diamètre, après les avoir enveloppés de torches de mauvais foin couvertes de mortier de terre sur une épaisseur de 0^m 2 à 0^m 3 centimètres ; puis, avant que la terre soit durcie entièrement, on l'unit tant en dessus qu'en dehors en y couchant une légère couche de mortier.

Un tel plancher est très-économique et offre aussi l'avantage de n'être pas combustible. On a des exemples d'incendies qui, ayant éclaté dans un grenier ainsi disposé, ne se sont pas communiqués à l'étage inférieur.

Le sol des écuries doit être solide, afin de résister aux pieds des chevaux ; il doit être tout à fait imperméable pour que les urines ne s'y infiltrent pas, et légèrement incliné pour qu'elles puissent s'écouler promptement vers les rigoles qui les dirigent dans des fosses à purin.

Les portes ne doivent pas avoir moins de 1^m 20 de largeur sur 2^m 20 à 2^m 40 de hauteur, afin que les chevaux puissent y passer tout harnachés.

Les étables pour les vaches devront être disposées avec auges et râteliers; ces derniers se placent beaucoup plus bas que dans les écuries des chevaux. La meilleure forme d'auge et de râtelier consiste dans un système mixte, c'est-à-dire dans lequel le râtelier est superposé à la mangeoire avec laquelle il fait corps. Les vaches peuvent alors y introduire la tête entière, soit pour y prendre le breuvage qui leur est apporté, soit pour y saisir facilement les fourrages qui leur sont distribués à heures fixes.

Les étables que l'on construit aujourd'hui dans les fermes de quelque importance sont ordinairement doubles, et les vaches peuvent y être placées tête à tête ou tournées vers les murs de face; dans les premiers cas, le service des fourrages est infiniment plus facile, parce qu'on laisse alors un corridor au milieu par lequel les serviteurs de ferme peuvent soigner bien plus facilement les animaux, et surtout avec plus de rapidité.

Une vache, plutôt grosse que petite et nourrie constamment à l'étable ou en partie au pâturage, exige un espace de 1^m 50 en largeur sur 2^m 40 à 2^m 60 en longueur, y compris l'auge et le râtelier. Un bœuf de trait, d'une moyenne force, ou un bœuf d'engrais, n'exige qu'un espace de 1^m 35 en largeur sur 2^m 40 à 2^m 60 en longueur. Un passage de 1^m à 1^m 20 est suffisant derrière les bêtes à cornes.

La hauteur qu'il convient de donner aux étables est de 3^m; on la porte souvent à 3^m 50.

Il convient aussi de bien aérer les étables comme les écuries et d'établir soit des ouvertures dans les murs, ou mieux, de faciliter le renouvellement de l'air par des tuyaux d'appel qui enlèvent l'air vicié. Des rigoles doivent être pratiquées derrière les vaches, pour donner un écoulement facile aux urines que l'on rassemble avec soin dans des fosses à purin ; à cet effet, le sol des étables doit avoir une pente de $0^m 01$ par mètre vers ces rigoles et être élevé d'environ $0^m 20$ au-dessus du sol voisin. Enfin, il convient de consolider le sol des étables avec de larges pavés, pour que les pieds des vaches s'y reposent facilement ; les dalles, les briques de champ, les planches, une couche de béton ou de ciment hydraulique le rendent imperméable ; ce sont aussi les matériaux qui conviennent le mieux, au moins pour la place où se tient le bétail.

Les refuges ou étables à porcs se construisent souvent en appentis. Quel que soit le mode de construction que l'on adopte, il est indispensable de ménager les moyens de maintenir une aération constante.

Ces étables sont généralement garnies à l'intérieur en planches et pavées, parce que les porcs, avec leurs groins, dégradent la maçonnerie lorsqu'elle n'est pas faite avec une grande perfection.

La partie intérieure de chaque refuge est garnie d'une petite cloison mobile par laquelle les porcs avancent la tête dans l'auge placée en dehors de l'étable.

Une forte truie exige un espace de 3^m à $3^m 50$ carrés de surface ; un porcelet, jusqu'à six mois au moins, 1^m carré, et au-dessus de cet âge $1^m 35$ à $1^m 50$ de surface.

On doit changer souvent la litière d'une porcherie et faciliter aussi l'écoulement des eaux, en inclinant le sol dallé ou planchéié.

Le porc est le seul animal qui, dans les basses-cours ou dans les écuries, ait conservé assez d'instinct de propreté pour ne déposer jamais volontairement ses excréments sur la litière où il repose.

Le cheval, le bœuf, le mouton satisfont leurs besoins partout où ils se trouvent; s'ils sont couchés, ils ne se lèvent point pour fienter et dorment sur leurs ordures. Le porc, au contraire, quand il est libre dans sa loge, choisit toujours la place la plus éloignée et, si on essaie de l'attacher, il se recule autant que son entrave le lui permet.

Les moutons de forte taille, dont 1/4 à 1/5 en brebis portières, et qui ne sont soumis à la tonte qu'une fois par an, exigent par tête un râtelier de 0^m 40 de longueur; ils occupent en moyenne 1^m 05 carré de surface. Ceux qui sont tondus deux fois par an exigent seulement 0^m 35 de râtelier et 0^m 95 carrés de surface. Le râtelier des agneaux de 4, 6 ou 9 mois doit avoir une longueur de 0^m 24, 0^m 27 et 0^m 30. Par ces motifs, on peut compter par mouton un mètre carré lorsqu'il s'agit de projeter la construction d'une bergerie dans laquelle se trouve compris l'espace nécessaire aux râteliers, aux cloisons de séparation, au passage et aux agneaux.

Les portes et les fenêtres d'une bergerie doivent être vastes; le sol et le bas des murs doivent être cimentés et imperméables; et il serait convenable de ménager auprès de la bergerie une petite cour pour y parquer les moutons au grand air. Du reste, il convient, comme pour les étables, de disposer, vers le haut et vers le bas des murs, des couvertures qui permettent constamment le renouvellement de l'air dans la bergerie.

Un magasin de 4^m de largeur sur 12 à 13^m de longueur et 4^m 50 de hauteur suffit au service journalier des fourrages et racines, pour 500 ou 800 bêtes, pendant l'hiver, et pendant le temps de la tonte pour tous les travaux de cette opération.

La hauteur d'une bergerie varie de 2^m 60 à 3^m; elle atteint même quelquefois 4^m.

Les râteliers sont élevés à 0^m 40 ou 0^m 60 au-dessus du sol; ils sont inclinés en sens contraire de ceux des chevaux, afin que la poussière des fourrages ne retombe pas sur ces animaux, ce qui nuirait à leur santé et gâterait leur toison. Une petite auge en voliges, fixée au bas du râtelier, retient les parties de nourriture qui peuvent s'en échapper et fait incliner le râtelier en avant, disposition qui permet aux moutons d'atteindre les dernières parties de fourrages qui s'y trouvent.

Le colombier est établi ordinairement dans une tour ronde ou polygonale, élevée de 7 à 8^m, dans laquelle sont ménagés des trous où on dispose des nids pour les pigeons; mais comme le colombier proprement dit ne descend pas jusqu'au sol naturel, dans quelques fermes on dispose un rez-de-chaussée pour y installer la laiterie. A moins que la laiterie ne soit voûtée, cette disposition doit être proscrite parce que, malgré toutes les précautions que l'on peut prendre, l'odeur pénétrante du colombier peut arriver jusque dans la laiterie.

Quant à la laiterie, quelle que soit sa position dans la ferme, elle doit être aérée, et surtout tenue avec la plus grande propreté, afin d'éviter le développement de l'acide acétique, et disposée de manière que sa température soit la même en toutes les saisons et ne s'élève jamais au-dessus de 15 degrés.

Souvent, dans les fermes, on place dans un appartement voisin de la laiterie le fourneau nécessaire à la cuisson des racines ou à la préparation des boissons dites *branées*, pour les animaux malades et pour les vaches et veaux pendant l'hiver.

On profite alors de la chaleur perdue de ce fourneau pour

chauffer la laiterie pendant l'hiver, de manière à obtenir plus promptement la séparation des parties solides du lait. Cette disposition, quand elle est bien combinée, est très-avantageuse; malheureusement, tout le monde ne sait pas construire ces fourneaux d'une manière économique et surtout les diriger assez bien pour obtenir un chauffage régulier, de sorte que certains propriétaires renoncent à cette disposition qui pourrait cependant rendre de grands services.

Le fournil est un appartement attenant au four et réservé à la préparation des pâtes destinées à la panification et aussi au broiement ou à la préparation mécanique des filasses de chanvre ou de lin.

Les braises et les cendres que l'on abandonne trop souvent dans les fournils causent des incendies fréquents, il convient donc de les isoler autant que possible des autres bâtiments et de les élever un peu au-dessus du sol naturel, pour les préserver de l'humidité.

Les celliers doivent être à l'abri de l'exposition du midi et du couchant, et leur niveau doit être établi au-dessous du sol, afin que la température y soit plus égale.

On les place aussi le plus possible à proximité des pressoirs mécaniques renfermés dans l'appartement voisin, au centre des celliers, et adossés à un jardin ou courtil où l'on rassemble les fruits en tas et à l'abri de l'atteinte des bestiaux de la ferme.

Les granges, destinées à recevoir les récoltes au moment de la moisson, servent aussi à battre la paille garnie de ses épis pour en faire sortir le grain.

L'aire où se bat le grain pendant l'hiver est ordinairement au milieu de la grange, et les gerbes se rangent des deux côtés de cette aire. Elle est formée de terre grasse battue. Dans une grange, il n'y a d'autres ouvertures que les portes. Il convient qu'il y ait deux portes vis-à-vis l'une de l'autre, de manière que les voitures puissent entrer toutes chargées à l'intérieur, pour être déchargées ensuite et faire place à d'autres, en sortant par la porte opposée.

Pour faciliter l'entrée des voitures dans les granges, on donne, aux portes composées de deux vantaux, de 3m 30 à 4m de largeur, et une hauteur de 4m à 4m 50.

Les granges peuvent avoir 8, 10, 12 et même 15m de largeur ; mais comme ces dernières dimensions exigeraient des pièces de bois trop fortes pour la charpente, on supporte les poutres par des poteaux intermédiaires. Ces poteaux ont l'avantage de soutenir les tas de gerbes, quand on dégarnit une partie de la grange sans toucher aux autres ; cette disposition permet aussi de faire les granges plus ou moins larges. La hauteur des granges, sous l'entrée, ne doit pas dépasser 7 à 8 mètres.

Pour une récolte annuelle de 30,000 gerbes de 6 kilogrammes chacune, ou 180,000 kilogrammes de divers grains, il faudrait deux aires à battre de chacune 12m de longueur sur 4m 50 de largeur et 4m 50 de hauteur.

Volume moyen pour les bonnes et mauvaises années de 100 kilogrammes de différents produits, au moment des récoltes :

1° De gerbes de froment d'hiver,		0m	920
2°	id.	de seigle d'hiver,	0	960
3°	id.	de grosse orge,	0	880
4°	id.	d'avoine,	0	900
5°	id.	de pois et vesces,	1	280
6°	id.	de trèfle rouge, porte-graine	1	080
7°	id.	blanc,	0	880
8°	de foin, de trèfle ou de son regain		0	960
9°	de foin de prairie ou de son regain		0	920

Nota. — Lorsque dans une grange on accumule plusieurs de ces cinq premiers produits, il faut compter, terme moyen, sur 1 mètre cube par 100 kilogrammes de gerbes, à cause des séparations qu'il faut laisser entre ces différents produits. On doit compter sur le même volume pour les foins de trèfle ou de prairie et pour leurs regains.

Ces indications sont celles que M. De Lagarde, ingénieur civil et inspecteur du service vicinal d'Ille-et-Vilaine, a données dans le programme qu'il a rédigé en 1861, sur la demande de M. le Préfet, pour répondre aux vœux de MM. les présidents des comices du département.

Le plus souvent, vous aurez à reconstruire séparément la maison d'habitation ou quelques-uns des bâtiments d'exploitation ; mais les indications ci-dessus qui se rapportent à celles de la *Maison rustique* n'en seront pas moins utiles à consulter.

Les dispositions peuvent varier ; mais celle qui nous semble la plus simple, la plus commode et la moins coûteuse, consiste à utiliser les deux pignons de la maison d'habitation pour les bâtiments accessoires de l'exploitation, et à relier entre elles toutes les constructions, quelle que soit, du reste, la disposition que vous adopterez.

Nous vous conseillons d'arrêter à l'avance un plan général des changements que vous aurez à apporter successivement à vos bâtiments, afin d'arriver, comme cela se pratique pour les villes, à des transformations qui, pour être lentes, ne se réalisent pas moins à un moment donné.

Le nombre et l'importance des intérêts concentrés dans les villes ont fait adopter diverses mesures pour la salubrité et l'embellissement de ces centres de population, mesures dont les intérêts isolés ou moins importants d'une ferme, d'un village, d'un bourg même, ne réclament pas l'adoption.

Les conditions sont différentes, et il y aurait folie à rêver, pour les campagnes, les travaux et les embellissements des villes. Rien ne justifierait un semblable souhait. D'un autre côté, n'est-il pas juste qu'en échange des sacrifices qu'elles imposent à leurs habitants, pour obtenir des revenus indispensables, les villes leur procurent quelques avantages?

Sans chercher à imiter les cités dans les grands travaux d'embellissement qu'elles entreprennent, il est bien permis de rechercher s'il ne serait pas utile d'appliquer, dans de sages limites, aux habitations rurales, quelques mesures propres à les assainir et à les embellir.

L'administration, qui veille avec tant de sollicitude sur tous les intérêts des classes nécessiteuses, a institué une commission d'hygiène dans chaque canton.

Ces commissions, composées des notables du pays, ont pour mission spéciale de provoquer l'exécution de toutes les mesures de nature à prévenir ou à faire disparaître les causes des épidémies, et de contraindre, au besoin, les propriétaires de maisons humides et privées d'air et de lumière, à les rétablir dans les conditions exigées par les règles de l'hygiène, et, en cas de refus des propriétaires, à les faire fermer.

Il est à regretter que ces commissions aient généralement négligé jusqu'ici de s'occuper de la mission que l'administration leur a confiée.

Il importe que, comprenant mieux l'étendue de leurs droits et de leurs devoirs, secondées aussi par les administrations municipales, elles s'occupent d'éclairer, de conseiller et de diriger les habitants de la campagne, placés en quelque sorte sous leur tutelle officieuse.

Combien de maisons humides, sombres, tristes, ne sont encore éclairées et aérées que par la porte d'entrée, que l'on maintient en partie ouverte, lorsque l'on veut jouir de l'air et de la lumière, qui ne pénètrent qu'avec peine au foyer et dans plusieurs parties de l'habitation!!!

Pour changer un état de choses si nuisible à la santé, il suffirait le plus ordinairement d'établir, à peu de frais, une simple fenêtre.

M. X. X. nous a fait judicieusement observer qu'un lait de chaux, appliqué sur les murs intérieurs et extérieurs des demeures des populations rurales, les assainirait et changerait l'aspect de nos campagnes. Les cultivateurs eux-mêmes pourraient, sans frais appréciables, faire ce badigeon dans les moments où les travaux des champs ne réclament pas impérieusement tout leur temps. Nous vous engageons à lire un excellent article publié, sur ce sujet, dans le *Journal pratique d'agriculture* d'Ille-et-Vilaine.

La ville de Rennes doit un de ses principaux embellissements à l'exécution d'un ancien réglement qui oblige les propriétaires à remettre à neuf, périodiquement, les façades de leurs maisons.

A Lyon, l'administration oblige les propriétaires à faire peindre à l'huile, tous les cinq ans, les façades de leurs habitations, et à les faire nettoyer tous les ans.

La ville de Jersey ne doit la réputation dont elle jouit qu'à la propreté et à l'embellissement de ses bâtiments, qu'elle maintient par des mesures semblables.

Nous faisons des vœux pour que les commissions cantonales d'hygiène veuillent bien s'occuper de toutes les mesures utiles, et ne pas perdre de vue qu'en assainissant les demeures indigentes, en y faisant entrer l'air et la lumière, on y fait pénétrer à la fois la santé, la propreté et la gaîté, et qu'elles peuvent ainsi contribuer puissamment au bien-être et au bonheur des populations rurales!

Nous persistons dans ces conseils.

Soit que vous fassiez exécuter des constructions entièrement neuves, soit que vous répariez, en changeant les dispositions premières, d'anciens bâtiments, réfléchissez bien avant d'entreprendre vos travaux ; et, dans l'évaluation de la dépense, comptez au chapitre de l'imprévu un quart environ en sus de vos calculs. Commencez ensuite, après tous ces examens et toutes ces réflexions, vos travaux, sans vous préoccuper trop des critiques. Il est impossible de faire au gré de tous. Ceci me rappelle une parole de Socrate :

> Socrate, un jour, faisant bâtir,
> Chacun censurait son ouvrage ;
> L'un trouvait les dedans, pour ne lui point mentir,
> Indignes d'un tel personnage ;
> L'autre blâmait la face ; et tous étaient d'avis
> Que les appartements en étaient trop petits.
> Quelle maison pour lui ! L'on y tournait à peine.
> Plût au ciel que de vrais amis,
> Telle qu'elle est, elle pût être pleine !
> Le bon Socrate avait raison
> De trouver pour ceux-là trop grande sa maison.
> Chacun se dit ami, mais fou qui s'y repose ;
> Rien n'est plus commun que le nom ;
> Rien n'est plus rare que la chose.

Il m'en coûte beaucoup, mes chers amis, de terminer ces petits entretiens par cette réflexion vraiment triste. Il est si doux d'être aimé ! On se sent tout glacé à la pensée de ne pas l'être.

Je suis convaincu que nous comptons presque toujours le nombre de nos amis par celui de nos qualités, et que le nombre et l'accroissement de nos ennemis (à l'exception toutefois de quelques individus qui sont les ennemis de tous, et qui, plutôt que ne pas dire ou de ne faire du mal, s'attaqueraient à leur propre famille) est proportionné à la quantité et à l'importance de nos défauts; qu'ainsi c'est à nous seuls, si nous n'avons pas beaucoup d'amis, que nous devons en vouloir, c'est de nous qu'il faut se plaindre seulement.

Il convient donc, si nous voulons jouir du bonheur d'être aimé, de nous occuper de la culture de nos cœurs et de nos intelligences; elle réclame, aussi impérieusement que celle de vos terres, une activité et des soins incessants.

Préparez-les, faites-y germer les semences de toutes les vertus, et assurez leur plus complet développement.

Ne laissez aucune place aux vices ni aux défauts, plus pernicieux que les plus mauvaises plantes; arrachez-les et ne laissez vivre aucune de leurs racines; bientôt ils se multiplieraient à l'infini, ils étoufferaient les bonnes pensées, sources des bonnes actions, qui forment avec elles l'heureuse moisson qui récompense l'homme de ses efforts et le console des peines inséparables de notre propre existence.

CINQUANTE-QUATRIÈME LEÇON.

LES AMIS DU CHATEAU DE LA TOUR.

Le besoin de fuir la ville et de retrouver au printemps et pendant l'été la fraîcheur de la campagne, de jouir du calme qu'elle procure, de s'y livrer en paix à l'étude et de goûter le bonheur d'une parfaite intimité, décidèrent, en 1836, trois jeunes étudiants en droit à louer, aux environs de Toulouse, une partie du second étage du château de La Tour. Cette habitation, distante de deux kilomètres de la ville, permettait à ces élèves de suivre les cours, de venir à l'époque des examens faire toutes recherches utiles à la bibliothèque publique, de ne rien négliger, en un mot, pour assurer le succès complet de leurs études, tout en se procurant les douces jouissances que l'affection et la campagne donnent toujours à ceux qui savent les leur demander. — Chaque membre de cette petite association avait une chambre particulière. Un salon commun dans lequel se trouvait un piano, seul meuble de luxe, servant à égayer leurs loisirs, réunissait nos amis. Un balcon donnant sur un vaste jardin, parfaitement tenu, leur permettait de l'embrasser d'un seul coup-d'œil, et de voir, en face, à l'horizon, la ville, et des deux côtés du jardin les champs chargés de récoltes. Cette vue se reflétait aussi en grande partie dans une glace placée sur la cheminée au fond du salon, vis-à-vis la fenêtre. La perspective, ainsi reflétée, formait comme un délicieux tableau. Nos amis aimaient à prolonger les soirées sur ce balcon, à sentir les parfums des fleurs que la brise leur apportait, à entendre le bruit lointain de la ville s'éteignant peu à peu, et à écouter le silence des champs qui les environnaient. Riches d'avenir, pleins de santé, se croyant exempts des soucis et des peines qui nous attendent tous dans la vie; se livrant aux charmes de l'amitié avec le franc abandon de ceux qui n'ont jamais été trompés et qui ne soupçonnent pas qu'on puisse l'être; réglant leurs rapports sur un code dont on essaierait vainement de donner toutes les lois, et dont les règles, pour tous les cas possibles, se trouvent inscrites dans le cœur de chacun de nous; recevant des lettres fréquentes de leurs familles, dont ils justifiaient toute la confiance par leur travail et leur bonne conduite, ces jeunes gens menaient une existence qui tiendra toujours une place bien précieuse dans leurs meilleurs souvenirs. La famille de chacun devint bientôt comme une famille adoptive pour les autres, tellement était étroite la communauté de sentiments qui unissait ces trois jeunes gens. Bien que séparés depuis près de trente années, leur affection ne s'est point encore démentie. — Elle durera autant que leur existence.

Leur petit ménage, propre mais simple, se bornait au strict nécessaire. Une brave femme de la ville apportait les provisions qui lui avaient été commandées la veille, faisait le ménage, préparait les repas, et regagnait le soir son domicile pour revenir le lendemain. Chaque membre de l'association, à son tour, réglait les menus pendant une semaine et inscrivait sur un registre les dépenses qu'il avait ordonnancées dans la limite du budget dont le fonds était formé chaque mois par l'apport d'une somme égale de la part de chaque associé. Quelques rares visites (nos amis ayant posé pour règle de ne pas accroître le nombre de leurs connaissances) venaient interrompre la régularité de cette existence, à l'exception toutefois de la bienvenue, chaque jour, d'un ami intime qui partageait leurs goûts, mais que le devoir filial fixait près de sa mère et empêchait de demeurer constamment au château de La Tour.

Nos trois amis, cédant à la puissance de l'uniformité de leurs sentiments, voulurent même qu'elle se traduisît à l'extérieur par celle de leurs vêtements. Ils firent faire chacun une tunique écossaise qu'ils portaient dans leur habitation et dans le jardin. — Peut-être est-ce dans des circonstances semblables que les premiers couvents se sont fondés. Cette vie si douce et si calme devait, comme toutes les existences ici-bas, être bientôt troublée par un douloureux événement pour l'un d'eux. Gustave reçut, le 24 mai, une lettre de sa sœur l'informant que leur aïeule maternelle, atteinte d'une maladie grave, surtout à l'âge de 71 ans, laissait peu d'espoir de guérison, et l'invitant à se rendre au plutôt auprès d'elle afin de l'entourer, dans ces moments suprêmes, des preuves de la plus tendre affection et de prodiguer ses soins à leur grand-père, tout accablé par la prévision d'un malheur sur lequel sa qualité de médecin ne lui permettait aucun doute.

Malgré toute la diligence de Gustave à se rendre dans sa famille, il ne put arriver assez tôt pour revoir son aïeule. Un exprès qu'il rencontra à deux lieues de la petite ville dans laquelle il se rendait lui apprit la mort redoutée et le départ du vieux docteur pour sa terre du Plessix, où il avait voulu se retirer, accompagné seulement de la sœur de Gustave. Ce dernier s'empressa de gagner, par des chemins de traverse, le Plessix, et de mêler ses larmes à celles de son grand-père et de sa sœur. Je veux vous épargner, mes chers amis, le récit de cette première entrevue. Après la mort, on rend toujours un hommage sincère mais trop tardif aux qualités de ceux qui ne sont plus, et c'est alors seulement qu'on sait les apprécier. Les regrets, les souvenirs font le sujet de toutes les conversations. L'excellent vieillard appela surtout la prière à son secours. La prière est une élévation de l'âme vers Dieu. Elle donne l'espoir d'un bonheur éternel qui soulage et repose l'esprit et le cœur de tous ceux qui souffrent ici-bas. Prier pour ceux que l'on a perdus, c'est les faire revivre en nous et nous mettre en communication avec eux; c'est la prolongation de notre existence jusque dans l'autre monde. Elle est la consolation des pauvres et des riches; elle est nécessaire plus encore à ces derniers, qui n'ont pas de travaux obligatoires pour les arracher à leur accablement; elle est un baume délicieux appliqué chaque jour sur les maux des classes nécessiteuses à qui Dieu accorde, à titre d'un premier dédommagement manquant aux riches, l'avantage de trouver dans leurs labeurs même un précieux soulagement.

Le vénérable vieillard se sentait plus calme après avoir parcouru, entouré de ses petits-enfants, le trajet qui séparait sa maison de campagne de l'église, et après avoir assisté avec eux à l'office célébré par le vénérable desservant de la paroisse, qui se faisait un devoir de lui prodiguer chaque jour ses consolations. Chaque fois que les devoirs impérieux de son ministère lui en laissaient le loisir, cet ecclésiastique reconduisait M. X. de l'église à son habitation et passait même quelques heures à le distraire. Alors nos deux jeunes gens, pour laisser plus de liberté aux épanchements du cœur de leur aïeul et du digne curé, s'échappaient dans le jardin, ou, se tenant dans un rayon peu éloigné, se livraient, comme le font toujours un frère et une sœur qui s'aiment sincèrement, au bonheur d'être réunis.

Les amis du château de La Tour n'oubliaient point Gustave. Ils s'étaient entendus pour lui faire parvenir chaque jour une lettre de l'un d'eux. Gustave, pressé de répondre, consacrait chaque soir, lorsque M. X. commençait à prendre du repos, une heure à sa correspondance. Ecrire à des amis éloignés, c'est par la pensée être avec eux dans les lieux où ils se trouvent. Echanger une correspondance avec des amis, c'est sentir et faire éprouver dans une de ses plus douces manifestations le bonheur d'une affection partagée; c'est associer ceux que l'on aime à ses joies et les rendre ainsi plus complètes; c'est aussi leur faire partager nos chagrins et les alléger. Les lettres qui furent échangées dans ces circonstances pourraient composer un volume dans lequel se dérouleraient toutes les délicatesses du cœur et de l'intelligence de nos quatre jeunes gens, ayant tous le culte des sentiments de la famille et la fraîcheur de ceux d'un respect et d'une estime réciproques qu'inspirent toujours une bonne conduite, une bonne éducation et de nobles aspirations vers l'avenir. Tous ont réalisé ces aspirations. Je regrette de ne pouvoir, à titre d'enseignement pour ceux qui seraient tentés de placer le bonheur en dehors de ces sentiments nobles et élevés, je regrette, dis-je, de ne pouvoir reproduire toute cette correspondance, et d'être obligé de choisir une seule lettre qui se rapporte au sujet que nous avons à traiter dans ce chapitre.

Gustave à Albert.

Je te sais gré, cher Albert, de toutes les preuves d'atfection que tu ne cesses de me donner ; je sais gré aussi à nos excellents amis de leurs vives et sincères sympathies. Merci donc à tous les trois. Je dis à tous les trois, puisqu'il est convenu que cette lettre, bien qu'adressée personnellement à toi seul, vous est destinée à tous, et que tu voudras bien, suivant notre convention, la porter au château de La Tour.

Dans quelques jours je vous rejoindrai. J'ai hâte de reprendre le cours de mes études et de me retrouver au milieu de vous. D'un autre côté, je quitterai avec bien de la peine mon grand-père. L'air de la campagne, les distractions que nous essayons de faire naître autour de lui, les soins dont nous l'entourons ma sœur et moi, n'agissent que lentement et ne peuvent lui procurer qu'un calme momentané ; ses traits ne cessent d'exprimer une bien vive douleur de l'âme. Peut-il en être autrement lorsqu'une mort cruelle vient ravir une personne qui vous est chère, et qui pendant plus de cinquante années a partagé votre existence? Un vide affreux s'est fait autour de lui. Il s'effraie, et nous nous effrayons avec lui de le voir rentrer dans son habitation. Les lieux, les meubles, le jardin, les murs eux-mêmes, tout lui rappellera plus vivement que jamais l'absence cruelle de sa digne compagne. Combien nous préférerions le voir se fixer ici. Les nombreuses visites qu'il reçoit lui font du bien. Il a fait promettre à ma sœur de ne pas le quitter. Cette certitude lui fait plaisir. Il souhaiterait me conserver aussi auprès de lui. Que ne puis-je, me dit-il souvent, t'enseigner le droit, comme je t'ai appris les premiers éléments des langues latine et française! Il aime à se reporter à ce souvenir, vers lequel plus tard je me reporterai avec bonheur moi-même. Je préférerai alors, comme le font tous les vieillards, le passé à l'avenir. A un certain âge, l'avenir, qui est l'espoir de la jeunesse, devient si borné pour le vieillard qu'il ne peut y penser qu'avec peine. Je m'efforce aussi de reporter toutes ses pensées vers le passé qui est le champ où dans un âge avancé on aime à revivre. Pour le distraire davantage, je fais mes efforts, chaque jour, pour lui parler de la profession de médecin qu'il a exercée avec tant de dévoûment. Afin de fixer ses pensées avec plus de force et l'enlever à ses chagrins au moins pendant quelques instants, je l'ai prié de vouloir bien m'indiquer l'origine et les propriétés de chacune de nos plantes, et, pour donner plus d'intérêt à nos entretiens sur ce sujet, je lui ai dit qu'il est toujours agréable et souvent utile de connaître les choses de la nature qui nous entourent. L'excellent vieillard, n'écoutant plus que son affection et cédant à ce désir qui nous porte à acquérir la science comme à la communiquer, s'est mis à ma disposition avec une bonté et une complaisance que je n'oublierai jamais. Je puise dans mon artifice, que tu trouveras bien permis sans doute, le moyen de l'enlever à lui-même. La science médicale se bornait autrefois à la connaissance des plantes que l'on nommait des simples ; leur emploi n'est point encore entièrement abandonné, et la médecine puisera toujours une grande partie de ses remèdes dans le règne végétal. Je dois te dire que, pour paraître attacher à nos recherches une plus grande importance, je leur ai donné le nom pompeux d'études des plantes et de leurs propriétés en ce qui concerne leur application à nos besoins. Persuadé qu'il me rend un véritable service, le bon vieillard se sent moins à plaindre. Ceci me prouve une fois de plus que l'homme est destiné à vivre pour ses semblables. Si nos études n'ont pas toute l'importance qu'elles pourraient avoir, elles m'instruisent cependant, et je crois qu'il est toujours bon de connaître les objets qui nous entourent. Ce motif me décide à t'adresser, avec cette lettre, un tableau analytique de mes travaux, afin que tu puisses, ainsi que nos bons amis, en tirer tel parti que vous jugerez convenable. J'ai dû, d'après les conseils du vieux docteur, ajouter, pour rendre ce tableau utile, quelques indications sur les produits exotiques dont nous faisons usage.

NOMS DES PLANTES.	ORIGINE.	PROPRIÉTÉS.
Absinthe	Indigène	Tonique, apéritive, fébrifuge.
Ail	Indigène	Stimulant les organes digestifs, antiputride. Vermifuge, son excès est stupéfiant et narcotique.
Amande	Europe	S'emploie en pharmacie pour lochs.
Angélique	Syrie	Excitante et stomachique.
Anis	Espagne	Digestif, antiventeux ; en infusion forme un thé fort estimé.
Artichaut	Ethiopie	Facile à digérer, peu nourrissant.
Asperge	Europe	Diurétique, agissant comme sédative du cœur ; providence des estomacs faibles et des convalescents.
Avoine (gruau)	Asie	Adoucissant, analeptique, diurétique.
Chicorée sauvage	Indigène	Amère, saine et nourrissante, blanchie en salade ; connue sous le nom de barbe de capucin.
Café	Ethiopie	Facilite la digestion ; cause des inconvénients aux personnes nerveuses.
Capucine	Mexique	Saveur piquante, confite au vinaigre fait un bon assaisonnement.
Cardon	Barbarie et Sardaigne	Peu nourrissant, facile à digérer.
Carotte	Indigène	Douce, sucrée, excellente pour les ragoûts et pour le pot au feu ; employée comme remède contre la jaunisse. La pulpe est appliquée en cataplasmes sur les brûlures.
Cannelle	Ceylan	Condiment de haut goût employé surtout par les peuples du Nord.
Capre	Asie	Confites au vinaigre, servent de condiment.

NOMS DES PLANTES.	ORIGINE.	PROPRIÉTÉS.
Cassis	N. de l'Europe.	Tonique digestif et cordial.
Céleri	Indigène	Stimulant et échauffant.
Cerise	Cérasonte	Tempérant, rafraîchissant et calmant
Champignon	Europe	Mets délicat très-recherché.
Châtaigne	Littoral méditer-ranéen	Aliment sain.
Chou	Amérique	Nourrissant mais venteux, pectoral.
Ciboule	Asie	Condiment des sauces et salades, convient aux estomacs robustes et bien portants.
Citron	Médie	Assaisonne les mets, le punch, le sirop; étendu d'eau, est rafraîchissant; en médecine s'emploie comme antivomitif, antiseptique, astringent et calmant.
Citrouille	Inconnue.	Aliment excellent.
Coing	Ile de Crète	Bonnes confitures et marmelades astringentes.
Coriandre	Italie	Carminatif et stomachique.
Cormier	Europe	Fruit astringent.
Cornichon	Asie	Confit au vinaigre est un bon condiment.
Cresson	Tous pays	Excellente salade, tonique, antiscorbutique, dépurative.
Datte	Barbarie	Salubre et agréable, calmante et pectorale.
Echalotte	Palestine	Condiment stimulant.
Epine-vinette	Indigène	Le fruit remplace le citron.
Estragon	Sibérie	Assaisonnement, se confit au vinaigre.
Fenouil	Midi	Sudorifique, vulnéraire et apéritif.
Fève	Perse	Très-nutritive et très-saine.
Figue	Asie	Adoucissante et laxative.
Fraise	Europe	Convient aux goutteux, la racine est diurétique.
Framboise	Europe	En trop grande quantité, elles déterminent, comme les fraises, des coliques et des diarrhées.
Génièvre	Europe	Stimulant et cordial.
Gingembre	Indes	Stimulant et digestif.
Girofle	Iles Moluques	Condiment stimulant.

NOMS DES PLANTES.	ORIGINE.	PROPRIÉTÉS.
Grenade	Afrique	Saveur douce, sucrée, fraîche.
Groseille	Europe	Rafraîchissante, convient aux convalescents.
Haricot	Asie	Verts forment un mets excellent, secs sont nourrissants; mais lourds et échauffants, et causent des borborygmes.
Houblon	Europe	Convient dans le rachitisme, les scrofules et les maladies de peau; base de la bière.
Jujube	Syrie	Pectorale.
Laitue	Tous pays	Rafraîchissante et laxative.
Laurier	Europe mérid^{le}.	Feuilles stimulantes.
Laurier-cerise	Asie-Mineure	En très-faible infusion, calmant (poison).
Lavande	Europe	Vulnéraire, sudorifique et stomachique.
Lentille	Pays chauds	Légume excellent.
Mâche	Europe	Rafraîchissante et détersive.
Maïs	Turquie	Bon aliment dans les pays chauds.
Marjolaine	Barbarie	Vulnéraire, sudorifique, digestive.
Melon	Asie	Rafraîchissant.
Menthe	Europe	Menthe poivrée est diffusible, stomachique, antispasmodique.
Milon sorgho	Afrique	Contient de la fécule, du sucre et un principe huileux.
Morille	Indigène	Champignon quelquefois dangereux lorsqu'il est cueilli vieux.
Mousseron	Indigène	Le plus parfumé des champignons comestibles.
Moutarde	Europe	Excite l'appétit et ranime les forces de l'estomac.
Mûre	Chine	Rafraîchissante et légèrement astringente.
Muscade	Iles Moluques	Condiment.
Navet	Belgique	Excellent légume.
Nèfle	Europe	Lourde, indigeste, astringente.
Noisette	Europe	Fruit agréable au goût.
Noix	Asie	Bon fruit tant qu'il n'est pas vieux.
Oignon	Tous pays	Excellent comme aliment et comme condiment.
Olive	Egypte	Fournit une huile excellente.

NOMS DES PLANTES.	ORIGINE.	PROPRIÉTÉS.
Oranger	Inde et Chine	L'infusion de la fleur est calmante et stomachique, le fruit est rafraichissant.
Orange	Indigène	Goût aromatique très-agréable.
Oseille	Indigène	Saveur acide, excellent aliment dans la soupe; dans les jus d'herbes elle agit comme tempérante, laxative, acidule et rafraichissante.
Panais	Europe	Racine nutritive, échauffante, diurétique et fébrifuge, aromatise agréablement le potage.
Patate	Amérique du Sud	A beaucoup d'analogie à la saveur de l'artichaut.
Pavot	Perse et Asie	Calmant à petite dose; à haute dose poison.
Pêche	Asie	Fleur purgative, feuilles aromatiques légèrement amères, fruit délicat.
Persil	Tous pays	Aromatique agréable, résolutif en cataplasmes, racine diurétique, fébrifuge, condiment excellent en cuisine, excitant l'appétit, mais échauffant.
Piment	Inde	Condiment stimulant, digestif, irritant.
Pimprenelle	Levant	Condiment pour la salade.
Pissenlit	Indigène	Provoque les urines, tonique, fondant apéritif.
Pistache	Asie	Sert en pâtisserie.
Poirier	Arménie	Bon fruit.
Poireau	Europe	Excellent condiment et bon aliment.
Pois	Midi de l'Europe	Frais sont un mets délicat, secs moins faciles à digérer.
Poivre	Indes	Condiment très-actif et très-excitant.
Pomme	Europe	Fruit légèrement acidulé, doux, tendre, agréable, convient aux adolescents et aux vieillards.
Pomme de terre	Nouveau-Monde	Excellent aliment.
Pourpier	Indes	Contient un suc rafraichissant.
Prunier	Orient	Fruit sain, goût agréable et délicat.
Radis	Chine	Saveur piquante et agréable, excite l'appétit.

NOMS DES PLANTES.	ORIGINE.	PROPRIÉTÉS.
Raiponce.	Europe.	Salade excellente.
Raisin	Phénicie.	Fruit agréable qui donne le vin, le vinaigre et l'alcool.
Rave.	Chine.	Stomachique.
Riz.	Éthiopie.	Le riz forme la base de la nourriture d'un grand nombre de peuples.
Romarin	Europe.	Aromate, stomachique, stimulant, vulnéraire.
Ronce.	Tous pays	Fruit astringent, colorant rouge, contenant des acides maliques et galliques.
Rose.	Tous pays	Odeur suave; la fleur du cynorrhodon ou rosier sauvage s'emploie en médecine comme astringent.
Safran	Asie.	Employé en cuisine pour sa couleur et son principe aromatique.
Sagou.	Indes-Orientales	Nutritif adoucissant, convient aux estomacs délicats.
Salep	Turquie et Asie-Mineure.	Nourriture saine et légère.
Salsifis.	Catalogne.	Mets agréable et facile à digérer.
Sarriette	Italie	Aromate pour salade, la choucroûte et le bouillon aux herbes, vulnéraire, stomachique et digestif.
Sauge.	Europe.	Sudorifique, digestive, vulnéraire, tonique et antirhumatismale.
Serpolet	Europe.	Excite la transpiration, les urines, donne du ton à l'estomac; condiment échauffant.
Tapioca.	Antilles, Bahia et Rio-Janeiro.	Nutritif et adoucissant.
Thé.	Chine et Japon.	Excitant puissant.
Thym.	Europe.	Digestif, échauffant, aromatique vulnéraire.
Tomate.	Amérique.	Bon condiment et assaisonnement.
Topinambour.	Brésil, Canada.	Saveur de l'artichaut.
Truffe.	Tous pays	Lourde et indigeste.
Violette	Tous les continents	Béchique, laxative, anodine.

Ces indications succinctes te donneront sans doute, me disait hier mon vénérable aïeul, le désir d'étudier la botanique et de connaître les secrets merveilleux de ce règne de la nature. Tu ne voudras pas limiter à ce règne tes investigations, et bientôt tu te sentiras porté à en étudier un autre qui offre un intérêt non moins vif et une non moins grande utilité dans son application aux besoins de l'homme, — le règne minéral. Mais tu dois partir dans quelques jours, et nous ne pourrons nous occuper ensemble de ces travaux qu'à ton retour auprès de nous.

Les paroles de cet excellent vieillard prouvent que l'homme bien né éprouve un égal bonheur à apprendre et à communiquer les connaissances qu'il a acquises, et qu'ainsi nous devons, à tout âge, penser à devenir utile à nos semblables. Je suivrai ses excellents conseils, et j'étudierai la nature pour le bonheur qu'offre cette étude et pour celui que j'aurai à en révéler les secrets.

Je te quitte, mon cher ami, pour aller prendre quelques heures de repos. Je n'ai point voulu me mettre au lit sans t'initier et te charger d'initier nos amis du château de La Tour à mon existence, et vous prouver, par cette lettre, que les liens de notre amitié, comme des fils invisibles, ont une action constante sur nos cœurs et les mettent sans cesse en communication.

Nota. — J'aurais voulu, par quelques chapitres sur la botanique et la minéralogie, accompagnés de quelques gravures, compléter cette nouvelle qui serait comme l'introduction à ces études; mais les vacances sont arrivées, et je ne puis que vous dire : A l'année prochaine !

CINQUANTE-CINQUIÈME LEÇON.

**LES DEUX CULTIVATEURS NORMANDS, OU L'ÉPARGNE ET L'ÉCONOMIE
SONT LES PLUS SURS FONDEMENTS DE LA RICHESSE.**

> Il faut aussi amasser des trésors
> dans le ciel, où ni la rouille ni les
> vers ne dévorent, et où les voleurs ne
> fouillent ni ne dérobent.
>
> *(S. Mathieu.)*

> Tant vaut l'homme, tant rend la terre.
> C'est aujourd'hui bien reconnu.
> Pour l'homme actif tout est prospère,
> Pour l'ignorant tout est perdu.

Entre Avranches et Granville, ces deux charmantes petites villes du département de la Manche, il existe, au bord de la mer, un petit bourg nommé Carolles. La campagne si riche de l'Avranchin cesse de montrer sa végétation luxuriante sur les rochers qui bordent la côte, et en rompent l'uniformité par leurs anfractuosités et les différences de leur hauteur.

D'une pointe de ces rocs, élevés à près de cent mètres au-dessus de la grève, on aperçoit Granville à droite, les îles de

Chausey en face, Cancale et la côte de Saint-Malo à gauche, et plus à gauche encore Tombelaine et le mont Saint-Michel, qui donne son nom à cette baie.

Nulle part on ne peut trouver une nature plus abrupte que ce rocher, un site qui porte plus à la méditation.

Pendant le jour, des centaines de barques sortent du port de Granville, pour aller à la pêche, et viennent balancer leurs voiles blanches sur les vagues, ou rentrent chargées du butin qu'elles ont puisé au fond des flots.

Chausey, qui autrefois appartenait à l'Angleterre, rappelle nos vicissitudes politiques; Cancale, dont la population est si active et si laborieuse, nous fait penser aux mœurs de la Bretagne; la flèche de la cathédrale de Dol, ce monument si accompli, nous jette dans des méditations religieuses qui deviennent plus profondes encore à la vue de la mer, qui nous sépare de cet édifice; le mont Saint-Michel, par les souvenirs de sa première destination, ceux des ordres religieux qui l'ont habité, nous rejettent bien avant dans les siècles; et sa destination actuelle, comparée à la destination primitive, nous amène à comparer entre elles ces époques si différentes.

Pendant la nuit, on aperçoit, de ce rocher, des phares avec leurs feux tournants; et quelquefois les regards sont attirés par le sillage d'un *vapeur,* sur cet espace occupé par la mer, dont les vagues douces ou furieuses viennent expirer au pied de la falaise.

Les pointes de cette côte, si variées, ont différents noms. Le rocher qui nous occupe, et sur lequel l'histoire qui va faire le sujet de notre entretien a été racontée à un de nos amis, se nomme le Pignon-Butor. A peu de distance, à droite, se trouve, au fond d'une vallée où coule un faible ruisseau, le port du Lude. Entre deux coteaux arides et déserts d'une autre vallée voisine, profonde et étroite, qui prend, je ne sais pourquoi, le nom de vallée de Néron, la mer vient mêler le bruit cadencé de ses flots à celui des galets qu'elle agite avec violence dans cet endroit, où ses eaux sont resserrées et brisées en mille manières.

En se retirant, elle laisse, au pied des falaises, des rochers qui conservent, dans les cavités formées par leurs aspérités, des étendues d'eau variant de formes et de profondeurs, peuplées de crabes et de crevettes, que l'on pêche avec de petits filets semblables à ceux dont on se sert à la chasse des papillons, mais dont les mailles sont plus serrées et plus solides. Les flots, sur cette côte, sont limpides, et la plage offre toutes les facilités que peuvent désirer les baigneurs. On y pêche encore, à l'aide d'un filet plus grand, que l'on pousse devant soi et que l'on nomme bichette, beaucoup de poissons qui abondent sur cette côte. La chasse aux oiseaux de mer offre une dernière distraction.

Enfin, vous trouvez à Carolles de paisibles habitants des champs empressés à vous être utile, et vous n'êtes point astreint aux obligations qu'imposent toujours les réunions des hommes et des femmes sur les points où la mode les attire, réunions dans lesquelles l'orgueil et l'amour-propre jouent le principal rôle.

Toutes ces considérations conduisirent un de nos excellents amis, M. Mury, docteur médecin à Vire, savant antiquaire de Normandie, aussi distingué par le cœur et l'intelligence que par l'érudition, à choisir Carolles pour résidence, pendant quelque temps de la belle saison, chaque année. Il y venait surtout demander, à l'influence de l'air et de l'eau de la mer, la santé pour son enfant, et chercher pour lui-même ce repos moral que la nature seule peut procurer. Lorsque, après un souper fait avec un appétit dévorant, son enfant, fatigué des plaisirs de la journée, dormait d'un profond sommeil qui ne pouvait encore le gagner lui-même, le docteur aimait à retourner sur la pointe du rocher, méditer pendant des heures entières dans ces belles nuits d'été, si fraîches et si douces, surtout au bord de l'eau, sous un ciel étoilé.

C'est dans ces lieux surtout que l'on peut dire, avec le poète :

> La nuit, on croit sentir Dieu même
> Penché sur l'homme palpitant :
> La terre prie et le ciel aime,
> Dieu parle à l'homme, et l'homme entend.

Ce fut pendant une de ces nuits, dans le mois d'août 1837, qu'il eut l'entretien suivant, que nous allons essayer de reproduire tel qu'il nous l'a raconté lui-même :

J'étais à moitié couché, me dit-il, au sommet de ce roc, ayant sous mes pieds l'abîme au fond duquel se brisaient les lames, dont les perles liquides, emportées par le vent, arrivaient jusqu'à moi en forme de rosée, et je me laissais aller à la pensée du peu d'espace que j'occupais sur la terre et du néant de mon individualité en face de ces immensités ; je cherchais sur ce rocher battu par les vagues et les orages, et qui me représentait les os de la terre, à reconstruire en silence l'épopée de la création. Je pensais à la puissance de Dieu, qui affermit les montagnes, qui soulève les profondeurs de la mer et ses flots mugissants, lorsqu'un douanier, préposé à la garde de cette côte, s'approcha de moi, dans le désir de lier conversation. Il voulait rompre le silence souvent pénible lorsqu'il est obligatoire ou bien imposé par un isolement prolongé, tandis qu'au contraire il est si doux lorsqu'il est employé à la méditation.

Nos dispositions étaient donc bien différentes. Nous échangeâmes les politesses d'usage, et, ne s'apercevant pas de ma réserve à prendre part à quelque entretien, il ne put se contenir. Il était dominé par la préoccupation d'une nouvelle qui, depuis quarante-huit heures, faisait le sujet de toutes les conversations. Plus les événements sont rares et plus ils occupent les esprits. Tout est relatif. C'est toujours une grave affaire pour les habitants d'une commune que la mise en vente d'une ferme : chacun se préoccupe des motifs qui amènent le propriétaire à l'aliéner, et cherche à découvrir quel en sera l'acquéreur. Telle était la situation d'esprit du douanier.

Savez-vous, me dit-il, que le pauvre Milon, qui demeure à un kilomètre du bourg, à la ferme du Vieux-Clos, a fait afficher la vente de sa terre, et que l'adjudication aura lieu le 20 du mois prochain, chez M. Le Moine, notaire à Sartilly? Est-il un plus grand chagrin, après la perte de ses parents, que celui d'être forcé de vendre son bien ! Non, lui dis-je, mais il paraît que, si ce brave homme est obligé de vendre aujourd'hui sa ferme, il ne doit s'en prendre qu'à lui; du moins, telle est l'opinion que j'ai entendu émettre sur son compte par plusieurs personnes. J'en conviens avec vous, monsieur, reprit le douanier; mais vous savez mieux que moi toute l'influence qu'exercent sur notre avenir l'éducation que nous avons reçue et les habitudes contractées dans notre enfance; et, sans excuser le pauvre Milon, je ne puis m'empêcher de reporter sur ses parents une grande partie de la responsabilité des faits que nous déplorons aujourd'hui.

Le grand-père Milon était un des hommes les plus riches de Carolles. Dans ma jeunesse nous l'appelions M. Milon. Quelques flatteurs (où ne s'en trouve-t-il pas?) l'appelaient même M. du Vieux-Clos, quand ils avaient quelque service à lui demander. Il paraissait toujours rire de bonheur. Sa femme, douée du même caractère, vivait comme lui sans souci. Nulle part on ne faisait meilleure chère que chez Milon. La vie s'y passait en fêtes continuelles; chacun de nous enviait un sort qui nous paraissait d'autant plus heureux que, cultivant leur propre bien, les époux Milon n'avaient aucun fermage à payer. Leurs enfants, élevés comme des princes, ne subissaient d'autre règle que celle de leurs caprices. Je me souviens qu'il était même défendu à l'instituteur de contrarier le fils; aussi ce pauvre garçon, quoique le plus riche, était le plus ignorant. Malheureusement, lui dis-je, il en est presque toujours ainsi. Les familles les plus favorisées de la fortune sont presque ordinairement celles qui négligent le plus l'éducation de leurs enfants, oubliant que l'instruction seule fait la valeur réelle des hommes, et que l'ignorance occasione souvent la ruine des familles.

C'est tellement vrai, reprit le douanier, que le pauvre Milon n'a pu prévoir l'abîme vers lequel il a marché chaque jour.

Les gens riches et orgueilleux sont quelquefois si exigeants et si injustes, qu'ils semblent frappés du plus grand aveuglement. Croiriez-vous, M. le docteur, que Mme Milon, qui voulait toujours être Mme la première, se fâcha contre M. notre vicaire, parce qu'il ne put admettre son fils à faire sa première communion avec les autres enfants de son âge. Elle poussa la colère jusqu'à menacer de faire écrire à Mgr l'Evêque par son pauvre mari qui, pour avoir la paix dans son ménage autant que par faiblesse de caractère, faisait tout ce que sa femme voulait. Oh! ce fut une grosse affaire dont tout le monde s'amusa, je vous assure. Plus Mme Milon, que l'on approuvait en face et dont on riait en arrière, faisait d'embarras, et plus elle mettait en évidence la nullité et l'ignorance de son fils. Chaque défaut porte avec lui son châtiment. Dévorés par l'orgueil, ces braves gens dépensaient toujours au-delà de leurs revenus, et marchaient chaque jour à une ruine certaine.

Angélique, leur fille, plus intelligente que son pauvre frère, souffrait des travers de ses parents. Elle s'efforçait à en détourner les effets; mais, ne pouvant détruire les causes, sa volonté était le plus souvent impuissante. Elle a épousé, Dieu merci, un excellent jeune homme de la commune de Genêts, que vous avez traversée pour venir ici, et ce mariage assure son bonheur. Chacun se souvient encore des fêtes qui eurent lieu à cette occasion et qui durèrent pendant huit jours, et des repas de noces auxquels prirent part un nombre incalculable d'invités; pour faire cette dépense et payer la dot promise, les époux Milon contractèrent de nouveaux emprunts. Enfin, le bon Dieu semble avoir pris en quelque sorte pitié d'eux, et leur avoir tenu compte de leur bon cœur, en les appelant à lui avant leur ruine complète et en leur épargnant le supplice d'être témoins de la vente du Vieux-Clos qu'ils étaient si fiers de posséder. Ils sont morts dans l'intervalle de moins de deux années.

Leur fils, Jacques Milon, s'est trouvé, par l'effet de leur testament, propriétaire de la terre patrimoniale. En prenant cette ferme dans la succession de ses parents, il a hérité aussi de leurs défauts. A leur exemple, il s'est cru riche parce qu'il avait du bien fonds, et au lieu de vendre une partie de ses biens pour se libérer, il a contracté emprunts sur emprunts pour payer la soulte due à sa sœur et payer les dettes les plus urgentes de la succession. Trop orgueilleux, incapable de reconnaître que les intérêts étaient plus élevés que ses revenus, plus incapable encore d'augmenter ses ressources à l'aide d'un meilleur assolement et de travaux utiles, il a continué à mener la même vie que ses parents, sans réformer aucun des abus qui s'étaient introduits dans leur exploitation. Il s'est marié sans apporter aussi dans le choix de sa femme le discernement nécessaire pour distinguer les qualités solides d'une bonne ménagère. Sa compagne et lui sont, en tous points, les dignes représentants de son père et de sa mère. Milon a élevé ses enfants comme il a été élevé lui-même, c'est-à-dire qu'il les a laissés suivre toutes leurs fantaisies. Je ne puis mieux vous le prouver que par le fait suivant : Milon possédait encore, il y a deux années, les deux plus beaux bœufs du pays ; le domestique, en allant les conduire paître dans une grande pièce voisine du bourg, aperçoit un lièvre au gîte. A son retour à la maison, il fait part de sa découverte au fils Milon. Le jeune étourdi, habitué à céder à tous ses caprices, ne pense pas que les bœufs sont attachés au piquet dans la pièce ; il ne s'arrête pas davantage à la pensée qu'il va commettre un délit de chasse. Prendre son fusil, courir au lieu indiqué, tirer sur le lièvre, fut l'affaire d'un moment. Mais on réussit rarement en agissant avec trop de précipitation ; d'un autre côté, le châtiment suit de près toute infraction à la loi. Le pauvre garçon manque son lièvre et, pour comble de malheur, un des bœufs, effrayé par la détonation de l'arme à feu, fait un violent effort, se casse une jambe et crève quelques jours après cette aventure. Elle arrive bientôt à la connaissance de l'autorité, et le jeune homme, traduit en police correctionnelle, est condamné à une amende et à la confiscation de son fusil. Ces désagréments ne sont rien comparés au chagrin que cette famille doit avoir de vendre et d'abandonner le Vieux-Clos, où ils ont vécu de père en fils depuis si longtemps.

On se sent le cœur rempli d'amertume en pensant aux

peines et aux humiliations qu'ils ont déjà subies avant d'en arriver là , aux difficultés qu'ils ont eues pour trouver de l'argent, aux refus qu'ils ont dû essuyer. L'homme , dans cette position, finit toujours par perdre de sa dignité. Pensez donc, M. le docteur, que pendant que les époux Milon vont quitter leur ferme, et cela ne peut tarder, car les acquéreurs et les créanciers ne font pas de concessions, le fils est appelé comme simple soldat sous les drapeaux , par suite de l'imprévoyance de ses parents, qui n'ont pris aucune précaution en vue du tirage au sort.

Son défaut d'instruction l'empêchera d'obtenir le moindre grade et de trouver dans le service militaire une carrière qui puisse le dédommager de la position qu'il a perdue.

Tous les chagrins fondent ainsi sur eux à la fois, ceux de la misère, ceux de la séparation et de l'éloignement des membres de la famille, au moment où ils auraient le plus besoin d'être réunis, pour se soutenir et se consoler les uns et les autres. Je les plains bien sincèrement, mais les plaintes qu'ils inspirent ne peuvent rien changer à ce que leur situation a de déchirant.

Notre docteur aurait pu rappeler au douanier la fable du laboureur et de ses enfants, comme exemple de l'importance du travail ; notre chapitre sur les abeilles , pour démontrer celle de l'activité, de l'ordre et de la vigilance, et beaucoup d'autres enseignements que je vous ai indiqués dans notre petit cours ; mais, si le douanier était frappé du malheur de la famille Milon , d'un autre côté il cherchait vivement à découvrir quel pourrait être l'heureux acquéreur de la ferme du Vieux-Clos, l'une des mieux arrondies de Carolles ; et dans sa préoccupation, perdant de vue qu'il parlait à un étranger , il continua sa causerie sans trève ni repos. Savez-vous, M. le docteur, qui achètera cette terre, dit-il ? Et, sans attendre la réponse de la part de l'étranger à cette question, il s'empressa de la faire lui-même, en communiquant ses prévisions et les motifs sur lesquels il les fondait. Eh bien! ce sera le père Gosse! Puis il ajouta : Il ne faut pas beaucoup d'années pour apporter de bien grands changements dans les fortunes. L'épargne et l'économie sont les plus puissants moyens d'améliorer la position des hommes, et sans l'ordre et sans une intelligente activité les plus belles fortunes s'en vont rapidement. Quand on est jeune, on ne peut pas se figurer qu'il puisse en être ainsi. Il n'y a pas plus de trente ans, comme je vous l'ai dit, Milon avait devant lui le plus bel avenir des jeunes gens du pays : il est, au contraire, le plus malheureux. Gosse, dont les débuts ont été si difficiles, a atteint la prospérité que l'autre a perdue. Il doit son aisance à sa bonne conduite, à son intelligence, à son activité, qualités dont il est en grande partie redevable à l'exemple de ses parents et à la bonne éducation qu'il a reçue.

Le grand-père Gosse était un homme d'une physionomie intelligente et ferme; son travail et celui de sa femme étaient leurs principales ressources, avec le courage et les habitudes d'une vie active, sobre et régulière. S'il recommandait aux autres de se lever matin, il était le premier à donner l'exemple de ce qu'il ordonnait; sa femme répondait à son activité et à ses soins par l'activité et les soins non moins grands qu'elle apportait dans la partie de l'exploitation dont elle était chargée. L'exquise propreté et l'ordre de leur ménage le faisaient admirer, tout était nettoyé et mis en place avec un soin extrême. Chaque meuble aurait pu remplir l'office d'une glace, tant ils étaient bien lustrés. A quelque heure du jour que l'on se présentât chez ces braves gens, on ne remarquait ni l'embarras, ni l'encombrement, ni le malaise du désordre. Tout dans cet intérieur respirait, au contraire, le bien-être. Une bonne ménagère est une petite Providence : elle pense et veille à tout ; rien n'est perdu, rien n'est négligé, rien ne fait défaut. Elle répand le bonheur autour d'elle, non seulement sur les personnes, mais sur les animaux, et les meubles eux-mêmes sont si bien rangés et soignés, qu'ils semblent participer au bonheur qu'elle procure. Le père Gosse, en prenant sa femme, avait trouvé, disait-il, un véritable trésor.

Il était doué lui-même de ces qualités. Les instruments aratoires, les outils de toute espèce, les mille objets nécessaires dans une exploitation, étaient rangés avec soin dans les lieux déterminés ; aucun temps n'était perdu à leur recherche, lorsqu'on avait besoin de faire usage de l'un d'eux ; il les réparait lui-même lorsqu'il était capable de le faire, et dans les autres cas il confiait sans retard ce travail à un habile ouvrier. Il s'assurait qu'aucun soin ne manquait aux bestiaux qu'il ne pouvait soigner lui-même. Il a élevé ses enfants sans mollesse et sans sévérité ; il n'a rien négligé pour leur donner une bonne instruction primaire. Aussitôt que l'âge et l'intelligence des enfants l'ont permis, le père a confié à chacun une mission spéciale dans l'exploitation, afin de les intéresser davantage au succès de ses travaux, tout en conservant néanmoins son autorité et ne se relâchant en rien de son incessante activité. Avec une pareille direction et une surveillance si bien entendue, il ne pouvait qu'être parfaitement secondé par ses enfants et par ses domestiques. Mais, quelle que fût la confiance qu'il leur accordait, si on lui disait qu'il pouvait n'avoir aucune inquiétude et prendre du repos en se mettant au lit le premier, il récitait pour toute réponse l'adage suivant :

S'attendre aux yeux d'autrui quand on dort, c'est erreur.
Couche-toi le dernier, et vois fermer ta porte ;
Et, si quelque affaire t'importe,
Ne la fais pas par procureur.

Il se levait toujours le premier et, en présence des étoiles ou de l'aurore, il s'empressait de demander à Dieu ses bénédictions pour sa famille et pour lui, sachant bien que le Seigneur est l'appui de ceux qui l'aiment.

Que l'homme en son milieu comprenne bien le rôle
Qui lui est assigné ; de cœur et de parole,
Qu'il prouve en ce concert que forme l'univers
Sa joie et son bonheur par mille accents divers.

Il habitua de fort bonne heure son fils à exécuter tous les travaux de la ferme, sans exception. On ne peut bien commander, disait le bonhomme, que lorsque l'on sait exécuter soi-même ce que l'on ordonne. Il s'appliqua à lui faire connaître les formes et les qualités que l'on doit rechercher chez les différentes espèces de bestiaux, et à en connaître la valeur. Cet excellent cultivateur se rendait un compte exact de tout ce qu'il possédait et de tout ce qu'il faisait ; il obligea son fils à tenir note de chacune de ses opérations, travaux, dépenses, achat, vente, etc. ; et, pour s'assurer de l'exactitude de ces notes, il les faisait souvent lire en sa présence par son fils auquel il faisait alors, sur les résultats obtenus des différents travaux et des diverses récoltes, les observations les plus utiles et les plus propres à l'amener à discerner celles qui étaient les plus avantageuses. Au fur et à mesure du développement de ses forces et de son intelligence, il donna à sa fille le gouvernement de la maison et la chargea de tenir la comptabilité du ménage. Comment voulez-vous qu'avec une telle éducation et de telles habitudes, les enfants Gosse n'aient pas fait fortune? Il formait toujours quatre parts de ses bénéfices nets :

La première était destinée à payer les fermages;

La deuxième aux besoins de la famille et du ménage;

La troisième à composer un capital de réserve pour les besoins de la vieillesse;

La quatrième était réservée pour les dots de ses enfants.

Il n'oubliait pas, d'un autre côté, que l'aumône attire les bénédictions du ciel sur ceux qui la font; le pain qu'il destinait aux malheureux était le même que celui du ménage. Il donnait quelquefois, mais dans des cas exceptionnels seulement, de l'argent aux pauvres; il craignait, avec raison, qu'ils en fissent un mauvais usage; il aimait surtout à faire du bien, en réservant des travaux utiles pour les indigents qui manquaient d'occupation. C'était à ses yeux une des meilleures manières de répondre aux desseins de Dieu. Il avait horreur des gens oisifs et paresseux de toutes les classes de la société.

La quatrième part qu'il accordait à ses enfants dans les profits augmentait leur activité, excitait leur courage et leur zèle. La mission plus spéciale de chacun d'eux semblait les grandir, leur donner une importance et une valeur qu'ils s'efforçaient de justifier. Tout allait à merveille, aucun domestique n'aurait osé refuser de faire un travail que le père et les enfants étaient les premiers à exécuter. Avec une telle administration, la richesse du sol augmentait chaque année, ainsi que le nombre et les produits des bestiaux. Peut-il en être autrement quand on ne fait aucune perte de temps, ni d'argent, et que tout est mis avec intelligence à profit?

Le mari et la femme sont morts, l'un et l'autre, à quelques mois de distance seulement, comme si ces braves gens, qui s'étaient si bien entendus pendant leur vie, avaient eu hâte de se retrouver dans le ciel qu'ils ont mérité par leur conduite exemplaire.

Les enfants ont hérité d'une fortune d'autant plus honorable qu'elle est le fruit du travail de leurs parents et de leur propre travail. Aucune difficulté n'a surgi, à l'occasion de leur partage, entre des enfants aussi bien élevés, et ils se sont facilement entendus sur les bonnes œuvres à faire pour honorer et sanctifier la mémoire de leurs parents.

L'époque dont je vous parle remonte déjà à quinze années; le temps marche si vite! Gosse est resté sur la ferme qu'il occupe, et, à l'aide d'un bail écrit, il s'est assuré une très-longue jouissance. Il a transformé ensuite en luzernière huit hectares dont le sol convient à cette culture. La durée de cette plante dans une terre qu'elle aime étant presque indéfinie, il a diminué les frais de labour de ces huit hectares; il paie pour chaque hectare cinquante francs de fermage seulement, et il en retire une récolte de foin par chaque hectare d'une valeur de 500 fr., ce qui, pour les huit hectares, lui donne un revenu de 4,000 fr., produit qu'il double en faisant consommer ces foins par des bestiaux. Il obtient par cette méthode une telle quantité d'engrais, qu'il en a couvert plusieurs fois les autres parties de la ferme dont le rendement s'est trouvé ainsi décuplé.

Suivant l'exemple et les conseils de son père, il porte à la caisse d'épargnes tous ses fonds. Il possède quatre livrets pour inscrire le capital et les intérêts de chaque part : celle destinée aux fermages, au ménage, à la réserve de la vieillesse et à la dot des enfants.

Ce père de famille, outre l'exemple de l'ordre, de l'activité, de l'épargne et de l'économie, donne encore celui de la prévoyance. Il cherche à prévoir les malheurs et à pourvoir à l'avance à toutes les éventualités. C'est ainsi qu'il y a un an et demi il a pu obtenir d'une société d'assurances une somme suffisante pour faire reconstruire sa grange, détruite par un incendie dont on ignore la cause, et l'indemniser de la récolte qu'elle contenait. Ce sinistre aurait suffi pour ruiner tout autre cultivateur de la commune. Grâce à son assurance il n'a rien perdu, et il n'a point été dérangé dans ses calculs, ni obligé de prélever aucune somme sur ses économies.

En y réfléchissant, on reconnaît facilement que, grâce au placement qu'il a fait en rentes sur l'État, la fortune qu'il a reçue de son père et de sa mère a pris un grand accroissement; que par son épargne, son économie et son travail, il a amassé des ressources bien plus considérables que celles qu'il a recueillies dans la succession de ses parents, et qu'il pourra facilement acheter la terre du Vieux-Clos pour son fils, et donner pour dot à sa fille une somme équivalente au prix de cette terre.

Quelle différence entre les positions des deux familles, monsieur le docteur! s'écria le douanier.

Quelle différence aussi dans leurs conduites! Il est donc bien vrai de dire que Dieu récompense l'homme de ses vertus en le comblant de biens, et qu'il le punit de ses défauts par les soucis, la misère et le malheur.

A ce moment, en examinant la mer, le douanier reconnut que son temps de garde finissait. Relevé à l'instant même par son camarade, il s'empressa de regagner sa demeure.

En voyant cet homme connaître l'heure à l'état de la mer, n'êtes-vous point frappé, comme moi, mes chers amis, par cette idée que le monde est dans la main de Dieu comme une montre qui marche toujours sans se déranger, et qui n'a jamais besoin d'être remontée; que les hommes ne sont dans cet immense instrument que de bien faibles rouages, successivement et naturellement remplacés à la volonté du maître, et sans apporter aucun changement sensible à la marche régulière de l'univers?

N'oubliez point cette histoire des deux fermiers normands, mes jeunes amis; rappelez-vous les exemples des deux familles Milon et Gosse, pour éviter les premiers et suivre les seconds. On ne demande jamais en vain l'aisance au travail, à l'ordre, à l'épargne et à l'économie. On ne demande aussi jamais en vain à la vertu la portion de bonheur que chacun peut espérer ici-bas.

Notre docteur eut soin de prendre note de cet entretien afin de nous en faire part, et nous lui sommes reconnaissant de nous avoir permis de le reproduire ici. Il resta encore quelques jours à Carolles, et pendant ce temps il vint quelquefois retrouver le douanier à ses heures de garde. Celui-ci lui raconta sa propre histoire qui un jour prendra peut-être place dans nos *Causeries*.

Notre excellent ami, en marchant, courant et jouant avec son enfant, compléta sa collection des plantes, des insectes et des coquillages que l'on trouve sur cette côte.

Son bonheur était d'étudier la nature et le monde et, suivant une expression qui rappelait le médecin, d'en extraire Dieu.

Cette étude le charmait; il aimait à reconnaître que dans la création

> Tout a sa région, sa fonction, son but.
> L'écume de la mer n'est pas un vain rebut;
> Le flot sait ce qu'il fait; le vent sait qui le pousse;
> Comme un temple où toujours veille une clarté douce,
> L'étoile obéissante éclaire le ciel bleu;
> Le lis s'épanouit pour la gloire de Dieu;

Chaque matin vibrant comme une sainte lyre,
L'oiseau chante ce nom que l'aube nous fait lire !
Oui ! l'être est plein d'amour, le monde est plein de foi !
Toute chose ici-bas suit gravement sa loi,
Et ne sait obéir, dans sa fierté divine,
L'oiseau qu'à son instinct, l'arbre qu'à sa racine !
Et l'énorme Océan qui monte vers son bord,
Et l'hirondelle au Sud et l'aimant vers le Nord,
La graine ailée allant au loin choisir sa place,
Le nuage entassé sur les îles de glace,
Qui des cieux tout à coup traversant la hauteur,
Croule au souffle d'avril du pôle à l'équateur,
Le glacier qui descend du haut des cimes blanches,
La sève qui s'épand dans les fibres des branches,
Tous les objets créés, vers un but sérieux,
Les rayons dans les airs, les globes dans les cieux,
Les fleuves à travers les rochers et les herbes,
Vont sans se détourner de leurs chemins superbes !
Oui, ta bonté sans borne égale ta puissance,
O maître universel et père des humains !
L'homme ici-bas doit tout à ta munificence,
Et sa vie elle-même est un don de tes mains !

Tels étaient les sentiments que faisait naître chez ce savant l'étude de la nature.

Il est mort il y a quelques années, en léguant à la ville de Vire ses collections diverses. Plein de respect pour toutes les opinions consciencieuses, et plaçant avant toutes choses le bonheur de son pays, il avait avec les hommes de toutes les classes de la société et de tous les partis des relations affectueuses et bienveillantes. Tous les pauvres étaient ses amis. La population entière l'accompagna à sa dernière demeure. Les corporations ouvrières se disputèrent l'honneur de porter son cercueil.

L'homme doit s'efforcer de laisser après lui quelque fortune à ses enfants ; mais il ne doit pas perdre de vue que l'exemple d'une vie passée utilement pour la société, et le souvenir de ses vertus, formeront toujours la part la plus précieuse de son héritage.

LES MAXIMES DU PÈRE GOSSE.

Le père Gosse avait rédigé un recueil des préceptes qu'il avait pu recueillir, et il avait fait promettre à son fils de les prendre pour règle de sa conduite. Il lui fit renouveler cet engagement avant de mourir, et n'exprima aucunes autres volontés. Il semblait assuré que, par l'observation de ces maximes, le bonheur de son fils serait aussi grand qu'un père peut le désirer. Comme vous devez bien le penser, chacun s'est enquis dans le pays des préceptes du père Gosse ; ils ont été bientôt connus de tous, et c'est ainsi qu'il m'a été facile de me les procurer. Je m'empresse de vous les communiquer, tels qu'ils m'ont été transmis :

Aide-toi, le ciel t'aidera.

L'oisiveté est comme la rouille, elle use beaucoup plus que le travail.

La clef dont on se sert est toujours claire.

Ne dissipez pas le temps, la vie en est faite.

Le renard qui dort ne prend pas de poules.

La perte du temps est la plus grande des prodigalités.

Ce que nous appelons assez de temps est toujours trop court.

La paresse rend tout difficile.

Le travail rend tout aisé.

Celui qui se lève tard s'agite tout le jour, et commence à peine ses affaires qu'il est déjà nuit.

La paresse va si lentement, que la pauvreté l'atteint tout d'un coup.

Poussez vos affaires, et que ce ne soit pas elles qui vous poussent.

Se coucher de bonne heure et se lever matin sont les deux meilleurs moyens de conserver sa santé, sa fortune et son jugement.

Le travail n'a pas besoin de souhaits, il les réalise.

Celui qui vit d'espérance court risque de mourir de faim.

Il n'y a point de profit sans peine.

Un bon fermier gagne la valeur de sa terre.

La profession de bon cultivateur est un emploi qui reçoit honneur et profit.

La faim regarde à la porte de l'homme laborieux, mais elle n'ose y entrer.

Les commissaires et les huissiers n'y entrent pas non plus.

Le travail paie les dettes, et le désespoir les augmente.

Avec le travail, il n'est pas besoin que vous trouviez des trésors et que les riches vous fassent leur légataire.

Dieu ne refuse rien au travail.

L'activité est la mère de la prospérité.

Labourez pendant que le paresseux dort, vous aurez du blé à vendre et à garder.

Labourez pendant tous les instants qui s'appellent aujourd'hui, car vous ne pouvez pas savoir tous les obstacles que vous rencontrerez demain.

Un bon aujourd'hui vaut mieux que deux demain.

Avez-vous quelque chose a faire demain, faites-le aujourd'hui.

L'eau qui tombe toujours goutte à goutte finit par ronger la pierre.

Avec du travail et de la patience, une souris coupe un câble.

De petits coups répétés abattent de grands chênes.

Ne perdez pas une heure, puisque vous n'êtes pas sûr d'une minute.

Le plaisir court après ceux qui le fuient.

La fileuse diligente ne manque jamais de chemise.

Tout le monde dit bonjour à celui qui a un troupeau et une vache.

L'arbre qui change de place ne peut prospérer.

Le fermier qui change de ferme ne peut réussir.

Trois déménagements valent un incendie.

Gardez votre boutique, et votre boutique vous gardera.

Veux-tu faire ton affaire? vas-y toi-même.

Pour que le laboureur prospère, il faut qu'il soit avec sa charrue.

L'œil du maître vaut mieux que ses deux mains.

Le défaut de soin fait plus de tort que le défaut de savoir.

Ne point surveiller les ouvriers, c'est mettre sa bourse à leur discrétion.

Dans les affaires de ce monde, ce n'est pas par la foi qu'on se sauve.

Le savoir est pour l'homme studieux.

La richesse est pour l'homme vigilant.

La puissance est pour la bravoure.

Le ciel est pour la vertu.

Faute d'un clou, le fer d'un cheval se perd; faute d'un

fer, on perd le cheval ; faute d'un cheval, le cavalier est lui-même perdu.

Plus la cuisine est grasse, plus le testament est maigre.

Voulez-vous être riche? apprenez comme on gagne et surtout comme on ménage.

Le vin, le jeu, les femmes, la mauvaise foi, diminuent la fortune.

Il en coûte plus cher pour entretenir un vice que pour élever deux enfants.

Un peu, répété plusieurs fois, fait beaucoup.

Les fous donnent des festins à toute occasion.

Si tu achètes ce qui est superflu pour toi, tu ne tarderas pas à vendre ce qui t'est le plus nécessaire.

Réfléchis toujours avant de profiter d'un bon marché.

Les bons marchés répétés ruinent souvent les gens qui les ont faits.

C'est folie d'employer son argent à acheter un repentir.

Instruis-toi par le malheur des autres.

Leur propre malheur ne donne pas de sagesse aux fous.

Un manant sur ses pieds est plus grand qu'un gentilhomme à genoux.

Les enfants et les fous s'imaginent que vingt francs et vingt ans ne peuvent jamais finir.

Quand le puits est sec, on connaît la valeur de l'eau.

Veux-tu faire un emprunt? attends-toi à une mortification.

L'orgueil de la parure est un travers funeste.

Avant de consulter ta fantaisie, consulte ta bourse.

L'orgueil est un mendiant qui crie aussi loin que le besoin, mais qui est bien plus insatiable.

As-tu acheté une jolie chose? il t'en faudra dix autres pour que l'assortiment soit complet.

L'orgueil qui dine de vanité fait son souper de mépris,

déjeune avec l'abondance, dine avec la pauvreté et soupe avec la honte.

La première faute est de s'endetter, la seconde est de mentir.

Le faiseur de dettes a toujours le mensonge en croupe.

Un sac vide ne peut tenir debout.

Les créanciers ont meilleure mémoire que le débiteur.

Le carème est bien court pour ceux qui doivent payer à Pâques.

Le soleil du matin ne dure pas tout le jour.

La dépense est certaine et continuelle toute la vie.

Il est plus aisé de bâtir deux cheminées que d'en tenir une chaude.

Gagnez et ménagez ce que vous aurez gagné.

L'expérience est une école où les leçons coûtent cher.

On peut donner un bon avis, mais on ne donne pas la bonne conduite.

Si tu ne veux pas écouter la raison, elle ne manquera pas de se faire sentir.

La mise en pratique de ces préceptes a fait la fortune et le bonheur de la famille Gosse de père en fils. Prenez-les aussi pour base de votre fortune et de votre bonheur, et l'un et l'autre seront également assurés.

Tels sont les vœux que je forme en terminant ce livre.

Puissent ces pages contribuer à réaliser les vœux si no-

blement exprimés par M. Ch. Calemard de Lafayette dans
ces vers :

> Moi je rêve une France agricole et chrétienne,
> Une France, Seigneur ! qui de cœur t'appartienne,
> Qui place au premier rang, sans lutte, sans débats,
> Le plus noble labeur que l'homme ait ici-bas ;
> Qui sachant le temps prompt, la vie expiatoire,
> Ambitionne moins de luxe et moins de gloire,
> Et combatte, Seigneur ! dans un effort normal,
> Pour ton dessein sacré, contre l'assaut du mal ;
> Une France vouée à l'œuvre sans seconde,
> Que ta droite bénit, que ton souffle féconde ;
> Où l'amour, sous le nom divin de charité,
> Réciproque et vivant, soit une vérité ;
> Qui fasse aux plus petits, ces bien-aimés du temple,
> Le sort toujours moins dur et le banquet plus ample ;
> Et qui, voulant sur terre atténuer la faim,
> Ait les champs fécondés pour recours, — Dieu pour fin.

TABLE

www.ingramcontent.com/pod-product-compliance
Lightning Source LLC
LaVergne TN
LVHW021928060726
842528LV00001B/117